JJF 1033—2016《计量标准考核规范》实施与应用

化学计量器具建标指南

寿永祥　张　毅　刘　庆　主　编

郑春蓉　张　克　主　审

中国质量标准出版传媒有限公司

中 国 标 准 出 版 社

北 京

图书在版编目（CIP）数据

化学计量器具建标指南：JJF 1033—2016《计量标准
考核规范》实施与应用/寿永祥，张毅，刘庆主编 . —
北京：中国质量标准出版传媒有限公司，2019.10
ISBN 978 - 7 - 5026 - 4725 -4

Ⅰ. ①化…　Ⅱ. ①寿… ②张… ③刘…　Ⅲ. ①化学计
量学—计量仪器—标准—中国—指南　Ⅳ. ①O6 - 04
②TB99 - 65

中国版本图书馆 CIP 数据核字（2019）第 149871 号

中国质量标准出版传媒有限公司
中 国 标 准 出 版 社　　出版发行
北京市朝阳区和平里西街甲 2 号（100029）
北京市西城区三里河北街 16 号（100045）
网址：www. spc. net. cn
总编室：(010)68533533　发行中心：(010)51780238
读者服务部：(010)68523946
中国标准出版社秦皇岛印刷厂印刷
各地新华书店经销

*

开本 787×1092　1/16　印张 23.5　字数 561 千字
2019 年 10 月第一版　2019 年 10 月第一次印刷

*

定价 **80. 00** 元

编 委 会

前　言

　　化学计量是计量学在化学科学领域内的重要应用，其基本任务是研究发展化学测量理论和技术，实现化学计量的技术应用，建立化学计量基准和标准，保障化学计量的量值溯源性和量值的准确、一致。近年来，随着化学计量技术的不断发展，成分分析、物理化学特性专业新增了许多国家计量检定规程和计量技术规范，部分规程和规范进行了修订，一些规程和规范的适用范围、测量方法和技术指标也都有了比较明显的变化。作为计量标准考核依据的 JJF 1033—2016《计量标准考核规范》已于 2017 年 5 月 30 日实施。各级法定计量检定机构、企业单位内部的计量部门开展建标、复查工作都应按照新的考核规范的要求执行。另外，根据我国有关政策要求，第三方校准机构在申请校准资质前也要依据 JJF 1033 建立相关计量标准。因此，急需编写《化学计量器具建标指南》，对计量标准的考核、建立和复查工作提供指导。

　　本书按照 JJF 1033—2016 的要求，结合各计量检定机构、基层计量单位实际建标情况以及目前计量技术、设备的发展状况，对常用的成分分析、物理化学特性计量器具建标过程予以指导。从基础知识到计量标准器的选择，从计量标准的考核要求到计量标准的考核程序，并配有 15 个《计量标准考核（复查）申请书》和《计量标准技术报告》的编写示例，可供从事化学计量检定、校准工作的技术人员、管理人员及计量标准考核人员参考。

　　本书的编者来自上海市计量测试技术研究院、中国测试技术研究院、云南省计量测试技术研究院、浙江省计量科学研究院、广州计量检测技术研究院、内蒙古自治区计量测试研究院、江苏省计量科学研究院、山东省计量科学研究院、陕西省计量科学研究院、黑龙江省计量检定测试院、甘肃省计量研究院、西安市计量技术研究院、苏州市计量测试研究所等法定计量检定机构，都是长期从事计量管理和技术工作的领导、专家和学科带头人。

　　本书在编写的过程中得到北京林电伟业电子技术有限公司、四川中测标物科技有限公司、山东恒量测试科技有限公司、济南市大秦机电设备有限公司等单位的大力支持。

　　希望本书的出版能够对提高和规范各级计量单位的建标工作起到积极的推动作用。因编校时间仓促加之编者水平和能力有限，难免存在不足之处，恳请广大读者批评指正。在此，特向所有关心、支持本书编辑、出版的领导、专家和朋友们致以衷心的感谢！

编　者

2019 年 3 月

目　　录

第一章　基础知识 ……………………………………………………………（ 1 ）

　　第一节　化学计量 ………………………………………………………（ 1 ）

　　第二节　化学计量名词术语 ……………………………………………（ 3 ）

　　第三节　化学计量单位表示及换算 ……………………………………（ 18 ）

　　第四节　化学计量器具检定系统 ………………………………………（ 22 ）

　　第五节　标准物质 ………………………………………………………（ 28 ）

第二章　建标指导 ……………………………………………………………（ 30 ）

　　第一节　计量标准的考核要求 …………………………………………（ 30 ）

　　第二节　计量标准的考核程序 …………………………………………（ 31 ）

　　第三节　《计量标准考核（复查）申请书》的编写 …………………（ 31 ）

　　第四节　《计量标准技术报告》的编写 ………………………………（ 37 ）

第三章　化学计量器具建标申请书和技术报告编写示例 …………………（ 45 ）

　　示例 3.1　原子吸收分光光度计检定装置 ……………………………（ 45 ）

　　示例 3.2　傅立叶变换红外光谱仪校准装置 …………………………（ 67 ）

　　示例 3.3　化学需氧量（COD）测定仪检定装置 ……………………（ 85 ）

　　示例 3.4　四极杆电感耦合等离子体质谱仪校准装置 ………………（105）

　　示例 3.5　气相色谱仪检定装置 ………………………………………（125）

　　示例 3.6　旋光仪及旋光糖量计检定装置 ……………………………（153）

　　示例 3.7　总有机碳分析仪检定装置 …………………………………（177）

　　示例 3.8　pH 计检定仪检定装置 ……………………………………（195）

　　示例 3.9　紫外、可见、近红外分光光度计检定装置 ………………（213）

　　示例 3.10　熔点测定仪检定装置 ……………………………………（239）

　　示例 3.11　酶标分析仪检定装置 ……………………………………（259）

　　示例 3.12　毛细管黏度计检定装置 …………………………………（287）

　　示例 3.13　可燃气体检测报警器检定装置 …………………………（307）

　　示例 3.14　氨气检测报警器检定装置 ………………………………（327）

　　示例 3.15　氯乙烯气体检测报警仪检定装置 ………………………（347）

参考文献 ………………………………………………………………………（366）

第一章 基础知识

第一节 化 学 计 量

一、化学量

化学是在分子和原子层次上研究物质的组成、结构、性质、用途、制法和变化规律的自然科学。化学量包括物质的化学成分量、材料的物理化学特性量及相关的工程特性量。化学量是"隐藏"在物质的结构及组成的"内部"的量，化学测量是确定化学及其相关量值的一组操作，化学量的计量往往需要通过：①对被测对象的了解说明；②采样；③样品制备；④测量、分析方法的选择；⑤测量、分析设备计量特性的校准；⑥测量、分析条件的选择控制；⑦定性、定量分析测量；⑧分析的数据处理；⑨分析结果正确性的验证等多个步骤来完成，其中每一个步骤都包含了多种因素的复杂影响。化学测量是通过解析测量的每一个步骤中化学、物理学数据，最大限度地获取物质正确的化学组成、结构、特性等信息的综合性极强的科学。

二、化学测量的量值溯源

化学计量是关于化学及其相关领域实现单位统一、量值准确可靠的活动。国际单位制（SI）中与化学测量密切相关的物质的量的单位摩尔（mol）已通过阿伏伽德罗常数 N_A 准确定义，即 1mol 物质的量精确包含 $6.02214076 \times 10^{23}$ 个基本粒子。

化学量的溯源过程比一般的物理计量过程复杂很多，化学计量不可能有长期不变的反复使用的基准、标准。在多数情况下，化学测量的量值溯源是以标准物质为参照对象，通过：①基准、标准测量方法；②分析仪器设备的逐级检定或校准；③测量比对等三种途径得以实现的。化学测量的量值溯源方式如图 1-1 所示。

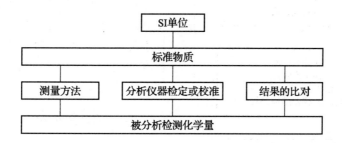

图 1-1　化学测量的量值溯源方式

在测量方法方面，国际物质的量咨询委员会（CCQM）将测量方法划分为基准测量方法（PMM）、标准测量方法（RMM）、有效测量方法（VMM）和工作测量方法四个层级。

1. 基准测量方法（PMM）

基准测量方法是具有最高计量特性的方法，它的测量原理、测量程序已被完全、准确地描述、理解和定义。基准测量方法的测量模型中的各种参量都能用 SI 单位表示，不需要用相同量的标准作参照，最终测得值的不确定度可以直接用 SI 单位表述。这也是过去习惯将基准测量方法称为绝对测量方法的原因。

国际计量委员会（CIPM）物质的量咨询委员会（CCQM）认为可能成为基准测量方法的有：同位素稀释质谱法、电量法（库仑法）、重量（质量）法、滴定法、凝固点下降法、差示扫描量热法、腔衰荡光谱法和中子活化分析法。

2. 标准测量方法（RMM）

经过系统的研究，确切而清晰地描述了准确测量特定化学成分所必需的条件和程序，其准确度和不确定度已得到相关权威机构认可的测量方法。该方法适用于一级标准物质的赋值，也可用于评价同一量的其他测量方法。

3. 有效测量方法（VMM）

已被证明技术性能可以满足其应用目的并得到相关行业认同的方法。二级标准物质的赋值常采用此类方法，有效测量方法常常以行业、部门分析方法标准的形式规定。在仪器检定、校准中使用的方法大多也属于此类方法。

4. 工作测量方法

为获得测量结果而采用的测量方法，根据测量目的的要求，可以是标准测量方法、有效测量方法或其他自己编写并得到确认的方法。

测量方法四个层级的划分是一种计量学地位的划分，它们之间的差别只是计量学水平的区分。不同层级的测量方法常常以国际、国家、行业、部门分析方法标准的形式规定。目前，我国关于化学量检测分析方法的国家标准已经有 5000 余项，并且还在不断增加。

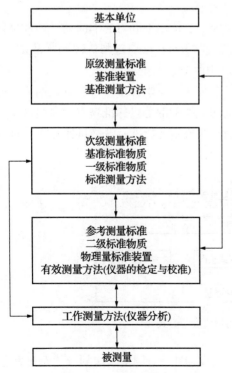

图 1-2　化学计量量值溯源、传递关系

三、化学计量仪器的量值传递和溯源

化学计量仪器的量值传递和溯源方法主要有两种形式：①标准物质作为溯源和传递标准进行比较测量；②分析仪器逐级检定与校准。化学计量的量值溯源、传递关系如图 1-2 所示。

四、化学分析仪器的计量标准

现代化学计量常常涉及光学、电学、热学、力学等物理量的计量标准，这些物理量的计量标准的量值在化学测量仪器中必须通过与标准物质的比对转化为正确的化学量值，标准物质在化学量的量值溯源中占据着关键的主导地位。可以说，分析测量的可靠溯源来自于有证标准物质的应用。

化学计量标准存在的问题是：①很多分析仪器测量范围很宽，而检定、校准化学计量仪器的计量标准复现的量值只能覆盖仪器测量范围的很小一部分；②同一种分析仪器可以测量多种，甚至上千种不同物质，而计量标准的标准物质所能复现的量值只是仪器常规测量范围内某个或某些量值；③受标准物质研制水平的限制，标准物质特性值的不确定度经常会出现大于被检定、校准仪器允许示值误差的 1/3 的情况，造成仪器检定、校准结果的不确定度达到允许示值误差的 2/3 以上。因此，化学分析仪器检定合格，只证明该仪器的计量特性符合规程要求。化学分析仪器检定合格并不能完全保证满足该仪器实际工作的需要，也就是说，分析仪器使用中按实际测量要求对仪器进行校准是仪器分析必不可少的重要环节。

五、化学计量技术的发展

未来化学计量技术的发展主要表现在以下几个方面：

1. 化学计量基本单位的发展

计量基本单位的实现已由物理学理论为基础的宏观实物基准，转为建立在量子效应基础上的基本物理常数定义的微观基准。物质的量的单位摩尔（mol）的定义：精确地包含 $6.02214076 \times 10^{23}$ 个基本粒子的系统的物质的量，并且认定阿伏伽德罗常数 N_A 是基本物理常数，其值是固定不变的。

2. 测量技术和测量仪器的发展

化学量的测量，除基础的化学分析测试之外都必须依靠化学测量仪器来实现。化学测量仪器的研究、开发、检定与校准，是化学测量工作的重要环节。随着现代科学技术的发展，化学计量测试技术正在向自动、实时、在线、动态、快速、多参数和高精密测量的方向发展。

3. 标准物质的研制开发

大力提高标准物质的研制水平，减小现有标准物质特性量值的不确定度，开发新的标准物质种类，特别是开发用于分析仪器实际校准的基体标准物质，以适应国家对环境、土壤、食品安全和生命科学等方面的检测需求。

第二节 化学计量名词术语

一、基本通用术语

1. 法定计量单位

国家法律、法规规定使用的测量单位。

我国的法定计量单位包括：

（1）国际单位制的基本单位；

（2）国际单位制的辅助单位；

（3）国际单位制中具有专门名称的导出单位；

（4）国家选定的非国际单位制单位；

（5）由以上单位构成的组合形式的单位；

（6）由词头和以上单位所构成的十进倍数和分数单位。

2. 制外测量单位（简称制外单位）

不属于给定单位制的测量单位。

例如：化学计量中的浊度 NTU、H^+ 活度 pH、容量 L 是 SI 制外单位。

3. 倍数单位

给定测量单位乘以大于 1 的整数得到的测量单位。

在 SI 制中，乘以的整数是 SI 词头规定的十进倍数。

4. 量纲为一的量（又称无量纲量）

在其量纲表达式中与基本量相对应的因子的指数均为零的量。

量纲为一的量的测量单位和值均是数，但是这样的量比一个数表达了更多的信息。例如：气体标准物质中氧的摩尔分数 100×10^{-6}、甲基对硫磷中硫的质量分数 0.1218、空气中氧的体积分数 20.9%、苯在 20℃的折射率 1.5012。

二、测量标准的术语

1. 测量标准

具有确定的量值和相关联的测量不确定度，实现给定量定义的参照对象。

测量标准是为了定义、实现、保存及复现量的单位或一个或多个量值，用作参考的实物量具、测量仪器、标准物质或测量系统。

2. 国际测量标准

国际协议签约方承认的并旨在世界范围使用的测量标准。

3. 国家测量标准（简称国家标准）

经国家权威机构承认，在一个国家或经济体内作为同类量的其他测量标准定值依据的测量标准。在我国称为计量基准或国家计量标准。

4. 原级测量标准（简称原级标准）

使用原级参考测量程序或约定选用的一种人造物品建立的测量标准。

在化学计量中，物质的量浓度的原级测量标准由将已知物质的量的化学成分溶解到已知体积的溶液中制备而成；气体组分含量标准的原级测量标准根据各气体组分的摩尔质量通过称量法混合制备而成。

5. 次级测量标准（简称次级标准）

通过用同类量的原级测量标准对其进行校准而建立的测量标准。

次级标准常常是与相同特性或量的原级测量标准比对而赋予特性值和不确定度的测量标准。

6. 参考测量标准（简称参考标准）

在给定机构或给定地区内指定用于校准或检定同类量其他测量标准的测量标准。

在我国，参考测量标准按其法律地位、使用和管辖范围不同，可以分为社会公用计量标准、部门计量标准和企事业单位计量标准。在给定地区实施计量监督时具有公证作用，作为统一本地区量值依据的参考测量标准称为社会公用计量标准。

7. 工作测量标准（简称工作标准）

用于日常校准或检定测量仪器或测量系统的测量标准。

一般部门计量标准和企事业单位计量标准大多属于工作标准。我国计量管理中，将准确度低于计量基准的次级测量标准、参考测量标准和工作测量标准统称为计量标准。

8. 本征测量标准（简称本征标准）

基于现象或物质固有和可复现的特性建立的测量标准。

本征测量标准过去习惯称自然标准，其给定值和不确定度通过协议（如国际文件）给定，不需要通过与同类的其他测量标准的关系确定。例如，在化学计量中，纯铜、纯铝的样本作为（金属）电导率的本征测量标准；光谱分析仪器波长标准物质，如光谱灯的发射谱线、1,2,4-三氯苯试剂、萘试剂、聚苯乙烯薄膜、氧化钬溶液的吸收波长都是本征测量标准。这些"本征"参考波长值通常在光谱仪器的检定规程、校准规范或相关技术标准中直接给出。

"本征"固有和可复现的特性并不意味着本征测量标准可以不精心地操作、使用和维护。

9. 计量标准的溯源性

通过文件规定的不间断的比较链，将计量标准所复现的参考量值与规定的参照对象，通常是与（国家）计量基准或国际测量标准联系起来的特性，不间断的比较链是指不确定度不间断。我国计量标准的量值采用检定或校准的方式溯源至计量基准或社会公用计量标准；当不能采用检定或校准方式溯源时，应当通过计量比对的方式确保计量标准量值的一致性。

10. 计量标准的测量范围

JJF 1033—2016《计量标准考核规范》中的定义为：在规定条件下，由具有一定的仪器不确定度的计量标准能够测量出的同类量的一组量值。

VIM 2007（ISO/IEC GUIDE 99：2007《国际计量学词汇——基础通用的概念和相关术语》）中没有计量标准的测量范围的定义。

计量标准的测量范围可理解为：在规定条件下，计量标准以一定的不确定度实现、保存及复现同类参照对象的一个或一组值。

11. 计量标准的不确定度

JJF 1033—2016 中的定义为：在检定或校准结果的不确定度中，由计量标准引入的测量不确定度分量。它包括计量标准器及配套设备所引入的不确定度。

根据计量标准的定义，计量标准实现、复现的量值具有一定的不确定度是计量标准自身的特性，计量标准的不确定度与计量标准是否用于检定、校准或用于其他任何测量、用途无关。不应把计量标准的不确定度局限地定义为"在检定或校准结果的不确定度中，由计量标准引入的测量不确定度分量"。

12. 计量标准的准确度等级

在规定工作条件下，符合规定的计量要求，使计量标准的测量误差或不确定度保持在规定极限内的计量标准的等别或级别。

"等"与"级"是计量器具在使用时由计量特性确定的。"级"根据示值误差大小确定，表明示值误差的档次，按计量器具的标称值使用；"等"根据量值、示值的扩展不确定度大小确定，表明量值扩展不确定度的档次，按该计量器具检定、校准证书上给出的量值使用。

13. 计量标准的最大允许误差

对给定的计量标准，由规范或规程所允许的，相对于已知参考量值的测量误差的极限值。

14. 计量标准的稳定性

计量标准保持其计量特性随时间恒定的能力。

在计量标准考核中，计量标准的稳定性通常用其计量特性在规定时间间隔内发生的变化量表示。稳定性是计量标准最重要的基本特性。

三、测量仪器的主要特性

1. 被测量

拟测量的量。

被测量是拟接受测量的量。化学分析的被测量是某物质中某组分的含量。

2. 影响量

在直接测量中不影响实际被测的量，但会影响示值与测量结果之间关系的量。

3. 示值

由测量仪器或测量系统给出的量值。

分析仪器的示值与相应的被测量（输入量）不必是同类量的值。如分光光度计的被测量是物质某组分的含量，而示值则是透射比或吸光度。

4. 测得的量值（又称量的测得值）

代表测量结果的量值。

测得值通常并不是"测量结果"，代表测量结果的测得值往往是通过重复测量得到的一组测得值的平均值，此测得值通常附有一个与单个测得值相比已减小了的与其相关联的测量不确定度，即平均值的不确定度。人们习惯上将测得的量值表述为"实际值""测量值""校准值""检定值""测定值""估计值""最佳估计值"等，这些表述没有明确的计量学的定义，容易引起误解。

5. 测量结果

与其他有用的相关信息一起赋予被测量的一组量值。

注意定义中的测量结果是"一组量值"，而检定或校准报告的结果通常报告的是单个值，因此检定或校准报告的结果应该包含报告的单个量值的"相关信息"，即报告这单个测得的量值的测量不确定度。对于一般的检定或校准，当测得值的不确定度小于计量器具允许误差的1/3时，被认为测得值的测量不确定度可忽略，测量结果可表示为单个测得的量值。但化学计量中检定或校准测得值的不确定度往往超过测量仪器允许误差的1/3，其不确定度的影响不可以忽略不计，因此在大多数情况下，化学计量检定的测量结果只报告单个值而不报告该量值的不确定度的做法是不妥当的。

6. 参考量值（简称参考值）

用作与同类量的值进行比较的基础的量值。

在检定或校准中，测量标准复现的量值称为输入量的参考量值，化学计量的参考量值通常为带有测量不确定度的一种物质复现的量值，如有证标准物质的特性量值。

参考量值习惯上常被表述为"真值""约定真值""实际值""校准值""标准值"，这些称谓没有明确的定义，容易引起误解，有些表述本身就是错误的概念，应该避免使用。

7. 测量误差（简称误差）

测得的量值减去参考量值。

8. 示值误差

测量仪器示值与对应输入量的参考量值之差。

VIM 2007 中对测量仪器特性表述已不使用"示值误差"这个术语，但在我国，因为计量检定规程以及校准规范中已习惯将示值误差作为考核计量器具性能的主要指标，JJF 1001—2011《通用计量术语及定义》根据此情况保留了测量仪器的"示值误差"这一术语。但必须明确的是，所谓"示值误差"并不是测量仪器示值的"误差"，它只是仪器示值误差中的已定系统误差分量。VIM 2007 和 JJF 1001 在描述测量仪器计量准确度特性时，对于仪器的系统误差，引入了更明确的术语"仪器偏移"。

9. 偏移（又称偏倚）

系统测量误差的估计值。

在环境、电力、石化、数据处理等领域的十几个国家标准中，"偏移"多翻译为"偏倚"，这个术语已经广泛采用了二十多年，它们定义的含义是完全相同的。定义中的"估计值"并不是说系统测量误差是"估计"得到的，只是表明测量得到的系统测量误差只是一个近似的值。

10. 仪器偏移

重复测量示值的平均值减去参考量值。

11. 仪器的测量不确定度

由所用的测量仪器或测量系统所引起的测量不确定度的分量。

除原级测量标准采用其他方法外，仪器的不确定度通过对测量仪器或测量系统校准得到。在规定的参考条件下进行仪器校准时，输入的参考值被认为是不变的，在环境等影响可以忽略的参比条件下，仪器示值的变动是仪器自身电气、机械特性引起的，此时仪器示值的变动评定的测量不确定度就是仪器的测量不确定度。

12. 测量误差与测量不确定度

当今测量理论和测量数据的处理方法主要有"误差法（有时称为传统法或真值法）""不确定度方法""IEC 法"。传统"误差法"认为真值是唯一的，测量的目的是确定尽可能接近单一真值的测得值，该值与真值的偏差由随机误差和系统误差组成，通常假定这两种误差可以识别并用不同的方式处理。然而，随机量值用"误差"表示是否合理，如何将系统误差同随机变动的量合成得到测得值的总误差并没有规则可循，同时，由于真值是不可知的，测得值的误差也只是作为估计的值，测得值也常被称为"估计值"，但测得值的误差通常仅能"估计"出总误差绝对值的上限，这个估计值的误差也并未表征出未定系统误差和随机误差部分，这些问题使"误差法"理论遇到了很大的困惑。虽然测量误差的定义已修改为"测得的量值减去参考量值"，但是在实际测量中"参考量值"的确定仍然是一个令人困惑的问题，只有在计量检定或校准中，测量标准复现的量值才被认为是单个参考量值，此时计量器具的误差是可知的。但在绝大多数测量中，被测量难以确定或不存在"参考量值"，测得值的"品质"不可能用"测量误差"进行评价。因此，当今测量理论和测量数据的处理方法逐步向"不确定度方法"发展。"不确定度方法"认为不可能通过测量得到"真值"，而是假定测量程序没有错误的情况下，测量能获得被测量合理区间内定义一致的一组值，附加的有用信息可缩小合理赋予被测量量值的区间，但即使最完善的测量也不能无限缩小分散区间而使测得值为单一值，这也就是现今对"测量结果"的定义。测量结果通常可以用单一测得值（如一组测得值的平均值）与该值的相关信息（主要是不确定度）表征。"误差方法"或"不确定度方法"都认为真值是存在的，但实际上是不可知的。而 IEC 法则认为既然真值是不可知的，则完全不必提及真值，通过测量方法校准得到单一测得值，并给出被测量值的分布区间，用校准所证实的计量特性来确认结果的兼容性，依靠测量结果计量兼容性评定测量结果的有效性，IEC 法的处理与"不确定度方法"是基本一致的。随着科学技术的发展，测量数据的处理方法正在由"误差方法"向"不确定度方法"转化。

13. 测量仪器的稳定性（简称稳定性）

测量仪器保持其计量特性随时间恒定的特性。

稳定性可以用计量特性变化到某个规定的量所经过的时间间隔表示，也可以用特性在规定时间间隔内发生的变化表示。仪器的稳定性常常用仪器示值的漂移表示。

14. 仪器漂移

由于测量仪器计量特性的变化引起的示值在一段时间内的连续或增量变化。

仪器漂移既与被测量的变化无关，也与任何认识到的影响量的变化无关，是仪器自身的工作特性不稳定引起的，不应把仪器工作时各影响量变动引起的示值变动称为仪器漂移。但在实际检定或校准中，由于并没有规定控制严格的参比条件，因而检定或校准测量所得到的漂移往往包含了影响量变动引起的示值变化，测得的仪器漂移往往并不是真实的仪器漂移。对于化学分析仪器，通常认为 24h 内的漂移是短期漂移。对于连续检测仪器、在线仪器，通常要求时间间隔为 7 天 ~3 个月的长期漂移。

15. 阶跃响应时间（简称响应时间）

测量仪器或测量系统的输入量值在两个规定常量值之间发生突然变化的瞬间，到与相应示值达到其最终稳定值的规定极限内时的瞬间，这两者间的持续时间。

16. 测量仪器的校正（简称校正）

利用测量数据建立测量体系的模型，并对模型中的常量进行估计，将测量系统的响应转换为需研究的量的过程。测量仪器的校正可以包括线性及非线性、单变量及多变量校正等。

分析仪器检定合格只是表明仪器的"测量误差"在规程所允许的极限范围内，实际工作中还必须对仪器进行校正才能得到正确的测量结果。

17. 测量仪器的调整（简称调整）

为使测量仪器提供相应于给定被测量的指定示值，在测量仪器上进行的一组操作。

测量仪器的调整类型包括：零位调整、偏置量调整、量程（示值）调整（有时称为增益、灵敏度调整）。

18. 校准曲线

物质的特定性质、体积、浓度等和测得值或显示值之间关系的曲线。

校准曲线表示了示值与被测量值间一对一的关系，可以由被测量的示值计算出被测量的量值。

19. 相关系数

表征变量之间线性相关程度的量，一般用字母 r 表示。由于研究对象的不同，相关系数有多种定义方式。仪器分析中，通常将输入量同输出量间线性相关关系的统计指标称为相关系数。

20. 线性

测试系统的输出与输入系统能否像理想系统那样保持正常值比例关系的一种度量。

21. 线性误差

分析仪器的线性误差通常用校准曲线（实测曲线）值与拟合理想直线（理想直线）值间的最大偏差表示。

校准曲线上各输入点测得的线性误差是不相同的，为了便于检定或校准结果的比较，在计量检定规程或校准规范中常常规定某一输入点的线性误差为检定结果，在报告线性误差时，必须说明是校准曲线什么测量点的线性误差。

相关系数大小与线性误差大小并没有对应关系。相关系数接近于 1 的程度与数据组数 n 相关，当 n 较小时，相关系数的波动较大，相关系数容易接近于 1，这也容易给人一种这曲线测量误差小的假象。此时，仅凭相关系数较大就判定变量 x 与 y 之间有密切的线性关系是不妥的。例如：原子吸收分光光度计检定规程规定的工作曲线输入量的点数 n 为 4，当工作曲线的相关系数达到检定合格规定的 0.997 时，曲线上某些点的线性相对误差可能达到 100% 以上。

22. 示值区间（又称示值范围）

极限示值界限内的一组量值。

示值区间通常可以计量器具的最小和最大量值涵盖的区间表示。

23. 测量区间（又称测量范围）

在规定条件下，由具有一定的仪器不确定度的测量仪器或测量系统能够测量出的一组同类量的量值。

测量范围是按要求的准确度（误差，不确定度）能够定量测量的被测量的量值范围，测量范围下限不应与示值区间下限相混淆。例如：仪器示值区间是 0～1000，如果该仪器的误差是满量程的 ±1%，则该仪器任意示值的误差都可能达到 ±10，若测量结果要求相对误差不大于 ±5%，则测量范围的下限是 200，此时仪器测得值的相对误差为 ±（10/200）×100% = ±5%，当测得值小于 200 时，测量结果的相对误差会大于 ±5%，因此，此测量仪器在相对误差不大于 ±5% 时的测量范围是 200～1000。

24. 分辨力

引起相应示值产生可觉察到变化的被测量的最小变化。

25. 检出限［又称检测（下）限］

目前，国际、国内对检出限［检测（下）限］没有统一的定义，各种标准中检出限及计算方法也不一致。检出限一般可分为仪器检出限（IDL）、分析方法检出限（MDL）

和"定量下限"（RQL）。国际理论与应用化学联合会（IUPAC）1998 年发表的《分析术语指南》中对分析方法检出限作如下规定：检出限以浓度（或质量）表示，是指由特定的分析步骤能够合理地检测出的最小分析信号 x_L 求得的最低浓度 c_L（或质量 q_L）。MDL 一般由式（1-1）确定：

$$MDL = x + ks/S \qquad\qquad (1-1)$$

式中：x——空白多次测得信号对应量值的平均值，空白指与待测样品组成完全一致但不含待测组分的样品；

    s——足够多次空白测量的标准偏差；

    S——测量方法在低含量时的灵敏度（低含量时校准曲线的斜率）；

    k——根据所需的包含概率选定的常数为包含因子。

为了正确评估 x 和 S，测定次数必须足够多，如 $n \geqslant 20$。IUPAC 要求用灵敏度 S 测量检出限时，校准曲线测量的低含量应不大于预期检出限的 10 倍，以单一含量确定灵敏度 S 时，单一含量应不大于预期检出限的 5 倍。

仪器检出限是指分析仪器能够检测的被分析物的最低量（含量或质量），这个量不考虑任何样品制备处理的影响，只考虑分析仪器能测出的与噪声或空白的响应值相区别的小信号。因此，仪器检定、校准求得的检出限常可用于不同仪器测量能力的比较。我国色谱和质谱分析将仪器检出限规定为在检测器上产生相当于 2 倍基线噪声信号时相当的含量（浓度或质量），光谱仪器常将相当于 3 倍空白测量响应值的标准偏差对应的含量（浓度或质量）作为仪器的检出限。应注意，现在有一些规程、规范在计算仪器检出限时，采用较高含量的标准物质测得仪器的灵敏度 S，这是不符 IUPAC 和 ISO 推荐的检出限测量方法的要求的。

检出限定义中的所谓"检出"是指"定性"检出，测量得到的某物质的检出限量值并不具有"定量"的意义。检出限置信水平约为 90%，不是说检出限测得值的置信水平，而是表示以此量值判定样品中被测量成分"检出""未检出"这个结论的置信水平约为 90%。

同一测量方法，同一测量仪器，测量不同物质的响应信号是不相同的，计算得到的检出限也不相同，因此在报告检出限时必须明确报告是什么物质的检出限，必要时还应报告检出限测量的测量条件等相关信息。

能够正确定量测定的量称为"定量下限"（RQL），即在测量不确定度（测量误差）能满足预定要求的前提下，用特定方法能准确地定量测定待测物质的最小量（浓度或质量）。

各国、各标准对"定量下限"（RQL）量值的确定并没有统一的规定，美国 EPA SW-846（固体废弃物化学物理分析方法）规定 4MDL、英国环保和全球环境监测系统水监测操作指南规定 4.6MDL、美国自然资源办公室规定 5MDL、日本 JIS 规定 10MDL 为定量下限（RQL）。ISO 建议逐步降低被测量的含量进行测量，以测得值的相对标准偏差达到 10% 时的含量为仪器该测量的定量下限，IUPAC 推荐以空白测得值标准偏差的 10 倍相对应的被测量的含量作为仪器分析的定量下限，我国一般也都采用 IUPAC 的建议。

有关痕量分析中报告数据的一般准则见表 1-1。

表 1-1 有关痕量分析中报告数据的一般准则

分析物空白测量标准偏差（s）倍数	可靠性范围
<$3s$	可疑范围（不能接受，未检出）
$3s$	样品检出限（定性检出）
$3s \sim 10s$	半定量
$10s$	测定下限（定量检出限）
>$10s$	定量测量

测量范围下限不应与检测限相混淆，检测限是不能定量的量值，测量范围下限是大于方法检测限数倍的量。有些规程在用校准曲线的计算线性范围时，将仪器检出限作为仪器线性范围的下限是非常错误的。

化学分析中不同含量范围测得值的不确定度有很大的差异。例如：国家环境保护总局发布的《水和废水监测分析方法》规定的平行样品分析可以接受的相对偏差，即（x_1 或 $x_2 - \bar{x}$）/$\bar{x}$ 的控制指标见表 1-2。

表 1-2 平行样品分析可以接受的相对偏差

分析结果所在数量级/（g/L）	10^{-4}	10^{-5}	10^{-6}	10^{-7}	10^{-8}	10^{-9}	10^{-10}
最大允许相对偏差/%	1	2.5	5	10	20	30	50

根据表 1-2 中定量分析可以接受的相对偏差可以看出，随着样品中被测物质含量从常量减少到痕迹量，测得值的相对标准不确定度可以从小于1%增大到20%以上。

26. 空白示值（又称本底示值）

假定所关注的量不存在或对示值没有贡献，而从类似于被研究的量的现象、物体或物质中所获得的示值。

现行的检定规程在检测某物质的空白示值时，常常是输入一个假定不存在被测量的纯"空白"溶液时仪器的示值。这种方法是存在问题的，如果输入量是纯"空白"，则良好仪器的测得值应该是 0，将求不出"空白"的标准偏差，即使是"空白"示值有变动，计算出的"空白"的标准偏差也不是测量某物质测得的标准偏差，因此，现在一些新制定、修订的分析仪器的检定规程、校准规范根据 IUPAC 检出限的评价方法将"空白"溶液改为被测量预期检出限 3 倍 ~5 倍含量的溶液，这种修改使检出限量值的测量方法更加正确合理了。

27. 基线

被测量的量不存在时，检测器测出并记录的信号曲线。

28. 基线漂移

基线随时间的缓慢变化。

基线漂移的产生主要是由于仪器自身操作、工作条件不稳定引起的。在短期工作时间内这些条件的不稳定往往是波动性的，由此引起的短期基线漂移通常也往往是波动性的。术语"基线漂移"并没有规定基线缓慢变化的时间起止区间，正确的理解应该是一定时间内的最大波动量，即在规定的一段时间内基线的最大值与最小值之差。

29. 噪声

由混杂在信息中的无用成分引起的信号。

30. 基线噪声

由各种原因引起的基线信号的瞬时波动。

仪器的基线噪声是仪器电信号随机的瞬时波动，瞬时波动的噪声是不可能"定量"测定的，有些规程规定"选取基线中噪声最大峰－峰高对应的信号值为仪器的基线噪声"是不正确的。能够被"测定"的只能是噪声波动的范围，噪声的量值只能用信号值的波动范围表示。相关的国家标准中，"基线噪声"主要有两种计算方式：①一定基线范围（如围绕色谱峰半峰宽 20 倍一段基线）内基线噪声包络线的最大值与最小值之差的一半；②以基线中瞬时变动比较大的 5min 基线作为计算噪声的基线，以每 1min 为间隔画出基线变动的包络线，以 5 段包络线高度的平均值为基线噪声。从国家标准定义的方法可以清楚地看出，基线噪声是"一定时间范围内基线波动范围的宽度"。基线噪声测量示意图如图 1－3 所示。

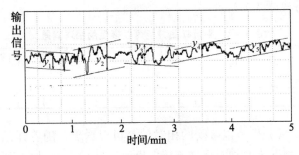

图 1－3　基线噪声测量示意图

31. 信噪比

待测样品信号强度与噪声的比值。

32. 实验标准偏差（简称实验标准差）

对同一被测量进行 n 次测量，表征测量结果分散性的量。用符号 s 表示。n 次测量中某单个测得值 x_k 的实验标准偏差 $s(x_k)$ 可按贝塞尔公式计算：

$$s(x_k) = \sqrt{\frac{\sum_{i=1}^{n}(x_i - \bar{x})^2}{n-1}} \qquad (1-2)$$

式中：x_i——第 i 次测量的测得值；

　　　　n——测量次数；

　　　　$\bar{x}$——n 次测量所得一组测得值的算术平均值。

实际测量时，标准偏差还可以用其他方法得到。

33. 极差法

用极差法计算实验标准偏差：

$$s = \frac{x_{max} - x_{min}}{d_n} \qquad (1-3)$$

极差法的 d_n 值及其自由度 ν 见表 1-3。

表 1-3 极差法的 d_n 值及其自由度 ν

n	2	3	4	5	6	7	8	9	10	11
d_n	1.13	1.69	2.06	2.33	2.53	2.70	2.85	2.97	3.08	3.17
ν	0.9	1.8	2.7	3.6	4.5	5.3	6.0	6.8	7.5	—
n	12	13	14	15	16	17	18	19	20	—
d_n	3.26	3.34	3.41	3.47	3.53	3.59	3.64	3.69	3.73	—
ν	—	—	—	10.5	—	—	—	—	13.1	—

34. 最大误差法

在有些情况下，我们可以知道被测量的参考值，因而能够计算出误差 δ_i，取误差的最大值为 $|\delta_i|_{max}$，则实验标准偏差可按式（1-4）计算：

$$s = |\delta_i|_{max} \times K_n \tag{1-4}$$

系数 K_n 的取值见表 1-4。

表 1-4 系数 K_n

n	1	2	3	4	5	6	7	8	9	10
K_n	1.25	0.88	0.75	0.68	0.64	0.61	0.58	0.56	0.55	0.53

35. 最大残差法

一般情况下，被测量的真值为未知，不能按随机误差 δ_i 求实验标准偏差，可以按最大残余误差 $|v_i|_{max}$ 进行计算（亦称最大残差/偏差法）：

$$s = |v_i|_{max} \times K'_n \tag{1-5}$$

系数 K'_n 及其自由度 ν 见表 1-5。

表 1-5 系数 K'_n 及其自由度 ν

n	1	2	3	4	5	6	7	8	9	10
K'_n	—	1.77	1.02	0.83	0.74	0.68	0.64	0.61	0.59	0.57
ν	—	0.9	1.8	2.7	3.6	4.4	5.0	5.6	6.2	6.8

注：极差法和最大误差（残差）法简便易行，具有一定的精度，但其可靠性较贝塞尔公式法低，使用时应注意。

36. 校准曲线的标准偏差（最小二乘法拟合）

当被测量 X 的测得值 x_0 是通过最小二乘法拟合的直线得到的，被测量值 X 及校准曲线参数的标准不确定度可以通过统计学公式计算得到。当对输入标准量 y_i 测量 n 次，得到 y_i 的响应的平均值 y_0，可以通过校准曲线参数截距 a、斜率 b 等计算出 x_0 的标准偏差，

即标准不确定度 $u(x_0)$。

校准曲线公式：

$$\hat{y}_i = a + bx_j \qquad x_0 = \frac{y_0 - a}{b} \tag{1-6}$$

被测量值 x_0 的标准不确定度为

$$u(x_0) = s(x_0) = \frac{s_{y/x}}{b} \sqrt{\frac{1}{n} + \frac{1}{N} + \frac{(x_0 - \bar{x})^2}{\sum\limits_{i}^{N} (x_i - \bar{x})^2}} \tag{1-7}$$

也可以采用式（1-8）：

$$u(x_0) = s(x_0) = \frac{s_{y/x}}{b} \sqrt{\frac{1}{n} + \frac{1}{N} + \frac{(y_0 - \bar{y})^2}{b^2 \sum\limits_{i=1}^{N} (x_i - \bar{x})^2}} \tag{1-8}$$

拟合直线截距 a 的标准偏差为

$$s_a = s(a) = \sqrt{\frac{s^2 \sum x_i^2}{N \sum (x_i - \bar{x})^2}} = \sqrt{\frac{\sum (y_i - \hat{y}_i)^2 \cdot \sum x_i^2}{n(n-t) \sum (x_i - \bar{x})^2}} \tag{1-9}$$

拟合直线斜率 b 的标准偏差为

$$s_b = s(b) = \sqrt{\frac{s^2}{m \sum (x_i - \bar{x})^2}} = \sqrt{\frac{\sum\limits_{i=1}^{m} (y_i - \hat{y}_i)^2}{(m-t) \sum\limits_{i=1}^{m} (x_i - \bar{x})^2}} = s_{y/x} \sqrt{\frac{1}{\sum (x_i - \bar{x})^2}} \tag{1-10}$$

式中：$s_{y/x}$——校准曲线（曲线回归）的标准偏差，即

$$s_{y/x} = \sqrt{\frac{\sum\limits_{i=1}^{N} (y_i - \hat{y}_i)^2}{N - 2}} \tag{1-11}$$

a——拟合直线的截距；

b——拟合直线的斜率；

x_0——曲线计算得到的样品 x_0 的含量（质量或浓度）；

y_0——校准曲线样品 x_0 的响应值；

n——样品 x_i 组分测量次数；

N——校准曲线总测量次数；

m——校准曲线输入含量点数；

$\bar{x}$——校准曲线计算样品的含量的平均值；

x_i——校准曲线计算样品的含量；

$\bar{y}$——校准曲线各输入含量响应值的平均值；

y_i——校准曲线各参考浓度响应值；

$\hat{y}_i$——校准曲线计算的各输入含量 x_j 计算的响应值。

校准曲线计算实例：某仪器校准结果见表 1-6。

表1-6 某仪器的校准结果

输入样品 x_i 质量浓度/(mg/L)		0.000	0.200	0.400	0.600	0.800
仪器响应测得值 y_i	1	0.0019	0.0897	0.1672	0.2496	0.3411
	2	0.0021	0.0847	0.1695	0.2531	0.3437
	3	0.0036	0.0852	0.1681	0.2507	0.3455
	4	0.0023				
	5	0.0035				
	6	0.0031				
	7	0.0042				
	8	0.0026				
	9	0.0015				
	10	0.0026				
	11	0.0007				
前三次平均值		0.00253	0.08653	0.16827	0.25113	0.34343
扣除空白平均		0.00000	0.08400	0.16573	0.24860	0.34090
空白标准偏差 s		0.0010123				

曲线参数

$s_{y/x}$	斜率 b	s_b	截距 a	s_a	相关系数
0.0034879	0.423200	0.0055147	0.0011000	0.0027016	0.99975
曲线预期响应值 $\hat{y}_i$	0.00110	0.08574	0.17038	0.25502	0.33966
曲线计算样品含量 c	0.00339	0.2019	0.3950	0.5908	0.8089
线性误差/%		0.937	-1.248	-1.531	1.115

以下计算各输入点响应值的不确定度，0输入点不确定度数据按检出限值计算

按规程 $3s/b$ 计算检出限/(mg/L)		0.00718		

设每输入量测量3次，$n=3$，$N=15$，计算各质量浓度点测得值的标准不确定度

标准不确定度	0.00599	0.00542	0.00521	0.00541	0.00605
相对标准不确定度/%	83.47	2.68	1.32	0.92	0.75

假设每输入量只测量 1 次，测得值与 3 次测量的平均值相同。$n=1$，$N=5$，计算各质量浓度点测得值的标准不确定度					
标准不确定度	0.0095	0.00915	0.00903	0.00914	0.00954
相对标准不确定度/%	132.39	4.53	2.29	1.55	1.18

设每输入量测量 5 次，测得值的平均值与 3 次测量的平均值相同。$n=5$，$N=25$，计算各质量浓度点测得值的标准不确定度					
标准不确定度	0.00500	0.00430	0.00404	0.00428	0.00508
相对标准不确定度/%	69.68	2.13	1.02	0.72	0.63

按公式 $MDL = x + 3s/b$ 计算检出限/(mg/L)				0.0132	
标准不确定度	测量 3 次	0.00597	测量 1 次	0.00949	测量 5 次	0.00498
相对标准不确定度/%	测量 3 次	45.23	测量 1 次	71.89	测量 5 次	37.73

以校准曲线参数按公式 $MDL = (a + 3s_a)/b$ 计算检出限/mg/L				0.0417	
标准不确定度	测量 3 次	0.00587	测量 1 次	0.00942	测量 5 次	0.00485
相对标准不确定度/%	测量 3 次	14.08	测量 1 次	22.59	测量 5 次	11.63

从校准曲线的标准偏差的计算可以看出：

（1）被测量的测得值 y_i 越靠近 y 的平均值 $\bar{y}$，也就是系列标准物质含量平均值 $\bar{x}$ 时，测得值的标准偏差越小，分析结果越可靠。

（2）增加校准曲线输入标准物质含量点数 m 和增加各含量点的测量次数 n，可以使校准曲线测得值的标准偏差变小。对于一般的分析测试，校准曲线输入参考含量点应不少于 5 点，每点重复测量次数 n 一般应不少于 3 次。

（3）同样的测得数据的校准曲线，按不同的方法计算处理可以得到不同的检出限。多数检定规程以 3 倍空白标准偏差 $3s$ 计算检出限，这种计算方法不考虑仪器实际测量样品空白示值及校准曲线截距对检出限的影响，只是以仪器示值零点为基点计算的，实际只反映出该仪器在检定条件下对"纯空白"量的测量能力，得到的是仪器的检出限（IDL）。

（4）在相同条件下，相同的一组测得值，按不同的方法计算得到的检出限量值相差 10 倍以上，这也表明检出限是一个不能准确"定量"测定的量。从检出限、痕量分析的介绍及本例计算可以看出，检出限量值的相对不确定度是很大的，通常都大于 50%，在计量检定中评定检出限的不确定度并没有实际意义。但由于一些规程、规范中只有检出限是仪器测量的项目，因此本书示例中也保留了某些检出限的不确定度评定。

37. 标准偏差 s 的标准差 s_s

标准偏差也还存在偏差，在许多情况下我们需要知道标准偏差 s 的标准差 s_s，即标准偏差的标准不确定度 $u(s)$，按式（1-12）计算：

$$u(s) = s_s = \frac{s}{\sqrt{2(n-1)}} \tag{1-12}$$

38. 算术平均值的标准偏差

对有限次重复测量通常是以算术平均值作为测得值，算术平均值的标准偏差 $s(\bar{x})$ 按式（1-13）计算：

$$s(\bar{x}) = \frac{s}{\sqrt{n}} = \sqrt{\frac{\sum_{i=1}^{n}(x_i - \bar{x})^2}{n(n-1)}} \tag{1-13}$$

根据平均值的标准偏差可以看出，通过增加测量次数，可以使某一个相同量的测得值的标准偏差减小，也就是可以提高测得值的精密度。

39. 测量不确定度（简称不确定度）

根据所用到的信息，表征赋予被测量量值分散性的非负参数。

40. 标准不确定度（全称标准测量不确定度）

以标准偏差表示的测量不确定度。

41. 测量不确定度的 A 类评定（简称 A 类评定）

对在规定测量条件下测得的量值用统计分析的方法进行的测量不确定度分量的评定。

42. 测量不确定度的 B 类评定（简称 B 类评定）

用不同于测量不确定度 A 类评定方法对测量不确定度分量进行的评定。

B 类评定方法通常基于以下信息：权威机构发布的量值，有证标准物质的量值，校准证书，仪器的说明书，经检定的测量仪器的准确度等级，根据经验推断的极限值等。

43. 合成标准不确定度（全称合成标准测量不确定度）

由在一个测量模型中各输入量的标准测量不确定度获得的输出量的标准测量不确定度。

44. 扩展不确定度（全称扩展测量不确定度）

合成标准不确定度与一个大于 1 的数字因子的乘积。

45. 计量器具的检定（简称计量检定）

查明和确认计量器具是否符合法定要求的程序，它包括检查、加标记和出具检定证书。

46. 校准

在规定条件下的一组操作，其第一步是确定由测量标准提供的量值与相应示值之间的关系，第二步则是用此信息确定由示值获得测量结果的关系，这里测量标准提供的量值与相应示值都具有测量不确定度。

校准的对象主要是计量器具的示值，校准得到的是计量器具的示值偏移（误差）及其不确定度，校准是计量器具量值溯源的活动，用户可以根据校准结果确定该计量器具是否符合预期使用要求。

47. 比对

在规定条件下，对相同准确度等级或指定不确定度范围的同种测量仪器复现的量值之间比较的过程。

人员间、实验室间比对是借助外部力量来确认、提高实验室能力和水平的最好方法之一。通过比对可以达到：①确定实验室对特定的校准或检测或测量的能力，并监测其持续能力；②识别实验室存在的问题，实验室能力或实验室水平差异，实验室人员技术差异，并采取纠正、预防措施；③确定新方法的有效性和可比性；④鉴别实验室之间的差异；⑤确定一种方法的能力特性；⑥给标准物质赋值，并评价其适用性；⑦使客户抱有更高的信任度。

第三节　化学计量单位表示及换算

国际标准化组织（ISO）出版了 ISO/IEC 80000《量和单位》，我国现有的相应国家标准是 GB 3100《国际单位制及其应用》、GB 3101《有关量、单位和符号的一般原则》、GB 3102.1～13《量和单位》。关于量的名称、单位、单位符号、数与量值的表示，都应该统一到这些标准的规定上。

一、化学计量应当特别关注的量和单位的表示方法

量值最常见的表现形式是：数值×词头×单位符号，如 15mg。所有词头都是有名称的，构成的倍数单位也都是有名称的，可以用语言直接读出量值。分数或倍数单位必须使用 SI 词头。这些单位在外文、中文中都是由词头同单位符号组成一个词表示倍数单位（例如："兆 mega-欧 ohm 组成兆欧 Megohm""毫 milli－米 meter 组成毫米 millimeter"）。

百分和千分是纯数字，质量百分、体积百分等说法在原则上是无意义的。但在量和单位中，在单位"1"恒不出现时，"%"常扮演一个分数单位符号，单位符号的使用规则也适用于它，不可对单位符号加上其他信息加以修饰。如用 $\%(m/m)$、$\%(V/V)$、$\%(n/n)$ 表示质量分数 w_B、体积分数 φ_B、摩尔分数 x_B 都是不正确的，正确的表达是：B 的质量分数 $w_B = 0.76$（或 76%），B 的体积分数 $\varphi_B = 0.563$（或 56.3%）；也可以表示为：B 的质量分数 $w_B = 5.00mg/g$、B 的体积分数 $\varphi_B = 10mL/L$；可用% 代替数字 0.01，例如：$r = 0.8 = 80\%$。注意，应避免用‰代替 0.001，可用 0.1% 表示。不能使用 ppm、pphm 和 ppb 表示数值，因为它们既不是单位符号，也不是数学符号，而仅仅是表示数值的外文缩写，在各国表示的数值并不一致。例如：ppm，我国同美国视为表示 10^{-6}，英国却是视为表示 10^{-9}；ppb 我国视为表示 10^{-9}，而英国、德国却是视为表示 10^{-12}。检定、校准的证书上不应使用 ppm、ppb 等缩写表示计量单位，大多数情况下，原来使用 ppm 的地方

可由词头 μ 或 10^{-6} 代替，含量也可用 μmol/mol 等表示；ppb 可由词头 n 或 10^{-9} 代替。

在量值表达时不能在单位符号上、单位符号中附加表示量的特性和测量过程信息的标志。例如：应表达为 $U_{max}=500V$，而不应为 $U=500V_{max}$；红外线测油标准物质 OCB 的质量浓度应表达为 $\rho_{OCB}=10.0mg/L$，而不应为 $\rho=10.0mgOCB/L$。

质量和重量是两个不同的量，质量的符号为 m，单位为 kg，重量的符号为 W，单位为 N。一些规程、规范采用的公式中将某物质的质量（g）的符号写为 W 是不正确的。

在使用单位和单位符号时，大写、小写、正体、斜体都应该正确，否则可能会产生根本的错误。例如：在化学计量中，大写正体 S 是电导的计量单位西门子的符号，斜体 S 是热 - 功转换的单位熵的符号，小写正体 s 是时间单位秒的符号，小写斜体 s 是标准偏差的符号。

记录相同量的一组测得值，应该将测得值的数值顺序写出，数值之间用"逗号"隔开，在最后一个数值后写计量单位。如重复测量的某质量浓度 6 个测得值应书写为：5.42，5.45，5.38，5.41，5.40，5.56mg/L。不宜书写为：5.42mg/L，5.45mg/L，5.38mg/L，5.41mg/L，5.40mg/L，5.56mg/L；也不应书写为（计量单位 mg/L）：5.42、5.45、5.38、5.41、5.40、5.56。

不要滥用术语"浓度"。在 SI 单位制中，"浓度"是物质的量浓度的简称，其单位为 mol/m^3 或 mol/L。其他单位表示混合物中某物质含量时，应明确说明其量的名称。如某组分的含量为 100g/L，不应表述为"某组分的浓度为 100g/L"，而应表述为"某组分的质量浓度为 100g/L"；"单位为 1 的质量百分比浓度"，应表述为"质量分数"；"单位为 1 的体积百分比浓度"，应表述为"体积分数"。

要注意两个量纲不同的量的比值用"%"不能表示含量，如 15g/100mL 的葡萄糖水不能称为"15%葡萄糖"，正确表述为"质量浓度为 0.15g/mL 的葡萄糖溶液"。

有一些相对值，从习惯和简明的角度也常常采用"百分数"的形式表述，且这些量值也分别有一个英文缩写，但要注意英文缩写应放在这个值的前面而不是放在"%"后面，如相对湿度 75%，可写作 RH75%，而不写作 75%RH；测量相对标准偏差 2%，可写作 RSD2%，而不写作 2%RSD；满刻度相对误差 3% 可写作 FS 3%，而不写作 3%FS。

二、图表及公式中单位的表示方法

图表及公式的单位应使用单位符号，文字描述与单位之间应使用标点符号逗号（,）、分隔号(/)或圆括号[（　）]隔开，一般公式中使用逗号，而表、图中使用分隔号或圆括号。

图中的单位应紧随描述之后。表中的单位，如果所制的表格中数值的单位都相同，则可将单位写在表格的右上角，顶格排，见表 1-7；如果所制的表格中数值的单位不相同，则可将单位写在相应栏的表头居中位置，见表 1-8 和表 1-9。

表 1 – 7　波长测得数据　　　　　　　　　　　　　λ/nm

参 考 波 长	测 量 结 果	平 均 值	误　　差

表 1 – 8　测得数据

项　　目	密度 $\rho_1/(g/cm^3)$	外直径 D/mm	内直径 d/mm

表 1 – 9　测得数据

项　目	密度 （g/cm^3）	外直径 mm	内直径 mm

三、化学计量中常用的物理化学量和单位

化学计量常用物理化学量和单位及基本常数见表 1 – 10。

表 1 – 10　化学计量常用物理化学量和单位及基本常数

量的名称	量的符号	定　　义	单位名称	单位符号	备　　注
物质的量	$n,(\nu)$	—	摩［尔］	mol	基本单位
相对原子质量	A_r	元素的平均原子质量与核素^{12}C 原子质量的 1/12 之比	—	1	以前称为原子量
相对分子质量	M_r	物质的分子或特定单元的平均质量与核素^{12}C 原子质量的 1/12 之比	—	1	以前称为分子量
原子质量常量	m_u	一个^{12}C 中性原子处于基态的静质量的 1/12	原子质量单位	u	$1u = (1.6605402 \pm 0.0000010) \times 10^{-27} kg$
阿伏伽德罗常量	N_A	分子数除以物质的量 $N_A = N/n$	每摩［尔］	mol^{-1}	$N_A = 6.02214076 \times 10^{23} mol^{-1}$

续表

量的名称	量的符号	定 义	单位名称	单位符号	备 注
摩尔质量	M	一系统中某给定基本单元的质量 m 与其物质的量 n 之比 $M = m/n$	千克每摩[尔]	kg/mol	$M = 10^{-3} M_r \,(\text{kg/mol})$ $= M_r \,(\text{g/mol})$
摩尔体积	V_m	一系统中某给定基本单元的总体积 V 与其物质的量 n 之比 $V_m = V/n$	立方米每摩[尔]	m³/mol	在 273.15K 和 101.325kPa 时理想气体的摩尔体积为 $V_m = 0.022410(19)\,\text{m}^3/\text{mol}$
B 的质量浓度	ρ_B	B 的质量除以混合物体积 $\rho_B = m_B/V$	千克每立方米、千克每升	kg/m³ kg/L	分母指混合物的体积。气体质量浓度与混合气的压力和温度有关，因此应给出压力和温度值
B 的物质的量浓度 (摩尔浓度)	c_B	B 的物质的量除以混合物的体积 $c_B = n_B/V$	摩[尔]每立方米	mol/m³	分母指混合物的体积。只有物质的量浓度简称为浓度。气体浓度与混合气的压力和温度有关，因此应给出压力和温度值
溶质 B 的质量摩尔浓度	$b_B、m_B$	溶液中溶质 B 的物质的量除以溶剂的质量 $b_B = n_B/m$	摩[尔]每千克	mol/kg	分母指溶剂的质量
B 的物质的量分数 (摩尔分数)	x_B	B 的物质的量与混合物的物质的量之比 $x_B = n_B/n$	一	1	分母指混合物的物质的量。气体摩尔分数与混合气的压力和温度无关
B 的质量分数	w_B	B 的质量与混合物质量之比 $w_B = m_B/m$	一	1	分母指混合物的质量。气体质量分数与混合气的压力和温度无关
B 的体积分数	φ_B	对于混合物： $\varphi_B = x_B V_{m,B}^* / (\sum_A x_A V_{m,A}^*)$ 式中，$V_{m,A}^*$ 是纯物质 A 在相同温度和压力时的摩尔体积	一	1	气体体积分数与混合气的压力和温度有关，所以应给出压力和温度值

续表

量的名称	量的符号	定义	单位名称	单位符号	备注
摩尔气体常量	R	在理想气体定律中的普适比例常数：$pV_m = RT$	焦[耳]每摩[尔]开[尔文]	$J/(mol \cdot K)$	$R = 8.314472\,(15)\,J/(mol \cdot K)$ $J = L \cdot kPa$
法拉第常量	F	$F = Le$	库[仑]每摩[尔]	C/mol	$F = 96.4853399\,(24) \times 10^3\,C/mol$

注：2018 年 11 月 16 日第 26 届国际计量大会（CGPM）对 SI 基本单位使用的常数（量）公布，请随时关注国家公布的值。

四、近似数的修约及运算

数值运算的修约基本规则一般采用四舍六入五进偶的规则修约，修约必须一次完成，不能连续修约。在考虑测量结果的安全或已知极限的情况下，如不确定度、误差、重复性、稳定性等已知极限要求测量的测得值，应该根据 GB/T 8170《数值修约规则与极限数值的表示和判定》中全数比较的方法按一个方向采用只进不舍的方式修约。其修约的基本原则是：为了保证测量结果的安全，不能因为数据的修约而人为地将测得值变得更好。例如：测得的误差即使很小也不能人为地将其修约舍去，而是应该只进不舍，以保证测量结果的安全。

第四节　化学计量器具检定系统

溯源等级图是代表溯源等级顺序的框图，用以表明测量用计量器具的计量特性与给定量基准、国家标准之间的关系。溯源等级图给出了不同等级计量标准、等级间的连接及分支，包含了有关标准器特性的最重要的信息（如量值范围、量值的不确定度或最大允许误差）以及溯源链中比较常用的溯源方法。

目前，我国是用国家计量检定系统表来代替国家溯源等级图。国家溯源等级图是由国务院计量行政部门组织制定、批准、发布的法定技术文件。与化学计量相关的国家计量检定系统表有：

（1）JJG 2016—2015　黏度计量器具检定系统表；

（2）JJG 2046—1990　湿度计量器具检定系统表；

（3）JJG 2058—1990　燃烧热计量器具检定系统表；

（4）JJG 2059—2014　电导率计量器具检定系统表；

（5）JJG 2060—2014　pH（酸度）计量器具检定系统表；

（6）JJG 2061—2015　基准试剂纯度计量器具检定系统表；

（7）JJG 2096—2017　基于同位素稀释质谱法的元素含量计量检定系统表。

一、pH（酸度）计量器具检定系统表框图

pH（酸度）计量器具检定系统表框图见图 1-4。

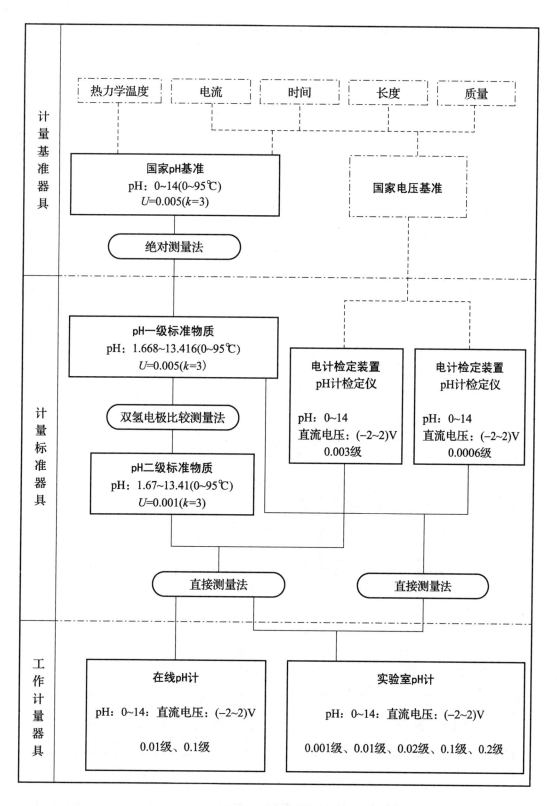

图1-4 pH（酸度）计量器具检定系统表框图

二、电导率计量器具检定系统表框图

电导率计量器具检定系统表框图见图 1 – 5。

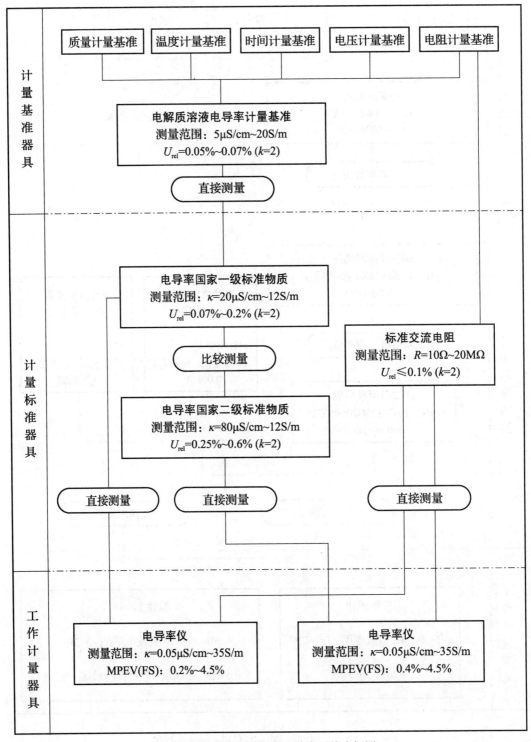

图 1 – 5　电导率计量器具检定系统表框图

三、黏度计量器具检定系统表框图

黏度计量器具检定系统表框图见图1-6。

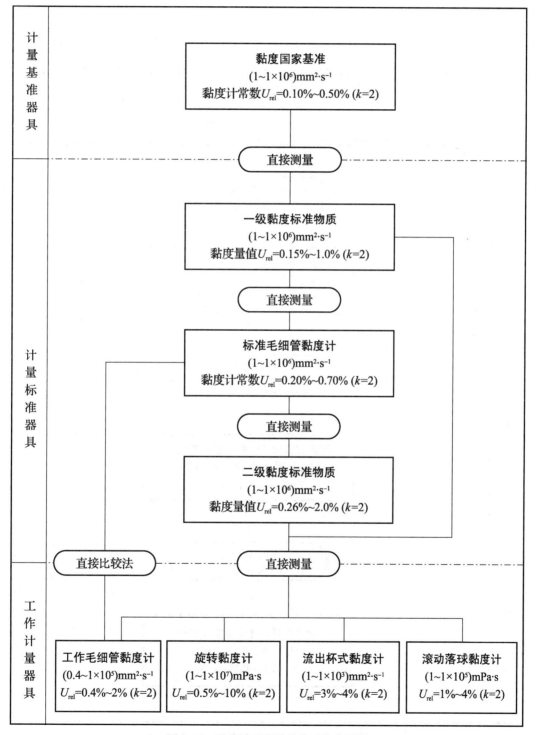

图1-6 黏度计量器具检定系统表框图

四、基准试剂纯度计量器具检定系统表框图

基准试剂纯度计量器具检定系统表框图见图1-7。

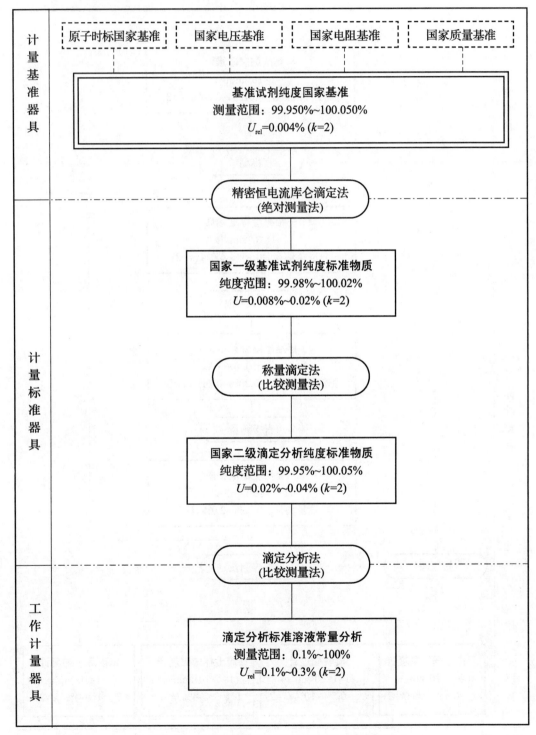

图1-7 基准试剂纯度计量器具检定系统表框图

五、燃烧热计量器具检定系统表框图

燃烧热计量器具检定系统表框图见图 1-8。

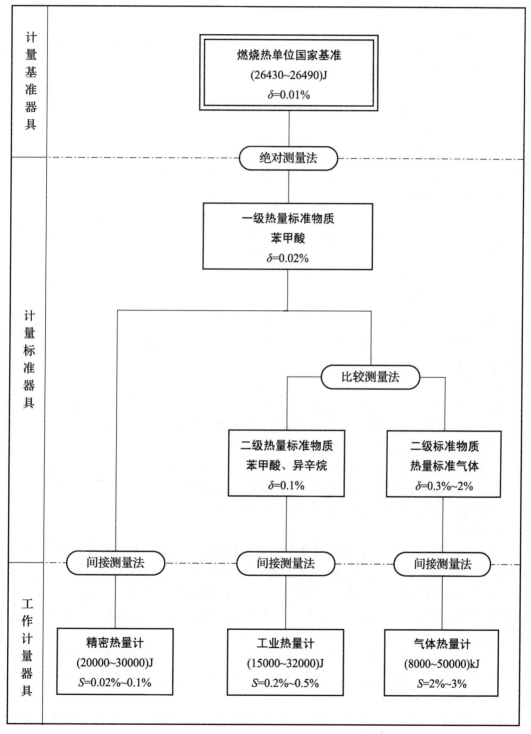

图 1-8 燃烧热计量器具检定系统表框图

第五节　标准物质

标准物质（RM，又称参考物质）是具有足够均匀和稳定的特定特性的物质，其特性适用于测量或标称特性检查中的预期用途。

标准物质特性量值的不确定度是根据其制备、定值程序中原料试剂纯度、原料称量偏移、溶剂纯度、玻璃量器误差、环境温度、样品均匀性及稳定性等各种因素的影响评定的，而不是通过测量得到的。

一、标准物质的分类

在 ISO/REM 的量值溯源体系图中，将标准物质分为三个层次，即基准标准物质（PRM）、有证标准物质（CRM）和工作标准物质（WRM）。

1. 基准标准物质（PRM）

具有最高计量学特性，用基准方法确定特性量值的标准物质，简称基准物质。我国的基准标准物质分为国家一级基准纯度标准物质和国家二级滴定分析纯度标准物质。

（1）国家一级基准纯度标准物质，过去称为第一基准试剂，其纯度范围为 99.98% ~ 100.02%，不确定度为 0.008% ~ 0.02%（$k = 2$）。用于标定国家二级滴定分析纯度标准物质，或用于一级标准物质定值，或作为制备一级标准物质的原料。

（2）国家二级滴定分析纯度标准物质，过去称为工作基准试剂，其纯度范围为 99.95% ~ 100.05%，不确定度为 0.02% ~ 0.04%（$k = 2$）。主要用于容量分析中标定滴定液、pH 测定和热值测定等。

2. 有证标准物质（CRM，又称有证参考物质）

附有由权威机构发布的文件，提供使用有效程序获得的具有不确定度和溯源性的一个或多个特性量值的标准物质。有证标准物质权威机构发布的"文件"是以按规定程序颁发"证书"的形式给出的。

基体标准物质（MRM）必须具有与被测量实际样品相同或相似的基体，常用于专用分析仪器、分析测量方法的校准和分析结果质量的确认控制。

校准物（CAL）是用于设备或测量程序校准的标准物质，常常是专用于某些领域或设备的标准物质。

质量控制物质（质控样）是用于测量质量控制的标准物质，可以不要求赋值结果具有计量溯源性和测量不确定度，但必须具有满足预期用途的均匀性和稳定性。例如：以血清为基体的血细胞基体标准物质，是医疗卫生行业血细胞分析的质控样，该质控样给出了各种血细胞的量值及该量值的不确定度，而给出的血细胞的量值是通过不同仪器的比对测量确定的。

"校准物"和"质控样"是指标准物质的用途，而不是标准物质的另一个类别。

我国计量技术机构检定、校准使用的化学标准物质主要是国家计量行政主管部门审查和批准的国家一级标准物质（GBW）和国家二级标准物质［GBW（E）］。在化学计量检定、校准中，使用国家标准化管理委员会发布的国家实物标准样品（GSB）和医药卫生、国防等行业发布的质控标准样品等有证标准物质也是符合规定的。

3. 工作标准物质（WRM）

除基准标准物质（PRM）、有证标准物质（CRM）以外的标准物质通称为工作标准物质（WRM），也常常简写为 RM。工作标准物质通常可由需要的单位自己配置并定值。

二、标准物质在计量领域的作用

1. 贮存和传递特性量值信息

一种标准物质复现了一个或多个准确测量的具有一定不确定度的特性量值，在有效期内其特性量值被贮存在这种标准物质中。这种标准物质一旦被使用，它所携带的量值也就在时间和空间上实现了传递。

2. 保证测量溯源性

化学量的测量过程十分复杂，通过一开始就引入基体近似于被测量实际样品的标准物质，从而最大限度地减小基体效应的影响，减小测量全过程各因素可能引起的各种偏移问题，有效地保证被测量的量值溯源。

3. 复现国际单位

标准物质是一种重要的复现 SI 单位的物质和材料。化学计量涉及的所有基本单位和导出单位的复现基本都依赖标准物质。

4. 定义和复现约定标度

现今的 SI 单位并不能涵盖所有量，特别是有些物理化学特性量的单位需要特别约定建立"标度"。这些"标度"是国际建议或者权威文件上给定的值并且得到全球认可。约定标度标准物质的实例很多，化学计量中常见的有：

（1）浊度单位：在国际标准化组织制定的标准 ISO 7027 中定义了浊度的单位。该标准约定了衰减浊度单位（FAU）和散射浊度单位（FNU、NTU）。依照该标准制备的浊度溶液标准物质的浊度为 400 FAU 或 FNU 或 NTU。通过规定方法稀释这一标准溶液可以获得一系列的浊度标度固定点，以满足不同浊度样品的测定要求。

（2）pH 标度：这种标度是由被赋予准确 pH 值的溶液标准物质所定义的。GB/T 27501《pH 值测定用缓冲溶液制备方法》规定了 pH 溶液标准物质的制备方法和赋值。

同样情况，GB/T 27502《电导率测量用校准溶液制备方法》规定了电导率溶液标准物质的制备方法和电导值。

（3）辛烷值标度：辛烷值是燃料油的重要技术指标。美国材料与试验协会（ASTM）用标准燃料油和标准测试方法定义与复现辛烷值的标度，在全球得到了业内专业人士的认同并被采纳。我国亦是按照以上标准测试方法制备的燃料油辛烷值标准物质。

（4）黏度值标度：我国的黏度值标度是以高纯蒸馏水 20℃时的黏度为 $1.002 mPa \cdot s$。利用 20℃纯水和 9 组共 27 支不同内径、不同长度的乌氏基准黏度计逐级测量定值建立起来的，黏度范围为 $(1 \sim 10^5) mm^2/s$，不确定度为 $0.005\% \sim 0.4\%$（$k = 2$）。

（5）空气中固体悬浮微粒标度：由于空气中固体悬浮微粒没有一定的形状，因此不能测得其实际的粒径，其粒径是以具有相同空气动力学特性的等效直径表示的。定义为：某一种类的粒子，不论其形状、大小和密度如何，如果它在静止空气中做低雷诺数运动时，沉降速度与一种密度为 $\rho_0 = 1 g/cm^3$ 的球型粒子的沉降速度一样，则这种球型粒子的直径即为该种粒子的空气动力学直径。空气动力学粒径小于 $10 \mu m$ 的固体微粒称为 PM_{10}；空气动力学粒径小于或等于 $2.5 \mu m$ 的固体微粒称为 $PM_{2.5}$。

第二章 建标指导

第一节 计量标准的考核要求

计量标准的考核要求即是建标单位建立计量标准的要求。建标单位应当按照 JJF 1033—2016《计量标准考核规范》第 4 章的要求做好以下 7 个方面的前期准备工作，这些准备工作是申请建立计量标准的必要条件。

（1）按照 JJF 1033—2016 中 4.5.6 的规定建立 8 项管理制度，并切实保证计量标准处于正常运行状态。

（2）按照计量检定规程或计量技术规范的要求，科学合理、完整齐全、经济实用地配置计量标准器及配套设备，包括必需的计算机及软件。配置的计量标准器及配套设备的量值范围、不确定度或准确度等级或最大允许误差等计量特性都应该满足相应计量检定规程或计量技术规范的要求。

（3）计量标准器必须按规定的检定周期或校准时间间隔进行检定或校准，配套设备应当经具有相应测量能力的计量技术机构检定合格或校准，保证其计量溯源性。计量溯源性证明文件应当连续、有效。计量标准中使用的标准物质应当是处于有效期内的有证标准物质。

（4）环境条件包括气候环境条件、机械环境条件和电气环境条件等，都应满足计量检定规程或计量技术规范的要求。应根据要求和实际工作需要，配置必要的控制设施和监测、记录设备。对工作场所内互不相容、相互干扰的区域进行有效隔离，对于影响工作安全的因素应以明显方式标明。

（5）每个项目应当配备至少两名熟悉和掌握相应计量检定规程或计量技术规范以及计量标准的使用、维护、溯源，且满足有关计量法律法规要求的检定或校准人员。建标单位应配备能够履行职责的计量标准负责人。

（6）新建计量标准一般应当经过半年以上试运行，在此期间进行计量标准的稳定性考核，并且确认所复现的量值稳定可靠，符合要求。

（7）每项计量标准都应按照 JJF 1033—2016 中 4.5 的要求建立一个完整、真实、正确和有效的文件集。文件集中计量标准的稳定性考核、检定或校准结果的重复性试验、检定或校准结果的测量不确定度评定、检定或校准结果的验证等内容应符合 JJF 1033—2016 附录 C 的要求。

上述准备工作完成后，申请新建计量标准的单位，应当按 JJF 1033—2016 中计量标准的考核要求填写《计量标准考核（复查）申请书》，将申请书及有关资料提交主持考核的人民政府计量行政部门申请考核。主持考核的人民政府计量行政部门，是指与申请单位的主管部门同级的人民政府计量行政部门，没有主管部门的，指与申请单位工商注册部门同级的人民政府计量行政部门。

企业、事业单位建立的本单位的各项最高计量标准，应当向与其主管部门同级的人民政府计量行政部门申请考核。

申请新建计量标准考核的单位，应当向主持考核的人民政府计量行政部门提供以下资料：

(1)《计量标准考核（复查）申请书》原件一式两份和电子版一份；

(2)《计量标准技术报告》原件一份；

(3) 计量标准器及主要配套设备有效的检定或校准证书复印件一套；

(4) 开展检定或校准项目的原始记录及相应的模拟检定或校准证书复印件两套；

(5) 检定或校准人员能力证明复印件一套；

(6) 可以证明计量标准具有相应测量能力的其他技术资料（如果适用）复印件一套。

第二节　计量标准的考核程序

计量标准考核是国家行政许可项目，其行政许可项目的名称为"计量标准器具核准"。计量标准器具核准行政许可实行分级许可，即由国务院计量行政部门和省、市（地）及县级地方人民政府计量行政部门对其职责范围内的计量标准实施行政许可。其行政许可事项按照《中华人民共和国行政许可法》的要求和规定的程序办理。

计量标准考核的流程：申请→受理→组织→考核→审批（发证）。

申请考核单位填写《计量标准考核（复查）申请书》，并将申请书及有关资料提交主持考核的人民政府计量行政部门申请考核。受理考核申请的人民政府计量行政部门对建标单位申报的技术资料进行审查。主持考核的人民政府计量行政部门根据申报计量标准的准确度等级组织考核。有考核能力的自行组织考核；不具备考核能力的，报上一级人民政府计量行政部门组织考核。计量标准考核实行考评员负责制，考评组或考评员按照 JJF 1033—2016 的考核内容逐条进行考核。主持考核的人民政府计量行政部门对考评单位或考评组上报的《计量标准考核报告》等考核材料进行审核。考核合格的，发给建标单位《准予行政许可决定书》，并签发《计量标准考核证书》，证书的有效期为 4 年。

第三节　《计量标准考核（复查）申请书》的编写

无论申请新建计量标准的考核还是计量标准的复查考核，建标单位均应填写《计量标准考核（复查）申请书》。《计量标准考核（复查）申请书》应当采用 JJF 1033—2016 附录 A 规定的格式，一般由计量标准负责人填写。

一、封面

1. "[ ]　量标　　证字第　　号"

填写《计量标准考核证书》的编号。新建计量标准申请考核时不必填写。申请计量标准复查考核时，根据主持考核的人民政府计量行政部门签发的《计量标准考核证书》上的证书编号填写。计量标准考核证书号具有唯一性。

2. "计量标准名称"和"计量标准代码"

应按照 JJF 1022—2014《计量标准命名与分类编码》的规定填写。对于 JJF 1022—2014 中未收录的计量标准，建标单位可以按照规范中的计量标准命名及编码原则先自行命名及编码，再由主持考核的人民政府计量行政部门进行确认。通常情况下，建标单位自行选定的编码应该由省级以上人民政府计量行政部门进行确认。

例如："四极杆电感耦合等离子体质谱仪校准装置"的计量标准代码不能在 JJF 1022—2014 中查到，广东省的代码是 46119003，是由原广东省质量技术监督局确认增加的代码，供广东省内的建标单位统一使用。

3. "建标单位名称"和"组织机构代码"

建标单位的名称应当填写全称，并与申请书中"建标单位意见"栏内所盖公章的单位名称完全一致。

组织机构代码应当填写法人单位的统一社会信用代码。

4. "单位地址"和"邮政编码"

分别填写申请建标单位的地址以及所在地区的邮政编码。建标单位具有多个地址的，填写申请建标计量标准保存地点的地址和邮政编码。

5. "计量标准负责人及电话"和"计量标准管理部门联系人及电话"

分别填写申请计量标准考核或复查项目的计量标准负责人姓名及电话、建标单位负责计量标准管理部门联系人的姓名及电话。电话可以是办公电话号码（同时注明所在地区的长途区位号码），也可以是手机号码。

6. " 年 月 日"

填写建标单位提出计量标准考核或复查申请时的日期。该日期应当与"建标单位意见"一栏内的日期一致。

二、申请书内容

1. "计量标准名称"

与申请书封面的"计量标准名称"栏目的填写要求一致。

2. "计量标准考核证书号"

申请新建计量标准时不必填写，申请计量标准复查时应当填写原《计量标准考核证书》的编号，并与申请书封面对应栏目内容保持一致。

3. "保存地点"

填写该计量标准保存地点，不仅要填写建标单位的通信地址，还应填写该计量标准保存部门的名称、楼号和房间号。

4. "计量标准原值（万元）"

填写该计量标准的计量标准器和配套设备购置时原价值的总和，单位为万元。数字一般精确到小数点后两位。该原值应当与《计量标准履历书》中相应栏目内容保持一致。

5. "计量标准类别"

申请考核的计量标准按其法律地位、使用和管辖范围不同，可分为社会公用计量标准、部门最高计量标准和企事业单位最高计量标准。这里的"最高"是指所建计量标准是同类量的计量标准中准确度等级最高的，最高计量标准的认定应当按照计量标准在与其"计量学特性"相应的国家计量检定系统表中的位置来判断。计量标准所开展的检定或校准项目已经取得计量行政部门授权的，属于计量授权项目。此处根据申请考核的计量标准类型，以及是否属于授权项目，在对应的"□"内打"√"。

6. "测量范围"

应填写该计量标准实现的量的量值范围。化学计量标准常常同时采用物理量标准和有证标准物质作为计量标准器，两种标准的量值范围应分别填写。根据计量标准的具体情况的不同，量值范围可能与计量标准器所复现的量值范围相同，也可能与计量标准器所复现的量值范围不同。

例如：有证标准物质所实现的量值范围可直接作为该计量标准的量值范围。但当有证标准物质是一个特性值时，根据规程或规范的要求，该计量标准实现的量的量值范围应该填写此量值经过稀释可以达到的量值范围。如在"浊度计检定装置"中，标准器浊度有证标准物质的量值为 400NTU，根据规程规定可以通过零浊度水稀释成不同浊度的标准溶液，则该计量标准的量值范围可以填写为 (0 ~ 400)NTU。

对于可以实现多种参数量值的计量标准，应该分别给出每一个参数量值的量值范围。对于采用多种不同有证标准物质作为计量标准器或计量标准可实现多种参数量值的，分别给出每种标准物质量值范围及每个参数量值范围。

7. "不确定度或准确度等级或最大允许误差"

《计量标准考核（复查）申请书》中需要分别填写计量标准、计量标准器与配套设备以及开展的检定或校准项目的"不确定度或准确度等级或最大允许误差"。

计量标准的不确定度的表示应符合 JJF 1059.1—2012《测量不确定度评定与表示》的规定，通常采用扩展不确定度表示，注明所取包含因子 k 的数值。

计量标准的准确度等级应采用约定的数字或符号来表示"等别"或"级别"。

（1）计量标准由单台计量标准器组成

① 若在检定或校准中直接采用该标准器示值、标称值为参考值（即不加修正值使用），则填写该标准器的最大允许误差。

② 若在检定或校准中，该标准器需要加修正值使用，则填写修正值或量值的不确定度。

③ 若该标准器有相关技术文件进行了准确度"等别"和（或）"级别"的规定，则可以填写具体"等别"和（或）"级别"。

（2）计量标准由多台标准器和（或）配套设备组成

① 若可以分辨标准器与配套设备各自对测量结果的影响，则按上述原则分别填写标准器与配套设备有关参数（不确定度或准确度等级或最大允许误差）。

② 若无法分辨标准器与配套设备各自对测量结果的影响，则可直接填写标准器与配套设备的合成标准不确定度。

（3）计量标准器由一种或多种标准物质组成

① 若在检定或校准中直接使用国家有证标准物质，则填写标准物质的定值不确定度。

② 若在检定或校准中使用纯度标准物质制备或使用国家有证（溶液）标准物质进行稀释后使用，则计量标准器填写纯度标准物质或国家有证（溶液）标准物质的不确定度，

计量标准填写纯度标准物质制备（溶液）或国家有证（溶液）标准物质进行稀释后量值的扩展不确定度。

（4）填写本栏目的其他注意事项

① 采用规范的符号准确地对不确定度或准确度等级或最大允许误差进行表示。

② 对于可以实现多种参数量值的计量标准，应当分别给出每种参数量值的不确定度或准确度等级或最大允许误差。

③ 若对于不同量值点或不同量值范围，计量标准具有不同的测量不确定度时，原则上应给出对应每一测量点的不确定度；至少应该分段给出量值的不确定度；如有可能，最好能给出测量不确定度随被测量量值变化的公式。

8. "计量标准器"和"主要配套设备"

计量标准器是指直接实现具有确定的量值和相关联的测量不确定度的参照对象的设备系统、实物量具或标准物质。主要配套设备是保证计量标准器正常工作，量值的不确定度保持在规定范围内，实现量值传递的设备。化学计量中，主要的计量标准器常常是国家有证标准物质。

本栏目内容填法如下：

（1）"名称"和"型号"两栏目分别填写各计量标准器及主要配套设备的名称、型号或规格。有证标准物质的型号可填写原国家质量监督检验检疫总局批准的标准物质编号。

（2）"测量范围"栏目填写相应计量标准器及主要配套设备的量值范围。对于计量标准器是物理量的计量标准器，如电导率仪电计的计量标准电阻箱，pH 计、离子计电计的计量标准直流电压发生装置，计量标准器的量值范围不应小于计量标准的量值范围。而化学量"计量标准器"的量值范围常常就是有证标准物质的量值，这个量值范围可以是一个量值，也可以是一组量值，也可以是通过规定的方法"稀释"有证标准物质得到的一组量值。

（3）"不确定度或准确度等级或最大允许误差"栏目填写相应计量标准器及主要配套设备的不确定度或准确度等级或最大允许误差。

（4）"制造厂及出厂编号"栏目填写各计量标准器及主要配套设备的制造厂家名称及出厂编号。有证标准物质填写标准物质认定机构（或生产单位）。

（5）"检定周期或复校间隔"栏目填写各计量标准器及主要配套设备经有效溯源后给出的检定周期或建议复校间隔。校准证书没有给出复校时间间隔时，建标单位应按照 JJF 1139《计量器具检定周期确定原则和方法》的要求确定合理的复校时间间隔并定期校准；当不可能采用计量检定或校准方式溯源时，则应当参加实验室之间的比对，以确保计量标准量值的可靠性和一致性。

有证标准物质填写标准物质证书有效期。

（6）"末次检定或校准日期"栏目填写各计量标准器及主要配套设备最近一次的检定日期或校准日期。

若有证标准物质证书上标明了标准物质定值日期，应填写标准物质定值日期。若有证标准物质证书上没有标明标准物质定值日期，可填写有证标准物质证书发证日期。

（7）"检定或校准机构及证书号"栏目填写各计量标准器及主要配套设备溯源的计量

技术机构的名称、检定证书或校准证书的编号。有证标准物质填写标准物质认定机构（或生产单位）以及该标准物质证书号。

9. "环境条件及设施"

环境条件是对检定或校准结果的测量不确定度有显著影响的环境要素。对于在计量检定规程或计量技术规范中未提出具体要求的环境要素，若能确认其对检定或校准结果的测量不确定度有显著影响，也可以填写必要的具体要求。

大多数情况下，环境条件对于检定或校准结果的测量不确定度是否有影响，有多大影响，建标单位是难以确定的。建标时可以原则地认定检定规程、校准规范上有要求的环境条件都可能是对检定或校准有影响的，都应该填写。

"实际情况"栏目填写使用计量标准的环境条件所能达到的实际情况。现在有些规程中某环境条件常常表述为小于多少，如"相对湿度≤85%"，由于电子仪器工作环境相对湿度过小会增大静电干扰的危险，所以国家标准规定电子设备工作的环境相对湿度不能低于10%。"实际情况"栏目应填写真实达到的情况，如"相对湿度30%～80%"。

"结论"栏目是指是否符合计量检定规程或计量技术规范的要求，或是否符合《计量标准技术报告》的"检定或校准结果的不确定度评定"栏目中对该要素所提的要求。视情况分别填写"合格"或"不合格"。

在设施中填写在计量检定规程或计量技术规范中提出具体要求，并且对检定或校准结果及其测量不确定度有影响的设施和监控设备。在"项目"栏目内填写计量检定规程或计量技术规范规定的设施和监控设备名称，在"要求"栏目内填写计量检定规程或计量技术规范对该设施和监控设备规定必须达到的具体要求。"实际情况"栏目填写设施和监控设备的名称、型号和所能达到的实际情况，并应当与《计量标准履历书》中相关内容一致。"结论"栏目是指是否符合计量检定规程或计量技术规范对该项目所提的要求，视情况分别填写"合格"或"不合格"。此外，对于在检定或校准过程中使用了或在检定或校准过程中可能产生有毒有害气体的，应有通风柜或排气罩等设施确保良好的通风条件，检定或校准可能产生有毒有害液体或其他物质的，应有废液废物收集设施。配备控温、除湿等相关设施以及温湿度计、气压表等监控设备，确保环境条件符合要求。但若要求的环境条件只是实验室通用的条件，其相关设施可以不填写。

10. "检定或校准人员"

检定或校准人员的技术能力是检定或校准结果的正确性的关键要素，分别填写使用该计量标准从事检定或校准工作人员的基本情况。每项计量标准应有不少于两名满足有关计量法律法规要求的检定或校准人员。法定计量检定机构和人民政府计量行政部门授权的计量技术机构的检定或校准人员，"能力证明名称及编号"可以填写相应等级的注册计量师资格证书及编号以及人民政府计量行政部门颁发的具有相应项目的注册计量师注册证及编号；或有关人民政府计量行政部门颁发的具有相应项目的原计量检定员证及编号；或当地省级人民政府计量行政部门或其规定的市（地）级人民政府计量行政部门颁发的具有相应项目的"计量专业项目考核合格证明"及编号（过渡期期间）。其他企事业单位的检定或校准人员除可以填写上述内容外，还可填写外部或内部组织的"培训合格证明"及编号。"核准的检定或校准项目"应填写检定或校准人员所持能力证明中核准的检定或校准项目名称。

11. "文件集登记"

对本栏目表中所列 18 种文件，分别按项目是否具备的实际情况填写"是"或"否"，填写"否"时，应当在"备注"中说明原因。"可以证明计量标准具有相应测量能力的其他技术资料"包括"检定或校准结果的不确定度评定报告""计量比对报告"以及"研制或改造计量标准的技术鉴定或验收资料"等，可根据提供的资料类型进行填写，如果还有其他证明材料，可在栏目后面填写清楚这些技术资料的名称。

12. "开展的检定或校准项目"

《计量标准考核（复查）申请书》《计量标准技术报告》《计量标准考核报告》《计量标准考核证书》中相关项目内容应保持一致，统一使用"开展的检定或校准项目"表述。

（1）"名称"栏目填写被检或被校计量器具名称，如果只能开展校准，必须在被校准计量器具名称或参数后注明"校准"字样。

（2）"测量范围"栏目填写被检或被校计量器具的测量范围。在化学计量器具的检定中，被检或被校计量器具的测量范围常常会大于计量标准的量值范围。

（3）"不确定度或准确度等级或最大允许误差"栏目填写被检或被校计量器具的测量不确定度或准确度等级或最大允许误差。通常被检或被校计量器具的准确度等级或最大允许误差由相应的计量检定规程或计量技术规范规定。

（4）"所依据的计量检定规程或计量技术规范的编号及名称"栏目填写开展检定或校准所依据的计量检定规程或计量技术规范的编号及名称。填写时应先写计量检定规程或计量技术规范的编号，再写规程或规范的全称，例如"JJG 700—2016《气相色谱仪》"。若涉及多个计量检定规程或计量技术规范，则应当一一列出。

13. "建标单位意见"

建标单位的负责人签署意见并签名和加盖公章。

14. "建标单位主管部门意见"

建标单位的主管部门在本栏目签署意见并加盖公章。如建立本企业最高计量标准应签署"同意该项目作为本企业最高计量标准申请考核"，并加盖公章。

如建标单位无主管部门，本栏目可以不填。

15. "主持考核的人民政府计量行政部门意见"

主持考核的人民政府计量行政部门在审阅申请资料并确认受理申请后，根据所申请计量标准情况确定组织考核的人民政府计量行政部门。主持考核的人民政府计量行政部门应当将是否受理、由谁组织考核的明确意见写入本栏目并加盖公章。

如果主持考核的人民政府计量行政部门具备考核能力，则自行组织考核；如果主持考核的人民政府计量行政部门不具备考核能力，则将申请材料再转呈其上级人民政府计量行政部门，考核材料可逐级呈报，直至具备考核能力的人民政府计量行政部门，由其组织实施考核。

16. "组织考核的人民政府计量行政部门意见"

组织考核的人民政府计量行政部门在接受主持考核的人民政府计量行政部门下达的考核任务后，确定考评单位或成立考评组，将处理意见写入栏目内并加盖公章。

主持考核的人民政府计量行政部门和组织考核的人民政府计量行政部门可以是同一个部门，也可以是不同级别的人民政府计量行政部门。

第四节　《计量标准技术报告》的编写

新建计量标准时，建标单位应当按照 JJF 1033—2016 附录 B 规定的格式撰写《计量标准技术报告》，计量标准考核合格后由建标单位存档。《计量标准技术报告》一般由计量标准负责人撰写。计量标准主要特性有变化的，应当及时修订《计量标准技术报告》。

一、封面与目录

1. "计量标准名称"

填写内容应与《计量标准考核（复查）申请书》一致。

2. "计量标准负责人"

填写内容应与《计量标准考核（复查）申请书》一致。

3. "建标单位名称"

填写内容应与《计量标准考核（复查）申请书》一致。

4. "填写日期"

填写编制完成《计量标准技术报告》的日期。如果是重新修订，应当注明第一次填写日期和本次修订日期及修订版本。

5. "目录"

《计量标准技术报告》共 12 项内容。报告完成后，在目录每项（　　）中注明页码。

二、技术报告内容

1. "建立计量标准的目的"

简明扼要地叙述为什么要建立该计量标准，建立该计量标准的被检定或校准对象、量值范围及工作量分析，以及建立该计量标准的预期社会效益及经济效益。

2. "计量标准的工作原理及其组成"

用文字、框图或图表的形式，简要叙述该计量标准的基本组成，以及开展量值传递时采用的检定或校准方法。计量标准的工作原理及其组成应当符合所建计量标准所属的国家计量检定系统表和执行的计量检定规程或计量技术规范的规定。

计量标准的作用是实现（复现）参考量值，其本质不是"测量仪器"，在表述计量标准进行检定或校准的工作原理时，不宜表述为"用计量标准测量某某被检定或校准的仪器"，而应表述为"用被检定或校准的仪器测量计量标准复现的某量值"。

3. "计量标准器及主要配套设备"

填写内容和方法与《计量标准考核（复查）申请书》的对应栏目一致，只是本栏目不需要填写"末次检定或校准日期"及"检定或校准证书号"。

4. "计量标准的主要技术指标"

明确给出整套计量标准实现的量的量值范围、不确定度或准确度等级或最大允许误差，填写内容应与《计量标准考核（复查）申请书》相关内容保持一致。

5. "环境条件"

填写内容和方法与《计量标准考核（复查）申请书》中的对应栏目一致，申请书中填写的"设施"可不填写在本栏目中。

6. "计量标准的量值溯源和传递框图"

根据与所建计量标准相应的国家计量检定系统表或计量检定规程或计量技术规范内容，按照 JJF 1033—2016 中图 C.1 的格式画出该计量标准溯源到上一级计量标准和传递到下一级计量器具的量值溯源和传递关系框图。

通常计量标准的量值溯源和传递框图是逐级分等的，在等级图中计量标准从上一级到下一级的传递中，标准器的不确定度都随之增大，增大比率一般在 3 ~ 10 间。化学量的计量标准通常只存在一两个溯源层级，即一两个等级的标准物质，只有少数有国家基准的化学计量具有三个溯源标准的层级，而在化学量的溯源标准层级中，往往上级比下一级的不确定度提高 2 倍已经很可观了。例如：pH 计量器具检定系统表中，pH 缓冲溶液国家基准 pH 值的不确定度是 $U = 0.005$（$k = 3$），一级标准物质的不确定度也是 $U = 0.005$（$k = 3$），一级标准物质的量值与不确定度同国家基准是相同的，二级标准物质的不确定度是 $U = 0.01$（$k = 3$），不确定度也只是比国家基准或一级标准物质大一倍。

计量标准的量值溯源和传递框图包括三级三要素：

（1）上一级计量器具

根据计量标准器检定或校准证书中体现的本级标准量值溯源的计量基（标）准名称（大多数情况下并不是国家计量基准）、不确定度或准确度等级或最大允许误差和计量基（标）准保存机构。计量标准由多个计量标准器组成或计量标准器涉及多种参数量值的，分别给出每个计量标准器或每种参数量值对应的上一级计量标准。

（2）本级计量器具

填写计量标准名称、量值范围、不确定度或准确度等级或最大允许误差，填写内容应与《计量标准考核（复查）申请书》中计量标准的相应内容保持一致。

（3）下一级计量器具

填写被检计量器具名称、测量范围、不确定度或准确度等级或最大允许误差，填写内容应与《计量标准考核（复查）申请书》中"开展的检定或校准项目"相应内容保持一致。计量标准可开展多项检定或校准项目的，分别填写每一被检计量器具名称、测量范围、不确定度或准确度等级或最大允许误差。

三级计量器具之间应当注明溯源和传递方法，通常主要就是用标准器进行的检定或校准的方法。当计量标准器是有证标准物质时，化学计量标准的溯源方法通常存在四种情况：①本级是二级标准物质，上级是一级标准物质，溯源方法可填写"比较测量法"，可以理解为二级标准物质的量值通过与一级标准物质"比较测量"得到；②上级是纯度标准物质，本级是由上级的纯度标准物质称量、溶解得到的溶液标准物质，溯源方法可填写"质量－容量法"；③上级是单一高含量的标准物质，本级是本机构由上级高含量溶液标准物质或气体标准物质稀释得到的系列含量标准物质，溶液量值溯源方法可填写"容量法"，气体可填写"双流法"（大多数气体稀释装置都是双流法）；④上级计量标准器是系列含量的一级、二级标准物质，本级计量标准器是直接购买相同标准物质，它们之间不存在"传递"的关系，而是直接购买采用，由于传统的溯源方式没有"直接采用"的说法，它们之间的溯源方式尚无公认适当的表述，通常可将本级对上一级溯源表述为"比较法"，可理解为本级与上级量值的关系是同级"比较"的关系。化学计量的计量标准有证标准物质是一个实物量具，如一瓶溶液、一瓶气体和一片滤光片等，它们并没有"测量"的能力，即使是物理量的计量标准，如电导的标准器交流电阻箱、pH 计电计检定装置，其作用就是提供系列电阻、直流电压的参考值，电阻箱和 pH 计电计检定装置本身的作用就是提供"参考值"，检定或校准也并不是用计量标准"测量"被检定、校准计量器具，因此，本级计量标准向下级工作计量器具的量值传递不宜填写"直接测量法"。化学计量标准的量值传递本质上是用下级工作计量器具测量计量标准提供的参考值，将计量器具显示的量值与计量标准复现的参考量值进行"比较"，确定下级工作计量器具测得值与计量标准复现的量值之间的关系，进而确定下级工作计量器具的计量特性，也就是说计量标准复现的量值通过"比较"传递给了下级工作计量器具。因此，化学计量的量值传递本质上是被测量值与参考量值的"比较"，量值传递方法填写"比较测量法"能够涵盖各种具体的方法。

7. "计量标准的稳定性考核"

（1）计量标准的稳定性

计量标准的稳定性是指计量标准保持其计量特性随时间恒定的能力。计量标准的稳定性是考核计量标准所提供的标准量值随时间的长期慢变化，常用在规定的时间间隔内量值的变动量表示。如果计量标准可以实现多种参数的量值，应当对应每种参数的量值分别进行稳定性考核。

（2）计量标准的稳定性考核方法

根据化学计量标准的特点，化学计量标准的稳定性考核主要采用以下方法：

① 当计量标准器为有证标准物质，且标准物质认定证书中明确规定了有效期限的，可以不进行稳定性考核。对于长期使用的有证标准物质，如标准透射比滤光片，应进行稳定性考核。对于属于"本征标准"的计量标准，不需要进行稳定性考核，正常情况下也不需要进行检定或校准或测试证明其量值的稳定。

② 当计量标准器为非实物量具的标准装置，可以用核查标准来进行稳定性考核。用于核查稳定性的核查标准，必须是量值比所建计量标准具有更高的稳定性的实物量具。例如："木材含水率测量仪检定装置"的计量标准器为电子天平，标准器与被测对象均为非实物量具，可以利用砝码作为核查标准来考核电子天平的稳定性。

③ 对于新建计量标准，每隔一段时间（大于 1 个月），用该计量标准对核查标准进行一组 n 次的重复测量，取其算术平均值为该组的测得值。共观测 m 组（$m \geq 4$），取其最大值与最小值之差，作为新建计量标准在该时间段内的稳定性。

若被考核的计量标准是建标单位的次级计量标准，或由上级计量标准进行检定或校准比较方便的话，可采用高等级计量标准进行稳定性考核。例如：本单位建有"pH 计检定仪检定装置"，则"pH（酸度）计检定装置"的稳定性可由"pH 计检定仪检定装置"对其进行测量考核得到。

应该注意，计量标准的稳定性是指计量标准保持其计量特性随时间恒定的能力，因此计量标准的稳定性与所考虑的时间段长短有关。上述稳定性考核每隔大于 1 个月时间，用核查标准进行 $m(m \geq 4)$ 组测量的时间一般也就是 3 个月 ~4 个月，只能证明新建计量标准在这 3 个月 ~4 个月内的稳定性。而计量标准的使用周期（通常就是标准器的检定或校准周期）在 1 年以上，因此，这种稳定性考核方法证明计量标准复现量值的稳定性符合要求的可信度是不足的。

严谨的方法应该是：将上述 m 组稳定性检验的测得值 x 制作对时间 T 的拟合直线，直线斜率为

$$b = \frac{\sum\limits_{i=1}^{n}(T_i - \overline{T})(x_i - \overline{x})}{\sum\limits_{i=1}^{n}(T_i - \overline{T})^2} \qquad (2-1)$$

截距为

$$a = \overline{x} - bT \qquad (2-2)$$

拟合直线的残余标准偏差为

$$s_{y/T} = \sqrt{\frac{\sum\limits_{i=1}^{n}(x_i - a - bT)^2}{N-2}} \qquad (2-3)$$

式中：$s_{y/T}$——拟合直线的残余标准偏差；

$\quad\quad x_i$——各次测得值；

$\quad\quad a$——拟合直线的截距；

$\quad\quad b$——拟合直线的斜率；

$\quad\quad T$——以月为单位的检验延续时间；

$\quad\quad N$——拟合直线测量总次数。

拟合直线斜率的标准偏差为

$$s(b) = \sqrt{\frac{s^2}{\sum(T_i - \overline{T})^2}} \qquad (2-4)$$

检验结果的自由度 $\nu = N-2$，0.95 置信水平的 t 分布显著性因子为 $t_{0.05}$。若

$$|b| < t_{0.05,\nu} \times s(b) \qquad (2-5)$$

则表明稳定性考核结果直线的斜率是不显著的，计量标准的稳定性符合要求。

若不满足 $|b| < t_{0.05,\nu} \times s(b)$，考核结果直线的斜率是显著的，则应将斜率 $|b|$ 乘以预期的计量标准工作周期，如果其结果小于计量标准要求的不确定度，则计量标准的稳定性符合要求。

④ 对于已建计量标准，采用高等级的计量标准进行考核是已建计量标准稳定性考核最可靠的方法。即用每年的检定或校准结果的数据进行稳定性考核。

⑤ 当相关的计量检定规程或计量技术规范对稳定性考核方法有明确规定时，可以按其规定的方法进行考核。

（3）计量标准稳定性的要求

若计量标准在使用中采用标称值或示值，即不加修正值使用，则计量标准的稳定性应当小于计量标准的最大允许误差的绝对值；若计量标准需要加修正值使用，则计量标准的稳定性应小于修正值的扩展不确定度。当对应的计量检定规程或计量技术规范对计量标准的稳定性有具体规定时，可以依据其规定判断稳定性是否合格。

（4）计量标准的稳定性考核记录填写说明

该栏目应当根据计量标准的实际情况和 JJF 1033—2016 附录 C.2 规定的原则确定计

量标准稳定性考核的具体方法，除"采用计量标准器的稳定性考核"方法外，其他考核方法均应按照附录 F 的格式填写考核时间、核查标准、稳定性试验条件和试验过程，列出稳定性试验数据，给出稳定性考核结论，并判断稳定性是否能够满足开展检定或校准工作的需要。如果该参考格式不适用，建标单位可以自行设计记录格式，但不应少于该参考格式规定的内容。

8. "检定或校准结果的重复性试验"

（1）检定或校准结果的重复性

在计量标准考核中，测量重复性是以被检定或校准计量器具的单次测量实验标准偏差来表示的。在化学计量检定规程或校准规范中，计量器具的重复性常用测得值的单次测量的实验标准偏差、极差、最大残差等表示。

在进行计量器具的检定、校准时，计量标准复现的参考量值被认为是"不变"的量值，计量器具检定或校准测得值的重复性只与被检定或校准计量器具相关，与计量标准的特性无关。计量标准考核中进行检定或校准结果的重复性试验，只是要给出在检定或校准过程中所有的随机效应对被检定或校准仪器测得值的影响，只证明计量标准可以正常工作，并不能证明计量标准的任何特性。

（2）检定或校准结果的重复性试验方法

在重复性测量条件下，用被考核的计量标准对常规的被测对象进行 n 次独立测量，测得值为 $y_i (i = 1, 2\cdots, n)$，利用贝塞尔公式计算其实验标准差 $s(y_i)$，即为其重复性，并把握以下原则：

① 建标时重复性试验的测量次数 n 应当尽可能大，一般应当不少于 10 次。如果测得值的重复性引入的不确定度分量在测得值的不确定度中不是主要分量，允许适当减少测量次数，但至少应当满足 $n \geq 6$。

② 如果计量标准可以实现多种参数的量值，则应当对每种参数的量值分别进行重复性试验。如果计量标准的量值范围较大，对于不同的量值点，其重复性也可能不同，原则上应当给出每个测量点的重复性。

（3）对检定或校准结果的重复性的要求

检定或校准结果的重复性试验得到的是被检定或校准的计量器具重复性测量条件下测得值的分散性，不同被检定或校准的计量器具的测得值的重复性会有很大的差异。因此，新建计量标准应当进行重复性试验，并将得到的重复性用于检定或校准结果的不确定度评定；已建计量标准，每年至少进行一次重复性试验，测得的重复性应当满足检定或校准结果的不确定度的要求。但是对于已建计量标准，每年开展检定或校准数十次、数百次，也就进行数十次、数百次"检定或校准的重复性试验"，不同被检定或校准计量器具测得的重复性大小各有不同，由此而评定的不确定度大小也各有不同，各重复性和不确定度大于或小于新建计量标准时检定或校准重复性试验结果和不确定度都是很正常的现象。将 1 年后用另外一台被检定或校准仪器测得的重复性大小与新建计量标准时测得的重复性进行比较，如果测得的重复性不大于新建计量标准时测得的重复性，则重复性符合要求；如果测得的重复性大于新建计量标准时测得的重复性，则应依据新测得的重复性重新进行检定或校准结果的不确定度的评定，如果评定结果仍满足开展检定或校准项目的要求，则重复性试验符合要求，并可将新测得的重复性作为下次重复性试验是否合格的判定依据。根据被检定或校准仪器的测量重复性大小判定计量标准是否符合要求值得探讨，因为如果检定或校准重复性试验结果太差，只说明重复性试验用的计量器具计量特性太差，并不能说明计量标准不满足开展检定或校准项目的要求，不存在"重复性试验不符合要求"的判定。计量标准考核不可能对被检定或校准的计量器具的测量重复性提出必须达到多少的要求，JJF 1033 中对重复性事实上也没有任何量值方面的具体要求。

（4）检定或校准结果的重复性试验记录填写说明

建标单位应当按照 JJF 1033—2016 附录 E 的参考格式，填写重复性试验时间、被测对象、测量条件、测量次数、测得值和试验人员。

9. "检定或校准结果的不确定度评定"

检定或校准结果的不确定度是指在计量检定规程或计量技术规范规定的条件下，用该计量标准对被测计量器具进行检定或校准时所得结果的测量不确定度。

如果计量标准可以复现多种参数，应当分别评定每种参数检定或校准结果的测量不确定度。这里的可以复现多种参数，应当理解为是与被检定或校准计量器具的测量对象的量值溯源直接相关的参数，而不与测量对象量值溯源直接相关的、只是用于表征仪器自身一些计量特性的参数。

检定或校准结果的不确定度评定通常依据 JJF 1059.1—2012 进行；如果相关国际组织已经制定了该计量标准涉及领域的测量不确定度评定指南，则相应项目的测量不确定度也可以依据这些指南进行评定。

本栏目应当给出测量不确定度评定的详细过程，包括：

（1）对规程、规范规定的测量原理、测量方法、被测量做出简单的描述。

（2）根据规程、规范规定的测量原理、测量方法、影响量的分析，列出所有对测量不确定度有影响的影响量，并要做到不遗漏和不重复。给出用以评定测量不确定度的测量模型，要求测量模型中包含所有需要考虑的输入量。

评定测量不确定度的测量模型是被测量与各影响量之间的具体函数关系，测量模型中应当包括所有对测得值及其不确定度有影响的影响量，不要把测量模型简单地理解为就是计算测得值的公式。但由于检定或校准都是在规范条件下进行的测量，一般常常将规程、规范规定的计算公式直接作为评定测量不确定度的测量模型，故有些影响量在测量的计算公式中也不出现，但它们对测得值不确定度的影响却可能是必须考虑的，因而应将某些影响量的不确定度在分量不确定度评定时引入。

（3）标准不确定度分量的评定

标准不确定度分量可以采用 A 类评定，也可采用 B 类评定，采用何种方法根据实际情况选择。

测量重复性引入的标准不确定度往往采用 A 类评定。检定、校准中测量重复性的表示方法有：测得值的标准偏差、极差、最大误差和最大残差等，应该根据不同的方法评定测量重复性引入的标准不确定度。

标准不确定度分量的 B 类评定，是借助于一切可利用的有关信息进行科学判断，得到相关输入量的标准不确定度。在不确定度的 B 类评定中往往带有一定的主观因素，应该充分注意评定的合理性。

被检定或被校准仪器的分辨力是计量仪器自身的计量特性，是与测量方法、测量条件无关的量。分辨力影响仪器"读数"的所有参数，其不确定度用 B 类评定得到。测量重复性是表征测得值分散性的量，它不是计量器具的特性，分散性的不确定度按 A 类评定得到。分辨力与测量重复性引入的标准不确定度是性质不同、定义不同的两个独立分量，因此分辨力与重复性引入的标准不确定度分量应该独立评定。

如果计量标准可以检定或校准多种参数，则应当分别评定每种参数的测量不确定度。

检定或校准工作往往在若干个测量点进行，原则上对于每一个测量点，都应当给出测得值的不确定度。

如果在整个测量范围内，测量不确定度可以表示为被测量的函数，则可用计算公式的形式表示测量不确定度；在整个测量范围内，分别给出每一分段的测量不确定度。

对于校准，如果用户只在某几个校准点或在某段测量范围使用，可以只给出这几个校准点或该段量值范围的测量不确定度。

10. "检定或校准结果的验证"

检定或校准结果的验证是指对用该计量标准得到的检定或校准结果的可信程度进行实验验证，即通过将测量结果与参考值相比较来验证所得到的测量结果是否在合理范围之内。由于验证的结论与测量不确定度有关，因此验证的结论在某种程度上同时也说明了所给的检定或校准结果的不确定度是否合理。

验证方法可分为传递比较法和比对法两类。传递比较法具有溯源性，原则上应优先采用传递比较法。但在化学计量中，全国的同一种化学分析仪器的计量标准几乎都是同一计量水平的，如 pH 计、离子计，全国各级计量院、所的计量标准几乎都是采用 pH 0.0006 级的检定仪、准确度 0.01 级的直流电位发生装置和国家二级 pH 标准物质，不可能采用传递比较法，只能采用比对法进行检定或校准结果的验证。采用比对法验证时，参加比对的应该是已建立的计量标准，参加比对的已建标单位应当尽可能多，通过与这些已建计量标准比对，证明新建计量标准的计量特性与已建计量标准是一致的。

如果计量标准可以进行多参数的量值传递，各参数的量值都应进行检定或校准结果的验证。

11. "结论"

通过计量标准稳定性考核、检定或校准结果重复性试验、测量不确定度评定和检定或校准结果的验证，对所建计量标准的各项技术特性是否符合国家计量检定系统表、计量检定规程或计量技术规范的规定，是否具有预期的测量能力，是否能够开展设定的检定及校准项目以及是否满足 JJF 1033—2016 的考核要求等方面给出总的评价。

12. "附加说明"

填写认为有必要指出的其他附加说明。例如：计量标准技术报告编写、修订人，编写、修订的版本号及日期，编写、修订用到的文件名称和原始记录以及可以证明计量标准具有相应测量能力的其他技术资料。

第三章 化学计量器具建标申请书和技术报告编写示例

示例 3.1 原子吸收分光光度计检定装置

计量标准考核（复查）申请书

[   ] 量标   证字第   号

计量标准名称___原子吸收分光光度计检定装置___

计量标准代码_____46113505_____

建标单位名称_____

组织机构代码_____

单 位 地 址_____

邮 政 编 码_____

计量标准负责人及电话_____

计量标准管理部门联系人及电话_____

年   月   日

说　　明

1. 申请新建计量标准考核，建标单位应当提供以下资料：

1）《计量标准考核（复查）申请书》原件一式两份和电子版一份；

2）《计量标准技术报告》原件一份；

3）计量标准器及主要配套设备有效的检定或校准证书复印件一套；

4）开展检定或校准项目的原始记录及相应的模拟检定或校准证书复印件两套；

5）检定或校准人员能力证明复印件一套；

6）可以证明计量标准具有相应测量能力的其他技术资料（如果适用）复印件一套。

2. 申请计量标准复查考核，建标单位应当提供以下资料：

1）《计量标准考核（复查）申请书》原件一式两份和电子版一份；

2）《计量标准考核证书》原件一份；

3）《计量标准技术报告》原件一份；

4）《计量标准考核证书》有效期内计量标准器及主要配套设备连续、有效的检定或校准证书复印件一套；

5）随机抽取该计量标准近期开展检定或校准工作的原始记录及相应的检定或校准证书复印件两套；

6）《计量标准考核证书》有效期内连续的《检定或校准结果的重复性试验记录》复印件一套；

7）《计量标准考核证书》有效期内连续的《计量标准的稳定性考核记录》复印件一套；

8）检定或校准人员能力证明复印件一套；

9）计量标准更换申报表（如果适用）复印件一份；

10）计量标准封存（或撤销）申报表（如果适用）复印件一份；

11）可以证明计量标准具有相应测量能力的其他技术资料（如果适用）复印件一套。

3.《计量标准考核（复查）申请书》采用计算机打印，并使用 A4 纸。

注：新建计量标准申请考核时不必填写"计量标准考核证书号"。

计量标准 名　称	原子吸收分光光度计检定装置		计量标准 考核证书号	
保存地点			计量标准 原值（万元）	
计量标准 类　别	☑ 社会公用 ☑ 计量授权	□ 部门最高 □ 计量授权	□ 企事业最高 □ 计量授权	
测量范围	Cu：(0.00 ~ 5.00) μg/mL Cd：(0.00 ~ 5.00) ng/mL 波长：(253.65 ~ 871.60) nm			
不确定度或 准确度等级或 最大允许误差	Cu：$U_{rel} = 1\%$ ($k = 2$)　(0.50μg/mL ~ 5.00μg/mL) Cd：$U_{rel} = 2\%$ ($k = 2$)　(0.50ng/mL ~ 5.00ng/mL) 波长 MPE：±0.01nm			

	名　称	型　号	测量范围	不确定度 或准确度等级 或最大允许误差	制造厂及 出厂编号	检定周 期或复 校间隔	末次检 定或校 准日期	检定或校 准机构及 证书号
计 量 标 准 器	原子吸收 分光光度 计检定用 标准物质 （Cu）	GBW(E) 130300	空白溶液	—		1 年		
			铜溶液： 0.50μg/mL 1.00μg/mL 3.00μg/mL 5.00μg/mL	$U_{rel} = 1\%$　($k = 2$)				
	原子吸收 分光光度 计检定用 标准物质 （Cd）	GBW(E) 130301	空白溶液	—		1 年		
			镉溶液： 0.50ng/mL 1.00ng/mL 3.00ng/mL 5.00ng/mL	$U_{rel} = 2\%$　($k = 2$)				
主 要 配 套 设 备	空心 阴极灯	Hg	波长： (253.65 ~ 871.60) nm	MPE：±0.01nm				
	空心 阴极灯	Cu、Cd As、Cs Mn	—	—				
	光衰减器		吸光度：1.0	—		1 年		
	电子秒表		(0 ~ 3600) s	MPE：±0.10s/h		1 年		
	量筒		(5 ~ 50) mL	MPE：±0.25mL		3 年		

	序号	项目	要　　求	实 际 情 况	结论
环境条件及设施	1	环境温度	(10～35)℃	(10～35)℃	合格
	2	相对湿度	≤85%	20%～80%	合格
	3	通风状况	应通风良好、无强气流影响	通风良好、无强气流影响	合格
	4	光线	不得有强光直射	无强光直射	合格
	5	机械振动	无振动源干扰	无振动源干扰	合格
	6				
	7				
	8				

	姓　名	性别	年龄	从事本项目年限	学　历	能力证明名称及编号	核准的检定或校准项目
检定或校准人员							

序号	名　称	是否具备	备　注
1	计量标准考核证书（如果适用）	否	新建
2	社会公用计量标准证书（如果适用）	否	新建
3	计量标准考核（复查）申请书	是	
4	计量标准技术报告	是	
5	检定或校准结果的重复性试验记录	是	
6	计量标准的稳定性考核记录	是	
7	计量标准更换申请表（如果适用）	否	新建
8	计量标准封存（或撤销）申报表（如果适用）	否	新建
9	计量标准履历书	是	
10	国家计量检定系统表（如果适用）	否	无
11	计量检定规程或计量技术规范	是	
12	计量标准操作程序	是	
13	计量标准器及主要配套设备使用说明书（如果适用）	是	
14	计量标准器及主要配套设备的检定或校准证书	是	
15	检定或校准人员能力证明	是	
16	实验室的相关管理制度		
16.1	实验室岗位管理制度	是	
16.2	计量标准使用维护管理制度	是	
16.3	量值溯源管理制度	是	
16.4	环境条件及设施管理制度	是	
16.5	计量检定规程或计量技术规范管理制度	是	
16.6	原始记录及证书管理制度	是	
16.7	事故报告管理制度	是	
16.8	计量标准文件集管理制度	是	
17	开展检定或校准工作的原始记录及相应的检定或校准证书副本	是	
18	可以证明计量标准具有相应测量能力的其他技术资料（如果适用）		
18.1	检定或校准结果的不确定度评定报告	是	
18.2	计量比对报告	否	新建
18.3	研制或改造计量标准的技术鉴定或验收资料	否	非自研

文件集登记

	名　称	测量范围	不确定度或准确度 等级或最大允许误差	所依据的计量检定规程 或计量技术规范的编号及名称
开展的检定或校准项目	原子吸收分光光度计	波长：（190 ~ 900）nm 火焰原子化器 石墨炉原子化器	MPE：±0.5nm 测铜线性误差：±10% 测镉线性误差：±15%	JJG 694—2009 《原子吸收分光光度计》

建标单位意见	负责人签字：　　　　　　（公章） 　　　　　　年　月　日
建标单位 主管部门意见	（公章） 　　　　　　年　月　日
主持考核的 人民政府计量 行政部门意见	（公章） 　　　　　　年　月　日
组织考核的 人民政府计量 行政部门意见	（公章） 　　　　　　年　月　日

计 量 标 准 技 术 报 告

计量标准名称　__原子吸收分光光度计检定装置__

计量标准负责人_____

建标单位名称_____

填 写 日 期_____

目　录

一、建立计量标准的目的 ……………………………………………… (53)

二、计量标准的工作原理及其组成 ………………………………… (53)

三、计量标准器及主要配套设备 …………………………………… (54)

四、计量标准的主要技术指标 ……………………………………… (55)

五、环境条件 …………………………………………………………… (55)

六、计量标准的量值溯源和传递框图 ……………………………… (56)

七、计量标准的稳定性考核 ………………………………………… (57)

八、检定或校准结果的重复性试验 ………………………………… (58)

九、检定或校准结果的不确定度评定 ……………………………… (59)

十、检定或校准结果的验证 ………………………………………… (64)

十一、结论 ……………………………………………………………… (65)

十二、附加说明 ………………………………………………………… (65)

一、建立计量标准的目的

原子吸收分光光度计是一种测定金属元素含量的化学分析仪器,广泛应用于食品药品、医疗卫生、环境监测、地质、冶金、石油化工等领域。

建立原子吸收分光光度计检定装置旨在对原子吸收分光光度计进行检定或校准,保障该类仪器在分析测试过程中量值的准确可靠。对于促进经济发展、保障各行各业安全生产、保护人民群众人身安全具有非常重要的现实意义。

二、计量标准的工作原理及其组成

原子吸收分光光度计采用直接比较测量法进行检定或校准,即按照规程规定的方法,用被检定或校准仪器测量空心阴极灯发射光谱线波长,将测得值与参考值比较,得到仪器波长示值误差、波长重复性、光谱带宽偏差边缘能量等仪器光学特性;通过吸喷去离子水,测量基线稳定性;用被检定或校准仪器测量系列标准溶液,根据测得值制作校准曲线,得到仪器的检出限、线性误差,重复测量一质量浓度标准溶液,得到仪器测量重复性;用光衰减器或氯化钠溶液衰减光能量,测量仪器背景校正能力;用量筒测量仪器吸入液和排出废液的体积,得出表观雾化率。

原子吸收分光光度计检定装置由吸光度溶液标准物质、空心阴极灯、光衰减器、电子秒表和量筒等组成。

三、计量标准器及主要配套设备

	名　称	型　号	测量范围	不确定度 或准确度等级 或最大允许误差	制造厂及 出厂编号	检定周 期或复 校间隔	检定或 校准机构
计 量 标 准 器	原子吸收分 光光度计检 定用标准物 质（Cu）	GBW（E） 130300	空白溶液	—		1 年	
			铜溶液： 0.50μg/mL 1.00μg/mL 3.00μg/mL 5.00μg/mL	$U_{rel} = 1\%$ （$k = 2$）			
	原子吸收分 光光度计检 定用标准物 质（Cd）	GBW（E） 130301	空白溶液	—		1 年	
			镉溶液： 0.50ng/mL 1.00ng/mL 3.00ng/mL 5.00ng/mL	$U_{rel} = 2\%$ （$k = 2$）			
主 要 配 套 设 备	空心 阴极灯	Hg	波长： （253.65 ~ 871.60）nm	MPE：±0.01nm			
	空心 阴极灯	Cu、Cd As、Cs Mn	—	—			
	光衰减器		吸光度：1.0	—		1 年	
	电子秒表		（0 ~ 3600）s	MPE：±0.10s/h		1 年	
	量筒		（5 ~ 50）mL	MPE：±0.25mL		3 年	

四、计量标准的主要技术指标

1. 量值范围
   Cu：（0.00~5.00）μg/mL
   Cd：（0.00~5.00）ng/mL
   波长：（253.65~871.60）nm
2. 扩展不确定度或最大允许误差
   Cu：$U_{rel}=1\%$　（$k=2$）　（0.50μg/mL~5.00μg/mL）
   Cd：$U_{rel}=2\%$　（$k=2$）　（0.50ng/mL~5.00ng/mL）
   波长 MPE：±0.01nm

五、环境条件

序号	项目	要　求	实际情况	结论
1	环境温度	（10~35）℃	（10~35）℃	合格
2	相对湿度	≤85%	20%~80%	合格
3	通风状况	应通风良好、无强气流影响	通风良好、无强气流影响	合格
4	光线	不得有强光直射	无强光直射	合格
5	机械振动	无振动源干扰	无振动源干扰	合格
6				

六、计量标准的量值溯源和传递框图

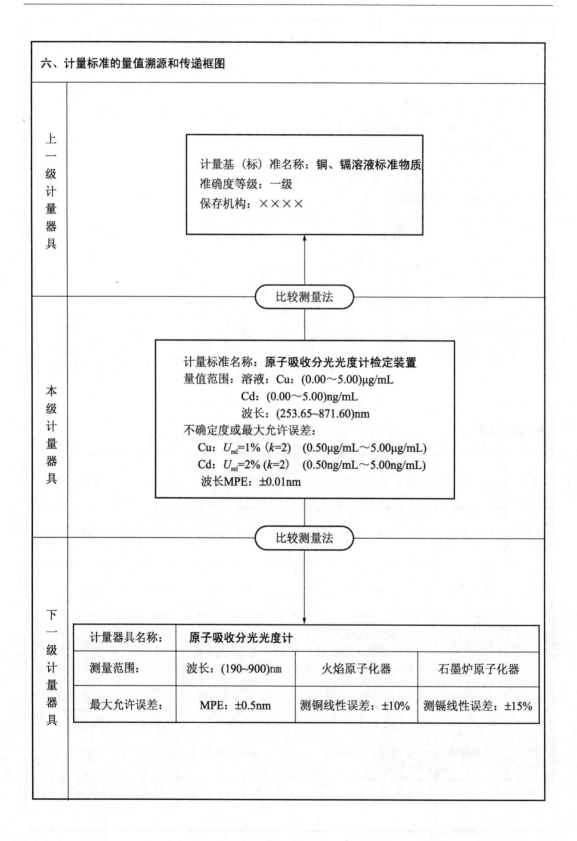

上一级计量器具	计量基（标）准名称：**铜、镉溶液标准物质** 准确度等级：一级 保存机构：×××× 比较测量法			
本级计量器具	计量标准名称：**原子吸收分光光度计检定装置** 量值范围：溶液：Cu：(0.00～5.00)μg/mL 　　　　　　　Cd：(0.00～5.00)ng/mL 　　　　　　　波长：(253.65~871.60)nm 不确定度或最大允许误差： 　　Cu：$U_{rel}=1\%$ $(k=2)$　(0.50μg/mL～5.00μg/mL) 　　Cd：$U_{rel}=2\%$ $(k=2)$　(0.50ng/mL～5.00ng/mL) 　　波长MPE：±0.01nm 比较测量法			
下一级计量器具	计量器具名称：	**原子吸收分光光度计**		
	测量范围：	波长：(190~900)nm	火焰原子化器	石墨炉原子化器
	最大允许误差：	MPE：±0.5nm	测铜线性误差：±10%	测镉线性误差：±15%

七、计量标准的稳定性考核

原子吸收分光光度计检定装置中，吸光度的计量标准器是有证标准物质，按照 JJF 1033—2016 中 4.2.3 的规定，有效期内的有证标准物质可以不进行稳定性考核。

波长计量标准器元素空心阴极灯发射光谱线波长是本征标准，不需要进行稳定性考核。

八、检定或校准结果的重复性试验

原子吸收分光光度计检定装置的检定或校准结果的重复性试验记录

试验时间	2017 年 6 月 20 日		
被测对象	名称	型号	编号
	原子吸收分光光度计	TAS-990	20-0998-01-0121
测量条件	环境温度：23℃；相对湿度：60% 。 光谱带宽 0.2nm，无背景校正方式，石墨炉自动进样 10μL，铜灯电流 4.0mA，镉灯电流 8mA		
测量次数	测得值（吸光度）		
	火焰原子化器	石墨炉原子化器	
1	0.2042	0.2782	
2	0.2034	0.2713	
3	0.2028	0.2750	
4	0.2025	0.2763	
5	0.2064	0.2751	
6	0.2029	0.2729	
7	0.2046	0.2701	
8	0.2018	0.2741	
9	0.2035	0.2758	
10	0.2031	0.2781	
$\bar{y}$	0.2035	0.2747	
$s(y_i) = \sqrt{\dfrac{\sum\limits_{i=1}^{n}(y_i - \bar{y})^2}{n-1}}$	0.0013	0.0027	
结　论	—	—	
试验人员	×××	×××	

九、检定或校准结果的不确定度评定

1　波长示值误差不确定度评定

1.1　测量方法

在光谱带宽 0.2nm 条件下，用原子吸收分光光度计测量汞元素空心阴极灯发射的汞光谱线波长在仪器波长示值范围均匀分布的五条谱线，每一谱线做 3 次单向测量，仪器 3 次测得值的平均值减去汞元素空心阴极灯参考波长值为波长示值误差。

> 注：规程规定对于波长自动校正的仪器，不进行波长示值误差检定。波长手动校正的仪器现在已基本淘汰。本例是以波长自动校正的仪器评定的，只是为遇到波长手动校正的仪器时评定波长示值误差不确定度提供一个参考方法。

1.2　测量模型

$$\Delta\lambda = \bar{\lambda} - \lambda_n \tag{1}$$

式中：$\Delta\lambda$——波长示值误差，nm；

$\bar{\lambda}$——汞谱线的 3 次测得值的算术平均值，nm；

λ_n——汞发射谱线的波长参考值，nm。

1.3　灵敏系数

$$c(\bar{\lambda}) = \frac{\partial \Delta\lambda}{\partial \bar{\lambda}} = 1 \qquad c(\lambda_n) = \frac{\partial \Delta\lambda}{\partial \lambda_n} = -1$$

1.4　各输入量的标准不确定度分量评定

1.4.1　输入量 $\bar{\lambda}$ 的标准不确定度 $u(\bar{\lambda})$

输出量 $\bar{\lambda}$ 的标准不确定度 $u(\bar{\lambda})$ 主要是由测量重复性引入的，采用极差法评定。在重复性测量条件下，对汞灯 253.65，365.02，435.83，546.07，690.72nm 谱线逐一做 3 次从短波向长波方向单向测量，以给出最大能量的波长示值作为测得值，得到如表 1 的测量列，各谱线测得值的极差为 R，则

$$u(\bar{\lambda}) = \frac{R}{1.69 \times \sqrt{3}}$$

计算结果见表 1。

表 1　　　　　　　　　　　　　　　　　　　　　　　　nm

参考值	测得值			平均值	示值误差	极差	$u(\bar{\lambda})$
253.65	253.64	253.64	253.63	253.64	−0.01	0.01	0.003
365.02	364.98	364.97	364.98	364.98	−0.04	0.01	0.003
435.83	435.80	435.80	435.81	435.80	−0.03	0.01	0.003
546.07	546.02	546.02	546.03	546.02	−0.05	0.01	0.003
690.72	690.66	690.67	690.67	690.67	−0.05	0.01	0.003

1.4.2　输入量 λ_n 的标准不确定度 $u(\lambda_n)$

输出量 λ_n 的标准不确定度 $u(\lambda_n)$ 是由汞元素空心阴极灯发射波长引入的。汞元素空心阴极灯发射波长是本征标准，其波长的最大允许误差 0.01nm，则其引入的不确定度为

$$u(\lambda_n) = \frac{0.01}{\sqrt{3}} = 0.006\text{nm}$$

1.5　合成标准不确定度计算

各标准不确定度分量汇总见表 2。

表 2

符号	不确定度来源	标准不确定度分量值 $u(x_i)$	灵敏系数 c_i	$|c_i|u(x_i)$
$u(\bar{\lambda})$	测量重复性	0.003nm	1	0.003nm
$u(\lambda_n)$	汞元素空心阴极灯	0.006nm	−1	0.006nm

各输入量彼此独立不相关，则合成标准不确定度为

$$u_c(\Delta\lambda) = \sqrt{[c(\bar{\lambda})u(\bar{\lambda})]^2 + [c(\lambda_n)u(\lambda_n)]^2} = 0.007\text{nm}$$

1.6　扩展不确定度评定

取包含因子 $k=2$，其对应的包含概率约为 95%，则扩展不确定度为

$$U = k \cdot u_c(\Delta\lambda) = 2 \times 0.007 = 0.02\text{nm}$$

2　线性误差测量结果的不确定度评定

2.1　测量方法

用原子吸收分光光度计测量原子吸收分光光度计检定用溶液标准物质。选择系列溶液标准物质，每一质量浓度点分别进行 3 次吸光度重复测定，取 3 次测定的平均值后，用线性回归法求出拟合直线方程，按方程计算出的测得质量浓度值与质量浓度参考值比较，得到线性误差。

2.2　测量模型

$$\Delta\rho = \frac{\rho_i - \rho_{ni}}{\rho_{ni}} \times 100\%$$

式中：$\Delta\rho$——线性误差，%；

ρ_i——第 i 点按照线性方程计算出的质量浓度值，$\mu g/mL$ 或 ng/mL；

ρ_{ni}——第 i 点溶液标准物质的质量浓度参考值，$\mu g/mL$ 或 ng/mL。

2.3　灵敏系数

$$c(\rho_i) = \frac{1}{\rho_{ni}} \qquad c(\rho_{ni}) = -\frac{\rho_i}{\rho_{ni}^2}$$

（1）火焰原子化器

$$c(\rho_i) = \frac{1}{1\mu g/mL} = 1\text{mL}/\mu g$$

$$c(\rho_{ni}) = -\frac{1.042\mu g/mL}{(1\mu g/mL)^2} = -1.042\text{mL}/\mu g$$

（2）石墨炉原子化器

$$c(\rho_i) = \frac{1}{1ng/mL} = 1\text{mL}/ng$$

$$c(\rho_{ni}) = -\frac{1.036ng/mL}{(1ng/mL)^2} = -1.036\text{mL}/ng$$

2.4　各输入量的标准不确定度分量评定

2.4.1　线性方程计算出的质量浓度值的标准不确定度 $u(\rho_i)$

（1）火焰原子化器

校准直线输入的铜溶液标准物质质量浓度分别为 0.0，0.5，1.0，3.0$\mu g/mL$。对 4 个溶液标准物质各测量 3 次，共计 12 次，测得的吸光度数据见表 3。

表3

铜标准溶液质量浓度 μg/mL	吸 光 度		
	1	2	3
0.0	−0.0001	−0.0001	−0.0001
0.5	0.1095	0.1087	0.1082
1.0	0.2063	0.2073	0.2063
3.0	0.5767	0.5729	0.5729

拟合直线的线性方程为

$$y = a + bx$$

可得拟合直线的斜率 b 和截距 a 分别为

$$b = \frac{\sum\limits_{i=1}^{12}(x_i - \bar{x})(y_i - \bar{y})}{\sum\limits_{i=1}^{12}(x_i - \bar{x})^2} = \frac{2.9485}{15.5625} = 0.1895 \text{mL/μg}$$

$$a = \bar{y} - b\bar{x} = 0.2224 - 0.1895 \times 1.125 = 0.009228$$

拟合直线的残余标准偏差为

$$s_{y/x} = \sqrt{\frac{\sum\limits_{i=1}^{m}(y_i - \hat{y})^2}{N-2}} = 0.007533$$

由于校准直线由系列 1 溶液标准物质所得，故计算溶液标准物质 $\rho_{ni} = 1.0 \text{μg/mL}$ 点的线性误差，共测量 3 次，即 $n=3$。测得溶液回归质量浓度 $\rho_i = 1.042 \text{μg/mL}$，线性误差 $\Delta\rho = 4.2\%$。

回归质量浓度的标准不确定度 $u(\rho_i)$ 为

$$u(\rho_i) = \frac{s_{y/x}}{b}\sqrt{\frac{1}{n} + \frac{1}{N} + \frac{(x_0 - \bar{x})^2}{\sum\limits_{i}^{N}(x_i - \bar{x})^2}} = \frac{0.007533}{0.1895}\sqrt{\frac{1}{3} + \frac{1}{12} + \frac{(1.042 - 1.125)^2}{15.5625}}$$

$$= 0.0257 \text{μg/mL}$$

（2）石墨炉原子化器

校准直线的镉溶液标准物质质量浓度分别为 0.0，0.5，1.0，3.0ng/mL。对 4 个溶液标准物质各测量 3 次，共计 12 次，测得的吸光度数据见表4。

表4

镉溶液标准物质质量浓度 ng/mL	吸 光 度		
	1	2	3
0.0	0.0196	0.0127	0.0166
0.5	0.1667	0.1621	0.1638
1.0	0.2782	0.2713	0.2750
3.0	0.7296	0.7239	0.7277

拟合直线的线性方程为

$$y = a + bx$$

可得拟合直线的斜率 b 和截距 a 分别为

$$b = \frac{\sum_{i=1}^{12}(x_i - \bar{x})(y_i - \bar{y})}{\sum_{i=1}^{12}(x_i - \bar{x})^2} = \frac{3.6238}{15.5625} = 0.2329\text{mL/ng}$$

$$a = \bar{y} - b\bar{x} = 0.2956 - 0.2329 \times 1.125 = 0.0336$$

拟合直线的残余标准偏差为

$$s_{y/x} = \sqrt{\frac{\sum_{i=1}^{m}(y_i - \hat{y})}{N - 2}} = 0.01365$$

由于拟合直线由系列 1 溶液标准物质所得,故计算溶液标准物质 $\rho_{ni} = 1.0\text{ng/mL}$ 点的线性误差,共测量 3 次,即 $n = 3$。测得溶液回归质量浓度 $\rho_i = 1.036\text{ng/mL}$,线性误差 $\Delta\rho = 3.6\%$。

回归质量浓度的标准不确定度 $u(\rho_i)$ 为

$$u(\rho_i) = \frac{s_{y/x}}{b}\sqrt{\frac{1}{n} + \frac{1}{N} + \frac{(x_0 - \bar{x})^2}{\sum_{i}^{N}(x_i - \bar{x})^2}} = \frac{0.01365}{0.2329}\sqrt{\frac{1}{3} + \frac{1}{12} + \frac{(1.036 - 1.125)^2}{15.5625}} = 0.038\text{ng/mL}$$

2.4.2　标准物质定值不确定度引入的标准不确定度 $u(\rho_{ni})$

（1）火焰原子化器

原子吸收分光光度计检定用标准物质证书给出 $U_{rel} = 1\%$（$k = 2$）,则其标准不确定度为

$$u(\rho_{ni}) = \frac{1\% \times 1.0}{2} = 0.005\text{μg/mL}$$

（2）石墨炉原子化器

原子吸收分光光度计检定用标准物质证书给出 $U_{rel} = 2\%$（$k = 2$）,则其标准不确定度为

$$u(\rho_{ni}) = \frac{2\% \times 1.0}{2} = 0.010\text{ng/mL}$$

2.5　合成标准不确定度计算

各标准不确定度分量汇总见表 5。

表 5

符号		不确定度来源	标准不确定度分量值 $u(x_i)$	灵敏系数 c_i	$\lvert c_i \rvert u(x_i)$
$u(\rho_i)$	火焰	拟合直线	0.026μg/mL	1mL/μg	0.026
	石墨炉		0.038ng/mL	1mL/ng	0.038
$u(\rho_{ni})$	火焰	标准物质的定值不确定度	0.005μg/mL	-1.042mL/μg	0.005
	石墨炉		0.010ng/mL	-1.036mL/ng	0.010

各输入量彼此独立不相关,则合成相对标准不确定度为

火焰原子化器:

$$u_{rc}(\Delta\rho) = \sqrt{[c(\rho_i)u(\rho_i)]^2 + [c(\rho_{ni})u(\rho_{ni})]^2} = 2.7\%$$

石墨炉原子化器:

$$u_{rc}(\Delta\rho) = \sqrt{[c(\rho_i)u(\rho_i)]^2 + [c(\rho_{ni})u(\rho_{ni})]^2} = 3.9\%$$

2.6 扩展不确定度评定

（1）火焰原子化器

取包含因子 $k=2$，包含概率约为 95%，则相对扩展不确定度为

$$U_\mathrm{r}(\Delta\rho) = k \cdot u_\mathrm{rc}(\Delta\rho) = 2 \times 2.7\% = 5.4\%$$

（2）石墨炉原子化器

取包含因子 $k=2$，包含概率约为 95%，则相对扩展不确定度为

$$U_\mathrm{r}(\Delta\rho) = k \cdot u_\mathrm{rc}(\Delta\rho) = 2 \times 3.9\% = 7.8\%$$

十、检定或校准结果的验证

检定或校准结果的验证采用比对法。

用本计量标准装置检定一台型号为 TAS-990、编号为 20-0998-01-0121 的原子吸收分光光度计，再由具有相同准确度等级计量标准的另外两家单位进行检定。各实验室在相同检定点的检定结果如下（经本计量标准装置检定的线性误差的相对扩展不确定度为 U_{rlab}）。

各检定装置检定结果	线性误差		相对扩展不确定度 U_{rlab}（$k=2$）		平均值 $\bar{y}$		$\lvert y_{\text{lab}} - \bar{y} \rvert$		$\sqrt{\dfrac{n-1}{n}}U_{\text{rlab}}$	
	火焰原子化器	石墨炉原子化器	火焰原子化器	石墨炉原子化器	火焰原子化器	石墨炉原子化器	火焰原子化器	石墨炉原子化器	火焰原子化器	石墨炉原子化器
本实验室 y_{lab}	4.2%	3.6%	5.4%	7.8%	4.1%	3.8%	0.1%	0.2%	4.4%	6.4%
1 号实验室 y_1	4.0%	3.8%	—	—						
2 号实验室 y_2	4.1%	3.9%	—	—						

经计算，检定或校准结果满足 $\lvert y_{\text{lab}} - \bar{y} \rvert \leqslant \sqrt{\dfrac{n-1}{n}}U_{\text{rlab}}$，故本装置通过验证，符合要求。

十一、结论

　　该检定装置标准器及配套设备齐全，装置稳定可靠，检定结果的测量不确定度评定合理并通过验证，环境条件合格，检定人员具有相应的资格和能力，技术资料齐全有效，规章制度较完善，各项技术指标均符合检定规程和计量标准考核规范的要求，可以开展原子吸收分光光度计的检定工作。

十二、附加说明

示例3.2 傅立叶变换红外光谱仪校准装置

计量标准考核（复查）申请书

〔   〕 量标   证字第   号

计量标准名称 <u>傅立叶变换红外光谱仪校准装置</u>

计量标准代码 <u>46113535</u>

建标单位名称 <u>　　　　　　　　　　　　　　</u>

组织机构代码 <u>　　　　　　　　　　　　　　</u>

单 位 地 址 <u>　　　　　　　　　　　　　　</u>

邮 政 编 码 <u>　　　　　　　　　　　　　　</u>

计量标准负责人及电话 <u>　　　　　　　　　　</u>

计量标准管理部门联系人及电话 <u>　　　　　　</u>

年   月   日

说　明

1. 申请新建计量标准考核，建标单位应当提供以下资料：

1）《计量标准考核（复查）申请书》原件一式两份和电子版一份；

2）《计量标准技术报告》原件一份；

3）计量标准器及主要配套设备有效的检定或校准证书复印件一套；

4）开展检定或校准项目的原始记录及相应的模拟检定或校准证书复印件两套；

5）检定或校准人员能力证明复印件一套；

6）可以证明计量标准具有相应测量能力的其他技术资料（如果适用）复印件一套。

2. 申请计量标准复查考核，建标单位应当提供以下资料：

1）《计量标准考核（复查）申请书》原件一式两份和电子版一份；

2）《计量标准考核证书》原件一份；

3）《计量标准技术报告》原件一份；

4）《计量标准考核证书》有效期内计量标准器及主要配套设备连续、有效的检定或校准证书复印件一套；

5）随机抽取该计量标准近期开展检定或校准工作的原始记录及相应的检定或校准证书复印件两套；

6）《计量标准考核证书》有效期内连续的《检定或校准结果的重复性试验记录》复印件一套；

7）《计量标准考核证书》有效期内连续的《计量标准的稳定性考核记录》复印件一套；

8）检定或校准人员能力证明复印件一套；

9）计量标准更换申报表（如果适用）复印件一份；

10）计量标准封存（或撤销）申报表（如果适用）复印件一份；

11）可以证明计量标准具有相应测量能力的其他技术资料（如果适用）复印件一套。

3.《计量标准考核（复查）申请书》采用计算机打印，并使用 A4 纸。

注：新建计量标准申请考核时不必填写"计量标准考核证书号"。

计量标准 名　　称	傅立叶变换红外光谱仪校准装置			计量标准 考核证书号		
保存地点				计量标准 原值（万元）		
计量标准 类　　别	☑ 社会公用 ☑ 计量授权		□ 部门最高 □ 计量授权		□ 企事业最高 □ 计量授权	
测量范围	$(907 \sim 2851) \, \text{cm}^{-1}$					
不确定度或 准确度等级或 最大允许误差	$U = (0.03 \sim 0.09) \, \text{cm}^{-1}$　$(k=2)$					

计量标准器	名　　称	型　号	测量范围	不确定度 或准确度等级 或最大允许误差	制造厂及 出厂编号	检定周 期或复 校间隔	末次检 定或校 准日期	检定或校 准机构及 证书号
	聚苯乙烯 红外波长 标准物质	GBW(E) 130181	$(907 \sim 2851)$ cm^{-1}	$U = (0.03 \sim$ $0.09) \, \text{cm}^{-1}$ $(k=2)$		5 年		
主要配套设备								

	序号	项目	要　　求	实际情况	结论
环境条件及设施	1	环境温度	(15~30)℃	(15~30)℃	合格
	2	相对湿度	≤70%	30%~70%	合格
	3	电源	(220±22)V	(220±22)V	合格
	4	频率	(50±1)Hz	(50±1)Hz	合格
	5				
	6				
	7				
	8				

	姓　名	性别	年龄	从事本项目年限	学　历	能力证明名称及编号	核准的检定或校准项目
检定或校准人员							

	序号	名　　称	是否具备	备　注
文 件 集 登 记	1	计量标准考核证书（如果适用）	否	新建
	2	社会公用计量标准证书（如果适用）	否	新建
	3	计量标准考核（复查）申请书	是	
	4	计量标准技术报告	是	
	5	检定或校准结果的重复性试验记录	是	
	6	计量标准的稳定性考核记录	是	
	7	计量标准更换申请表（如果适用）	否	新建
	8	计量标准封存（或撤销）申报表（如果适用）	否	新建
	9	计量标准履历书	是	
	10	国家计量检定系统表（如果适用）	否	无
	11	计量检定规程或计量技术规范	是	
	12	计量标准操作程序	是	
	13	计量标准器及主要配套设备使用说明书（如果适用）	是	
	14	计量标准器及主要配套设备的检定或校准证书	是	
	15	检定或校准人员能力证明	是	
	16	实验室的相关管理制度		
	16.1	实验室岗位管理制度	是	
	16.2	计量标准使用维护管理制度	是	
	16.3	量值溯源管理制度	是	
	16.4	环境条件及设施管理制度	是	
	16.5	计量检定规程或计量技术规范管理制度	是	
	16.6	原始记录及证书管理制度	是	
	16.7	事故报告管理制度	是	
	16.8	计量标准文件集管理制度	是	
	17	开展检定或校准工作的原始记录及相应的检定或校准证书副本	是	
	18	可以证明计量标准具有相应测量能力的其他技术资料（如果适用）		
	18.1	检定或校准结果的不确定度评定报告	是	
	18.2	计量比对报告	否	新建
	18.3	研制或改造计量标准的技术鉴定或验收资料	否	非自研

	名　称	测量范围	不确定度或准确度 等级或最大允许误差	所依据的计量检定规程 或计量技术规范的编号及名称
开展的检定或校准项目	傅立叶变换红外光谱仪（校准）	（400～4000）cm^{-1}	MPE：±5cm^{-1} （3000cm^{-1}附近） MPE：±1cm^{-1} （1000cm^{-1}附近）	JJF 1319—2011 《傅立叶变换红外光谱仪 校准规范》

建标单位意见	负责人签字：　　　　　（公章） 　　　　　　　　　年　　月　　日
建标单位 主管部门意见	（公章） 年　　月　　日
主持考核的 人民政府计量 行政部门意见	（公章） 年　　月　　日
组织考核的 人民政府计量 行政部门意见	（公章） 年　　月　　日

计 量 标 准 技 术 报 告

计量标准名称　__傅立叶变换红外光谱仪校准装置__

计量标准负责人　_____

建标单位名称　_____

填 写 日 期　_____

目　　录

一、建立计量标准的目的 ……………………………………………（75）

二、计量标准的工作原理及其组成 …………………………………（75）

三、计量标准器及主要配套设备 ……………………………………（76）

四、计量标准的主要技术指标 ………………………………………（77）

五、环境条件 …………………………………………………………（77）

六、计量标准的量值溯源和传递框图 ………………………………（78）

七、计量标准的稳定性考核 …………………………………………（79）

八、检定或校准结果的重复性试验 …………………………………（80）

九、检定或校准结果的不确定度评定 ………………………………（81）

十、检定或校准结果的验证 …………………………………………（83）

十一、结论 ……………………………………………………………（84）

十二、附加说明 ………………………………………………………（84）

一、建立计量标准的目的

　　傅立叶变换红外光谱仪（简称 FTIR）作为一种重要的定性、定量分析检验手段，在各领域得到广泛的应用。为了保证检测分析结果量值统一和数据的准确可靠，有必要建立傅立叶变换红外光谱仪校准装置。

二、计量标准的工作原理及其组成

　　傅立叶变换红外光谱仪采用直接比较测量法进行校准。即按照规范规定的方法，用被校准仪器测量聚苯乙烯红外波长标准物质吸收谱线，利用测得值与参考值比较，得到仪器波数示值误差、波数重复性、波数分辨力和透射比重复性；用被校准仪器测量聚苯乙烯红外波长标准物质和空气中水蒸气吸收谱线校准仪器的分辨力；并在无样品状态校准仪器的本底光谱能量、基线平直度、噪声。

　　傅立叶变换红外光谱仪校准装置的计量标准器是聚苯乙烯红外波长标准物质。

三、计量标准器及主要配套设备

	名　称	型　号	测量范围	不确定度 或准确度等级 或最大允许误差	制造厂及 出厂编号	检定周 期或复 校间隔	检定或 校准机构
计 量 标 准 器	聚苯乙烯 红外波长 标准物质	GBW(E) 130181	$(907 \sim 2851)$ cm^{-1}	$U = (0.03 \sim$ $0.09) cm^{-1}$ $(k = 2)$		5 年	
主 要 配 套 设 备							

四、计量标准的主要技术指标

量值范围：$(907 \sim 2851) \, cm^{-1}$

不确定度：$U = (0.03 \sim 0.09) \, cm^{-1}$ （$k = 2$）

五、环境条件

序号	项目	要　　求	实际情况	结论
1	环境温度	$(15 \sim 30) \, ℃$	$(15 \sim 30) \, ℃$	合格
2	相对湿度	$\leqslant 70\%$	$30\% \sim 70\%$	合格
3	电源	$(220 \pm 22) \, V$	$(220 \pm 22) \, V$	合格
4	频率	$(50 \pm 1) \, Hz$	$(50 \pm 1) \, Hz$	合格
5				
6				

六、计量标准的量值溯源和传递框图

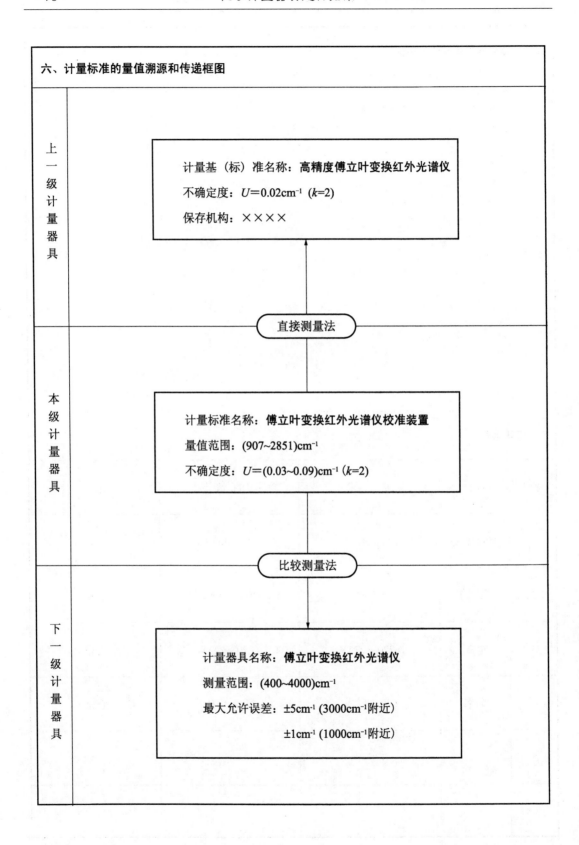

上一级计量器具

计量基（标）准名称：**高精度傅立叶变换红外光谱仪**

不确定度：$U=0.02\text{cm}^{-1}$ （$k=2$）

保存机构：××××

直接测量法

本级计量器具

计量标准名称：**傅立叶变换红外光谱仪校准装置**

量值范围：$(907\sim2851)\text{cm}^{-1}$

不确定度：$U=(0.03\sim0.09)\text{cm}^{-1}$ （$k=2$）

比较测量法

下一级计量器具

计量器具名称：**傅立叶变换红外光谱仪**

测量范围：$(400\sim4000)\text{cm}^{-1}$

最大允许误差：$\pm5\text{cm}^{-1}$ （3000cm^{-1}附近）

$\pm1\text{cm}^{-1}$ （1000cm^{-1}附近）

七、计量标准的稳定性考核

　　傅立叶变换红外光谱仪校准装置的计量标准器是聚苯乙烯红外波长标准物质，按照 JJF 1033—2016 中 4.2.3 的规定，有效期内的有证标准物质可以不进行稳定性考核。

八、检定或校准结果的重复性试验

傅立叶变换红外光谱仪校准装置的校准结果的重复性试验记录

试验时间	2017 年 5 月 18 日		
被测对象	名称	型号	编号
	傅立叶变换红外光谱仪	iS10	AKX1001928
测量条件	环境温度：22℃；相对湿度：61%。 分辨力 4.0cm^{-1}，常用扫描速度，扫描次数为 15，采集空气本底背景，扫描聚苯乙烯红外波长标准物质，测量波数为 1028.36cm^{-1} 的吸收峰，重复测量 10 次		
测量次数	测得值/cm^{-1}		
1	1028.4		
2	1028.4		
3	1028.3		
4	1028.4		
5	1028.5		
6	1028.4		
7	1028.4		
8	1028.5		
9	1028.4		
10	1028.5		
$\bar{y}$	1028.42		
$s(y_i) = \sqrt{\dfrac{\sum\limits_{i=1}^{n}(y_i - \bar{y})^2}{n-1}}$	0.063cm^{-1}		
结　　论	—		
试验人员	×××		

九、检定或校准结果的不确定度评定

1　测量方法

依据 JJF 1319—2011《傅立叶变换红外光谱仪校准规范》进行波数示值误差的校准，仪器设定分辨力 $4.0 \mathrm{cm}^{-1}$，测量波数 $1028.36 \mathrm{cm}^{-1}$ 的波数参考值，每次测量叠加扫描 5 次，重复测量 3 次，取 3 次测量平均值与参考值之差为仪器波数示值误差。

2　测量模型

$$\Delta\sigma = \bar{\sigma} - \sigma_n \tag{1}$$

式中：$\Delta\sigma$——波数示值误差，cm^{-1}；

$\quad\quad\ \bar{\sigma}$——波数测得值的平均值，cm^{-1}；

$\quad\quad\ \sigma_n$——波数的参考值，cm^{-1}。

3　合成方差和灵敏系数

$$u_c^2(\Delta\sigma) = c_1^2 u^2(\bar{\sigma}) + c_2^2 u^2(\sigma_n) \tag{2}$$

式中：$c_1 = 1$；$c_2 = -1$。

4　各输入量的标准不确定度分量评定

4.1　由计量标准器引入的标准不确定度 $u(\sigma_n)$

GBW(E)130181 聚苯乙烯红外波长标准物质由国防科工委化学计量一级站提供，根据标物证书：其波数为 $1028.36 \mathrm{cm}^{-1}$，$U = 0.09 \mathrm{cm}^{-1}$（$k = 2$）。则

$$u(\sigma_n) = \frac{U}{2} = \frac{0.09}{2} = 0.045 \mathrm{cm}^{-1}$$

4.2　由测量重复性引入的标准不确定度 $u(\bar{\sigma})$

选择一台傅立叶变换红外光谱仪，对 $1028.36 \mathrm{cm}^{-1}$ 连续测量 3 次，数据见表1。

表1

次　　数	1	2	3
测得值/cm^{-1}	1028.52	1028.52	1028.51

由此可求得：平均值 $\bar{\sigma} = 1028.517 \mathrm{cm}^{-1}$；示值误差 $\Delta\sigma = 0.16 \mathrm{cm}^{-1}$；极差 $\Delta = 0.01 \mathrm{cm}^{-1}$。则单次测量的标准偏差为

$$s = \frac{\Delta}{C} = \frac{0.01}{1.69} = 0.0059 \mathrm{cm}^{-1}$$

测量重复性引入的标准不确定度为

$$u(\bar{\sigma}) = \frac{s}{\sqrt{3}} = \frac{0.059}{\sqrt{3}} = 0.034 \mathrm{cm}^{-1}$$

5　合成标准不确定度计算

各标准不确定度分量汇总见表2。

表2

符号	标准不确定度来源	标准不确定度分量值 $u(x_i)$	灵敏系数 c_i	$|c_i|u(x_i)$
$u(\sigma_n)$	计量标准器	$0.045 \mathrm{cm}^{-1}$	-1	$0.045 \mathrm{cm}^{-1}$
$u(\bar{\sigma})$	测量重复性	$0.034 \mathrm{cm}^{-1}$	1	$0.034 \mathrm{cm}^{-1}$

各输入量彼此独立不相关，则合成标准不确定度为

$$u_c(\Delta\sigma) = \sqrt{c_1^2 u^2(\overline{\sigma}) + c_2^2 u^2(\sigma_n)} = \sqrt{0.045^2 + 0.034^2} = 0.056 \mathrm{cm}^{-1}$$

6　扩展不确定度评定

取包含因子 $k = 2$，包含概率约为 95%，则扩展不确定度为

$$U = k \cdot u_c(\Delta\sigma) = 2 \times 0.056 = 0.12 \mathrm{cm}^{-1}$$

其他波数示值误差的不确定度评定方法与波数 $1028\mathrm{cm}^{-1}$ 的不确定度评定方法相同。

7　不确定度报告

本傅立叶变换红外光谱仪波长示值误差校准结果：波数 $1028.36\mathrm{cm}^{-1}$ 点，示值误差为 $0.16\mathrm{cm}^{-1}$，$U = 0.12\mathrm{cm}^{-1}$（$k = 2$）。

十、检定或校准结果的验证

采用比对法对检定或校准结果进行验证。

用本计量标准装置校准一台傅立叶变换红外光谱仪，再由具有相同准确度等级计量标准的另外两家单位进行校准。各实验室校准结果如下（经本计量标准装置校准的示值误差的扩展不确定度为 U_{lab}）。

各校准装置 校准结果	示值误差	扩展不确定度 U_{lab}	平均值 $\bar{y}$	$\|y_{lab} - \bar{y}\|$	$\sqrt{\dfrac{n-1}{n}}U_{lab}$
本实验室 y_{lab}	-0.35cm^{-1}	0.12cm^{-1}			
1 号实验室 y_1	-0.21cm^{-1}	—	-0.31cm^{-1}	0.04cm^{-1}	0.10cm^{-1}
2 号实验室 y_2	-0.38cm^{-1}	—			

经计算，校准结果满足 $|y_{lab} - \bar{y}| \leqslant \sqrt{\dfrac{n-1}{n}}U_{lab}$，故本装置通过验证，符合要求。

十一、结论

  该校准装置标准器及配套设备齐全，装置稳定可靠，校准结果的测量不确定度评定合理并通过验证，环境条件合格，校准人员具有相应的资格和能力，技术资料齐全有效，规章制度较完善，各项技术指标均符合校准规范和计量标准考核规范的要求，可以开展傅立叶变换红外光谱仪的校准工作。

十二、附加说明

示例 3.3　化学需氧量（COD）测定仪检定装置

计量标准考核（复查）申请书

［　　］ 量标　　　　证字第　　　　号

计量标准名称　**化学需氧量（COD）测定仪检定装置**

计量标准代码　　　　　　**46113620**

建标单位名称

组织机构代码

单　位　地　址

邮　政　编　码

计量标准负责人及电话

计量标准管理部门联系人及电话

年　　　月　　　日

说　　明

1. 申请新建计量标准考核，建标单位应当提供以下资料：

1）《计量标准考核（复查）申请书》原件一式两份和电子版一份；

2）《计量标准技术报告》原件一份；

3）计量标准器及主要配套设备有效的检定或校准证书复印件一套；

4）开展检定或校准项目的原始记录及相应的模拟检定或校准证书复印件两套；

5）检定或校准人员能力证明复印件一套；

6）可以证明计量标准具有相应测量能力的其他技术资料（如果适用）复印件一套。

2. 申请计量标准复查考核，建标单位应当提供以下资料：

1）《计量标准考核（复查）申请书》原件一式两份和电子版一份；

2）《计量标准考核证书》原件一份；

3）《计量标准技术报告》原件一份；

4）《计量标准考核证书》有效期内计量标准器及主要配套设备连续、有效的检定或校准证书复印件一套；

5）随机抽取该计量标准近期开展检定或校准工作的原始记录及相应的检定或校准证书复印件两套；

6）《计量标准考核证书》有效期内连续的《检定或校准结果的重复性试验记录》复印件一套；

7）《计量标准考核证书》有效期内连续的《计量标准的稳定性考核记录》复印件一套；

8）检定或校准人员能力证明复印件一套；

9）计量标准更换申报表（如果适用）复印件一份；

10）计量标准封存（或撤销）申报表（如果适用）复印件一份；

11）可以证明计量标准具有相应测量能力的其他技术资料（如果适用）复印件一套。

3.《计量标准考核（复查）申请书》采用计算机打印，并使用 A4 纸。

注：新建计量标准申请考核时不必填写"计量标准考核证书号"。

计量标准 名　　称	化学需氧量（COD）测定仪检定装置				计量标准 考核证书号		
保存地点					计量标准 原值（万元）		

计量标准 类　　别	☑ 社会公用 ☑ 计量授权	□ 部门最高 □ 计量授权	□ 企事业最高 □ 计量授权

测量范围	$(0 \sim 1000)\,mg/L$

不确定度或 准确度等级或 最大允许误差	化学需氧量（COD_{Cr}）溶液标准物质：$U_{rel} = 1\%$（$k = 2$） 重铬酸钾纯度标准物质：$U = 0.02\%$（$k = 2$）

	名　　称	型　号	测量范围	不确定度 或准确度等级 或最大允许误差	制造厂及 出厂编号	检定周 期或复 校间隔	末次检 定或校 准日期	检定或校 准机构及 证书号
计 量 标 准 器	化学需氧量 （COD_{Cr}）溶液 标准物质	GBW（E） 081786	50mg/L 100mg/L 300mg/L 1000mg/L	$U_{rel} = 1\%$ （$k = 2$）		2 年		
	重铬酸钾纯 度标准物质	GBW（E） 060018e	100.00%	$U = 0.02\%$ （$k = 2$）		10 年		
主 要 配 套 设 备	单标线吸 量管	1mL 2mL	1mL 2mL	A 级		3 年		
	分度吸量管	0.5mL 5mL	0.5mL 5mL	A 级		3 年		
	单标线容 量瓶	100mL 500mL 1000mL	100mL 500mL 1000mL	A 级		3 年		
	电子天平	AE200	$(0 \sim 205)\,g$	① 级		1 年		
	精密数字 测温仪		$(0 \sim 200)\,℃$	MPE：$\pm 0.2℃$		1 年		
	电子秒表		$(0 \sim 3600)\,s$	MPE：$\pm 0.10s/h$		1 年		
	兆欧表		$(0 \sim 500)\,M\Omega$	10 级		1 年		

<table>
<tr><td rowspan="9">环境条件及设施</td><td>序号</td><td>项　目</td><td>要　　求</td><td>实 际 情 况</td><td>结论</td></tr>
<tr><td>1</td><td>环境温度</td><td>(5～35)℃</td><td>(10～30)℃</td><td>合格</td></tr>
<tr><td>2</td><td>相对湿度</td><td>≤85%</td><td>20%～85%</td><td>合格</td></tr>
<tr><td>3</td><td>电磁场干扰和震动</td><td>不影响仪器正常工作</td><td>无影响</td><td>合格</td></tr>
<tr><td>4</td><td></td><td></td><td></td><td></td></tr>
<tr><td>5</td><td></td><td></td><td></td><td></td></tr>
<tr><td>6</td><td></td><td></td><td></td><td></td></tr>
<tr><td>7</td><td></td><td></td><td></td><td></td></tr>
<tr><td>8</td><td></td><td></td><td></td><td></td></tr>
</table>

	姓　名	性别	年龄	从事本项目年限	学　历	能力证明名称及编号	核准的检定或校准项目
检定或校准人员							

	序号	名　　称	是否具备	备　注
文件集登记	1	计量标准考核证书（如果适用）	否	新建
	2	社会公用计量标准证书（如果适用）	否	新建
	3	计量标准考核（复查）申请书	是	
	4	计量标准技术报告	是	
	5	检定或校准结果的重复性试验记录	是	
	6	计量标准的稳定性考核记录	是	
	7	计量标准更换申报表（如果适用）	否	新建
	8	计量标准封存（或撤销）申报表（如果适用）	否	新建
	9	计量标准履历书	是	
	10	国家计量检定系统表（如果适用）	否	无
	11	计量检定规程或计量技术规范	是	
	12	计量标准操作程序	是	
	13	计量标准器及主要配套设备使用说明书（如果适用）	是	
	14	计量标准器及主要配套设备的检定或校准证书	是	
	15	检定或校准人员能力证明	是	
	16	实验室的相关管理制度		
	16.1	实验室岗位管理制度	是	
	16.2	计量标准使用维护管理制度	是	
	16.3	量值溯源管理制度	是	
	16.4	环境条件及设施管理制度	是	
	16.5	计量检定规程或计量技术规范管理制度	是	
	16.6	原始记录及证书管理制度	是	
	16.7	事故报告管理制度	是	
	16.8	计量标准文件集管理制度	是	
	17	开展检定或校准工作的原始记录及相应的检定或校准证书副本	是	
	18	可以证明计量标准具有相应测量能力的其他技术资料（如果适用）		
	18.1	检定或校准结果的不确定度评定报告	是	
	18.2	计量比对报告	否	新建
	18.3	研制或改造计量标准的技术鉴定或验收资料	否	非自研

开展的检定或校准项目	名　称	测量范围	不确定度或准确度等级或最大允许误差	所依据的计量检定规程或计量技术规范的编号及名称
	化学需氧量（COD）测定仪	（0～1000）mg/L	A 类仪器 MPE：±8% B 类仪器 MPE：±2.0mg/L	JJG 975—2002《化学需氧量（COD）测定仪》

建标单位意见	负责人签字：　　　　　　（公章） 　　　　　　　　年　　月　　日
建标单位主管部门意见	（公章） 年　　月　　日
主持考核的人民政府计量行政部门意见	（公章） 年　　月　　日
组织考核的人民政府计量行政部门意见	（公章） 年　　月　　日

计 量 标 准 技 术 报 告

计量标准名称　__化学需氧量（COD）测定仪检定装置__

计量标准负责人_____

建 标 单 位 名 称_____

填 写 日 期_____

目　　录

一、建立计量标准的目的 …………………………………………………………（93）

二、计量标准的工作原理及其组成 ………………………………………………（93）

三、计量标准器及主要配套设备 …………………………………………………（94）

四、计量标准的主要技术指标 ……………………………………………………（95）

五、环境条件 ………………………………………………………………………（95）

六、计量标准的量值溯源和传递框图 ……………………………………………（96）

七、计量标准的稳定性考核 ………………………………………………………（97）

八、检定或校准结果的重复性试验 ………………………………………………（98）

九、检定或校准结果的不确定度评定 ……………………………………………（99）

十、检定或校准结果的验证 ………………………………………………………（103）

十一、结论 …………………………………………………………………………（104）

十二、附加说明 ……………………………………………………………………（104）

一、建立计量标准的目的

化学需氧量 COD（Chemical Oxygen Demand）是水体中可被氧化的化学物质全部氧化所消耗的氧的量。化学需氧量（COD）测定仪主要用于废水、污水处理厂出水和受污染的水体的检测，多用于环境监测领域。为保证仪器测量数据的准确、可靠，建立此项计量标准。

二、计量标准的工作原理及其组成

用化学需氧量测定仪直接测量化学需氧量（COD_{Cr}）溶液标准物质或重铬酸钾纯度标准物质，将仪器测得值与标准物质参考值比较，确定仪器的示值误差、重复性及稳定性等计量特性；将 A 类化学需氧量测定仪测量的温度示值和消解时间示值与精密数字测温仪、电子秒表的参考值比较确定仪器温度示值误差和消解时间示值误差。

三、计量标准器及主要配套设备

	名　称	型　号	测量范围	不确定度 或准确度等级 或最大允许误差	制造厂及 出厂编号	检定周 期或复 校间隔	检定或 校准机构
计量标准器	化学需氧量 （COD_{Cr}）溶 液标准物质	GBW（E） 081786	50mg/L 100mg/L 300mg/L 1000mg/L	$U_{rel} = 1\%$ （$k=2$）		2 年	
	重铬酸钾纯 度标准物质	GBW（E） 060018e	100.00%	$U = 0.02\%$ （$k=2$）		10 年	
主要配套设备	单标线吸 量管	1mL 2mL	1mL 2mL	A 级		3 年	
	分度吸量管	0.5mL 5mL	0.5mL 5mL	A 级		3 年	
	单标线容 量瓶	100mL 500mL 1000mL	100mL 500mL 1000mL	A 级		3 年	
	电子天平	AE200	（0～205）g	Ⅰ级		1 年	
	精密数字 测温仪		（0～200）℃	MPE：±0.2℃		1 年	
	电子秒表		（0～3600）s	MPE：±0.10s/h		1 年	
	兆欧表		（0～500） MΩ	10 级		1 年	

四、计量标准的主要技术指标

量值范围：$(0 \sim 1000)\,mg/L$

不确定度：化学需氧量（COD_{Cr}）溶液标准物质：$U_{rel} = 1\%$　（$k = 2$）

　　　　　重铬酸钾纯度标准物质：$U = 0.02\%$　（$k = 2$）

五、环境条件

序号	项目	要　求	实际情况	结论
1	环境温度	$(5 \sim 35)\,℃$	$(10 \sim 30)\,℃$	合格
2	相对湿度	$\leq 85\%$	$20\% \sim 85\%$	合格
3	电磁场干扰和震动	不影响仪器正常工作	无影响	合格
4				
5				
6				

六、计量标准的量值溯源和传递框图

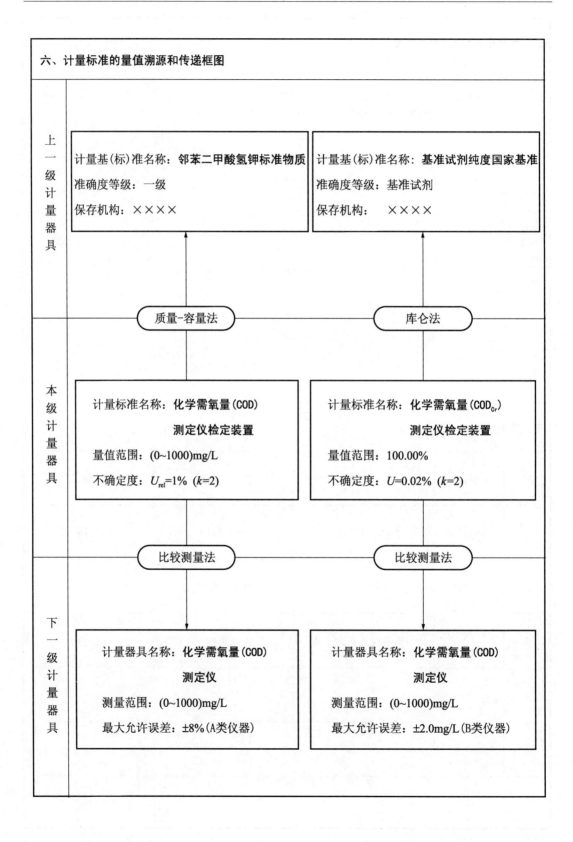

七、计量标准的稳定性考核

化学需氧量（COD）测定仪检定装置的计量标准器是重铬酸钾纯度标准物质和化学需氧量（COD_{Cr}）溶液标准物质，按照 JJF 1033—2016 中 4.2.3 的规定，有证标准物质可不进行稳定性考核。

八、检定或校准结果的重复性试验

化学需氧量（COD）测定仪检定装置的检定或校准结果的重复性试验记录

试验时间						

试验时间	2017 年 5 月 16 日			2017 年 5 月 16 日		
被测对象	名称	型号	编号	名称	型号	编号
	COD 测定仪（A 类）	5B-3CV8	15B3C8 3B610	COD 测定仪（B 类）	COD-571	123
测量条件	环境温度：23℃；相对湿度：56%。在重复性测量条件下，测量参考值为 100mg/L 的化学需氧量（COD_{Cr}）溶液标准物质 10 次			环境温度：23℃；相对湿度：56%。在重复性测量条件下，用 1mL 0.05mol/L 的 1/6 $K_2Cr_2O_7$ 溶液重复进样 10 次		
测量次数	测得值/（mg/L）			测得值/（mg/L）		
1	98.6			37.73		
2	97.1			38.25		
3	99.3			38.98		
4	97.4			38.86		
5	95.5			37.94		
6	98.5			38.35		
7	99.9			39.02		
8	95.2			38.48		
9	96.2			37.89		
10	98.3			38.15		
$\bar{y}$	97.6			38.365		
$s(y_i) = \sqrt{\dfrac{\sum\limits_{i=1}^{n}(y_i - \bar{y})^2}{n-1}}$	1.595mg/L			0.464mg/L		
结　　论	—			—		
试验人员	×××			×××		

九、检定或校准结果的不确定度评定

1 A类仪器示值误差的不确定度评定

1.1 测量方法

依据 JJG 975—2002《化学需氧量（COD）测定仪》对仪器进行校准，在不同的量程挡分别测定相应的 COD 溶液标准物质 3 次，然后按规程中的式（5）进行数据处理。本次评定以测量范围为(0 ~ 200)mg/L 的 COD 测定仪的 100mg/L 点为例。

1.2 测量模型

$$\Delta\rho = \frac{\bar{\rho} - \rho_n}{\rho_n} \times 100\% = \left(\frac{\bar{\rho}}{\rho_n} - 1\right) \times 100\% \tag{1}$$

式中：$\Delta\rho$——仪器示值误差，% ；

$\bar{\rho}$——3 次测得值的平均值，mg/L；

ρ_n——COD 溶液标准物质的参考值，mg/L。

1.3 合成方差

$$u^2_{crel}(\Delta\rho) = u^2_{rel}(\bar{\rho}) + u^2_{rel}(\rho_n) \tag{2}$$

1.4 各输入量的标准不确定度分量评定

1.4.1 输入量 $\bar{\rho}$ 的相对标准不确定度 $u_{rel}(\bar{\rho})$

化学需氧量测定仪对 100.0mg/L 的 COD 溶液标准物质进行 6 次重复测量，测得值为：95.5，97.4，99.3，99.0，99.9，98.5mg/L。由此可得：$\bar{\rho} = 98.3$mg/L，标准偏差 $s = 1.595$mg/L。

由于日常检定或校准中，取 3 次测得值的平均值作为仪器的示值，故相对标准不确定度为

$$u_{rel}(\bar{\rho}) = \frac{s}{\sqrt{3}\,\bar{\rho}} = 0.94\%$$

1.4.2 输入量 ρ_n 的相对标准不确定度 $u_{rel}(\rho_n)$

化学需氧量标准物质不稀释直接使用，主要由标准物质定值不确定度引入。化学需氧量（COD）测定仪检定用溶液标准物质的相对扩展不确定度 $U_{rel} = 1\%$（$k = 2$），则

$$u_{rel}(\rho_n) = \frac{1\%}{2} = 0.5\%$$

1.5 合成标准不确定度计算

各标准不确定度分量汇总见表1。

表 1

符号	不确定度来源	相对标准不确定度分量值 u_{rel}（x_i）
$u_{rel}(\bar{\rho})$	测量重复性	0.94%
$u_{rel}(\rho_n)$	COD 标准物质定值不确定度	0.50%

各输入量彼此独立不相关，则合成相对标准不确定度为

$$u_{crel}(\Delta\rho) = \sqrt{u^2_{rel}(\bar{\rho}) + u^2_{rel}(\rho_n)} = \sqrt{(0.94\%)^2 + (0.50\%)^2} = 1.07\%$$

1.6 扩展不确定度评定

取包含因子 $k = 2$，包含概率约为 95%，则相对扩展不确定度为

$$U_{rel} = k \cdot u_{crel} = 2 \times 1.07\% = 2.2\%$$

1.7 不确定度报告

该化学需氧量测定仪测量 100.0mg/L 点的示值误差为 - 1.7%，$U_{rel} = 2.2\%$（$k = 2$）。

2　B类仪器示值误差的不确定度评定

2.1　测量方法

依据 JJG 975—2002《化学需氧量（COD）测定仪》中 5.3.4.1 的 B 类仪器示值误差的测量方法，在测量杯中加入 45mL 蒸馏水和 17mL 浓硫酸，稍冷，加入 7mL 0.5mol/L 硫酸铁溶液，冷却至室温后，按说明书接好电极，恒定搅拌速度进行预电解。然后分别加入 0.50，1.00，2.50mL 0.05mol/L 1/6 $K_2Cr_2O_7$ 溶液，每点测定 3 次，然后按 JJG 975—2002 中的式（8）进行数据处理。本次评定以 1.00mL 测量点为例。

2.2　测量模型

$$\Delta\rho = \bar{\rho} - 40.0V \tag{3}$$

式中：$\Delta\rho$——仪器示值误差，%；

　　　　$\bar{\rho}$——3 次测得值的平均值，mg/L；

　　　　V——加入 0.05mol/L 1/6$K_2Cr_2O_7$ 溶液的毫升数；

　　　　40.0——消耗 1.00mL 0.05mol/L 1/6$K_2Cr_2O_7$ 溶液，对应的 COD 值，（mg/L）/mL。

2.3　合成方差和灵敏系数

$$u_c^2(\Delta\rho) = c_1^2 u^2(\bar{\rho})^2 + c_2^2 u^2(V) + c_3^2 u^2(40.0) \tag{4}$$

式中：$c_1 = 1$；$c_2 = -40.0$；$c_3 = -V$。

2.4　各输入量的标准不确定度分量评定

2.4.1　输入量 $\bar{\rho}$ 的相对标准不确定度 $u(\bar{\rho})$

化学需氧量（COD）测定仪对所取的 1.00mL 0.05mol/L 1/6 $K_2Cr_2O_7$ 溶液进行 6 次重复测量，测得值为：37.73，38.15，38.98，38.66，37.96，38.45mg/L。由此可得：$\bar{\rho} = 38.32$mg/L，标准偏差 $s = 0.464$mg/L。

由于日常检定或校准中，取 3 次测得值的平均值作为仪器的示值，故标准不确定度为

$$u(\bar{\rho}) = \frac{s}{\sqrt{3}} = 0.268\text{mg/L}$$

2.4.2　换算 COD 值的标准不确定度 $u(40.0)$

消耗 1.00mL 0.05mol/L 1/6$K_2Cr_2O_7$ 溶液，对应的 COD 值为 40.0(mg/L)/mL。40.0(mg/L)/mL 的 1.00mL 0.05mol/L 1/6$K_2Cr_2O_7$ 溶液不确定度受到输入体积和输入参考溶液的浓度的影响。输入体积的不确定度由玻璃量器引入；输入量 40.0(mg/L)/mL 的不确定度由参考溶液的浓度引入，参考溶液的浓度主要来源于重铬酸钾纯度标准物质的纯度、标准物质的称量、标准溶液的配制等因素。

0.05mol/L 1/6$K_2Cr_2O_7$ 溶液配制：用电子天平准确称取预先在 120℃ 烘干 2h 的重铬酸钾纯度标准物质 2.4517g，溶于水，移入 1000mL 容量瓶定容摇匀，即为 0.05mol/L 1/6$K_2Cr_2O_7$ 溶液。

$$c_{0.05} = \frac{6mw}{MV'}$$

式中：$c_{0.05}$——重铬酸钾摩尔浓度，mol/L；

　　　　m——重铬酸钾纯度标准物质的质量，g；

　　　　w——重铬酸钾纯度标准物质的质量分数，%；

　　　　M——重铬酸钾摩尔质量，294.18g/mol；

　　　　V'——容量瓶体积，L。

（1）输入量 m 的标准不确定度 $u(m)$

重铬酸钾的称量在空气中进行，浮力修正引起的不确定度很小，可以忽略。样品称量在小于 5g 的同一范围内进行，天平线性的影响可以忽略，根据天平校准证书，天平在称量 $0 \leqslant m \leqslant 5$g 范围内的称量误差为 0.02mg，按照均匀分布，天平称量误差引入的标准不确定度为

$$u(m) = \frac{0.02}{\sqrt{3}} = 0.0116\text{mg}$$

（2）输入量 w 的标准不确定度 $u(w)$

GBW（E）060018e 重铬酸钾纯度标准物质，纯度 100.00%，相对不确定度 $U_{rel} = 0.02\%$（$k = 2$），则

$$u(w) = \frac{100.00\% \times 0.02\%}{2} = 0.010\%$$

（3）输入量 V' 的标准不确定度 $u(V')$

使用的容量瓶配制溶液，不确定度主要包括：①容量瓶体积误差。1000mL、A 级容量瓶的最大允许误差为 ± 0.04mL，按均匀分布，标准不确定度为 $0.04/\sqrt{3} = 0.0231$mL。②容量瓶和溶液温度与校准时不同引起的体积变化。按照定容环境温度变化 3℃ 来考虑容量瓶和溶液体积变化的不确定度，一般玻璃量器体积膨胀系数为 $\beta = 9.9 \times 10^{-6}℃^{-1}$，其值很小，环境温度变化 3℃ 对玻璃量器容量的影响可忽略不计。水的体积膨胀系数为 $0.21 \times 10^{-3}/℃$，则标准不确定度为 $\frac{1000 \times 3 \times 0.21 \times 10^{-3}}{\sqrt{3}} = 0.364$mL。故

$$u(V') = \sqrt{0.0231^2 + 0.364^2} = 0.365\text{mL}$$

（4）重铬酸钾摩尔质量的标准不确定度 $u(M)$

重铬酸钾摩尔质量的不确定度很小，可忽略不计。

上述几项标准不确定度分量合成得

$$\frac{u(40.0)}{40.0} = \sqrt{[u(m)/m]^2 + [u(w)/w]^2 + [u(V')/V']^2}$$

$$= \sqrt{\left(\frac{0.0116}{2451.7}\right)^2 + \left(\frac{0.010\%}{100.00\%}\right)^2 + \left(\frac{0.365}{1000}\right)^2}$$

$$= 0.038\%$$

换算值 40.0（mg/L）/mL 的不确定度相当于 1.00mL 0.05mol/L 1/6K$_2$Cr$_2$O$_7$ 溶液的不确定度，40.0COD 的标准不确定度为

$$u(40.0) = 40 \times 0.038\% = 0.0152\text{（mg/L）/mL}$$

2.4.3　输入量 V 的标准不确定度 $u(V)$

使用 1mL 单标线吸量管取样，不确定度主要包括：①单标线吸量管的体积误差。规程给出 1mL、A 级单标线吸量管的最大允许误差为 ± 0.007mL，按均匀分布，标准不确定度为 $0.007/\sqrt{3} = 0.0041$mL。②溶液温度与校准时不同引起的体积变化。环境温度变化 3℃ 对玻璃量器容量的影响可忽略不计。水的体积膨胀系数为 $0.21 \times 10^{-3}/℃$，则标准不确定度为 $1 \times 3 \times 0.21 \times 10^{-3}/\sqrt{3} = 0.00037$mL。故

$$u(V) = \sqrt{0.0041^2 + 0.00037^2} = 0.0042\text{mL}$$

2.5　合成标准不确定度计算

各标准不确定度分量汇总见表 2。

表 2

符号	不确定度来源	标准不确定度分量值 $u(x_i)$	灵敏系数 c_i	$|c_i|u(x_i)$
$u(\bar{\rho})$	测量重复性	0.268mg/L	1	0.268mg/L
$u(40.0)$	消耗 1.00mL 0.05mol/L 1/6 K$_2$Cr$_2$O$_7$ 溶液，对应的 COD 值	0.0152（mg/L）/mL	-1mL	0.0152mg/L
$u(V)$	1mL 取样体积数的 0.05mol/L 1/6 K$_2$Cr$_2$O$_7$ 溶液	0.0042mL	-40（mg/L）/mL	0.168mg/L

各输入量彼此独立不相关，则合成标准不确定度为

$$u_c(\Delta\rho) = \sqrt{c_1^2 u^2(\bar{\rho})^2 + c_2^2 u^2(V) + c_3^2 u^2(40.0)}$$

$$= \sqrt{0.268^2 + 0.168^2 + 0.0152^2}$$

$$= 0.32\text{mg/L}$$

2.6　扩展不确定度评定

直接取包含因子 $k=2$，包含概率约为 95%，则扩展不确定度为

$$U = k \cdot u_c(\Delta\rho) = 2 \times 0.32 = 0.64\text{mg/L}$$

2.7　不确定度报告（见表3）

表3

测量点（mg/L）	示值误差（mg/L）	测量结果的不确定度（mg/L）
20	-1.5	$U = 0.52$（$k=2$）
40	-1.7	$U = 0.64$（$k=2$）
100	-1.8	$U = 0.88$（$k=2$）

十、检定或校准结果的验证

检定或校准结果的验证采用比对法。

用本计量标准装置检定一台型号为 5B-3CV8，编号为 JRC308 的化学需氧量测定仪，再由具有相同准确度等级计量标准的另外三家单位进行检定。各实验室在检定点 100.0mg/L 的检定结果如下（经本计量标准装置检定的示值误差的相对扩展不确定度为 U_{rlab}）。

各检定装置检定结果	示值误差	相对扩展不确定度 U_{rlab}（$k=2$）	平均值 $\bar{y}$	$\lvert y_{\text{lab}} - \bar{y} \rvert$	$\sqrt{\dfrac{n-1}{n}}U_{\text{rlab}}$
本实验室 y_{lab}	2.2%	2.2%			
1 号实验室 y_1	2.3%	—	2.35%	0.15%	2.0%
2 号实验室 y_2	2.4%	—			
3 号实验室 y_3	2.5%	—			

经计算，检定或校准结果满足 $\lvert y_{\text{lab}} - \bar{y} \rvert \leqslant \sqrt{\dfrac{n-1}{n}}U_{\text{rlab}}$，故本装置通过验证，符合要求。

十一、结论

　　该检定装置标准器及配套设备齐全，装置稳定可靠，检定结果的测量不确定度评定合理并通过验证，环境条件合格，检定人员具有相应的资格和能力，技术资料齐全有效，规章制度较完善，各项技术指标均符合 JJG 975—2002《化学需氧量（COD）测定仪》和计量标准考核规范的要求，可以开展化学需氧量（COD）测定仪的检定工作。

十二、附加说明

示例 3.4 四极杆电感耦合等离子体质谱仪校准装置

计量标准考核（复查）申请书

[　　] 量标　　证字第　　号

计量标准名称　<u>四极杆电感耦合等离子体质谱仪校准装置</u>

计量标准代码<u>＿＿＿＿＿＿＿＿＿＿＿＿＿＿＿＿＿＿＿＿＿＿＿</u>

建标单位名称<u>＿＿＿＿＿＿＿＿＿＿＿＿＿＿＿＿＿＿＿＿＿＿＿</u>

组织机构代码<u>＿＿＿＿＿＿＿＿＿＿＿＿＿＿＿＿＿＿＿＿＿＿＿</u>

单 位 地 址<u>＿＿＿＿＿＿＿＿＿＿＿＿＿＿＿＿＿＿＿＿＿＿＿</u>

邮 政 编 码<u>＿＿＿＿＿＿＿＿＿＿＿＿＿＿＿＿＿＿＿＿＿＿＿</u>

计量标准负责人及电话<u>＿＿＿＿＿＿＿＿＿＿＿＿＿＿＿＿＿</u>

计量标准管理部门联系人及电话<u>＿＿＿＿＿＿＿＿＿＿＿</u>

年　　　月　　　日

注：四极杆电感耦合等离子体质谱仪校准装置的计量标准代码不能在 JJF 1022—2014 中查到，故需要建标单位向主持考核的人民政府计量行政部门申请。

说　　明

1. 申请新建计量标准考核，建标单位应当提供以下资料：

1）《计量标准考核（复查）申请书》原件一式两份和电子版一份；

2）《计量标准技术报告》原件一份；

3）计量标准器及主要配套设备有效的检定或校准证书复印件一套；

4）开展检定或校准项目的原始记录及相应的模拟检定或校准证书复印件两套；

5）检定或校准人员能力证明复印件一套；

6）可以证明计量标准具有相应测量能力的其他技术资料（如果适用）复印件一套。

2. 申请计量标准复查考核，建标单位应当提供以下资料：

1）《计量标准考核（复查）申请书》原件一式两份和电子版一份；

2）《计量标准考核证书》原件一份；

3）《计量标准技术报告》原件一份；

4）《计量标准考核证书》有效期内计量标准器及主要配套设备连续、有效的检定或校准证书复印件一套；

5）随机抽取该计量标准近期开展检定或校准工作的原始记录及相应的检定或校准证书复印件两套；

6）《计量标准考核证书》有效期内连续的《检定或校准结果的重复性试验记录》复印件一套；

7）《计量标准考核证书》有效期内连续的《计量标准的稳定性考核记录》复印件一套；

8）检定或校准人员能力证明复印件一套；

9）计量标准更换申报表（如果适用）复印件一份；

10）计量标准封存（或撤销）申报表（如果适用）复印件一份；

11）可以证明计量标准具有相应测量能力的其他技术资料（如果适用）复印件一套。

3. 《计量标准考核（复查）申请书》采用计算机打印，并使用 A4 纸。

注：新建计量标准申请考核时不必填写"计量标准考核证书号"。

计量标准名称	四极杆电感耦合等离子体质谱仪校准装置				计量标准考核证书号			
保存地点					计量标准原值（万元）			
计量标准类别	☑ 社会公用 ☑ 计量授权		□ 部门最高 □ 计量授权			□ 企事业最高 □ 计量授权		
测量范围	铍、铟、铋：10.0μg/L							
不确定度或准确度等级或最大允许误差	铍、铟、铋：$U = 0.6μg/L$（$k = 2$）							

	名 称	型 号	测量范围	不确定度或准确度等级或最大允许误差	制造厂及出厂编号	检定周期或复校间隔	末次检定或校准日期	检定或校准机构及证书号
计量标准器	ICP-MS仪器校准用溶液标准物质铍、铟、铋	GBW(E)130242	铍、铟、铋：10.0μg/L	铍、铟、铋：$U = 0.6μg/L$（$k = 2$）		2年		
	ICP-MS仪器校准用溶液标准物质铯	GBW(E)130243	铯：10.0μg/L	铯：$U = 0.6μg/L$（$k = 2$）		2年		
	ICP-MS仪器校准用溶液标准物质铯	GBW(E)130244	铯：20.0mg/L	铯：$U = 0.6mg/L$（$k = 2$）		2年		
	钡溶液成分分析标准物质	GBW(E)080243	钡：100μg/mL	钡：$U_{rel} = 2\%$（$k = 2$）		2年		
	铈溶液成分分析标准物质	GBW08652	铈：1000μg/mL	铈：$U_{rel} = 0.4\%$（$k = 2$）		5年		
	银单元素溶液标准物质	GBW08610	银：1000μg/mL	银：$U = 1μg/L$（$k = 2$）		5年		
	铅单元素溶液标准物质	GBW08619	铅：1000μg/mL	铅：$U = 2μg/L$（$k = 2$）		5年		
	铟单元素溶液标准物质	GBW(E)080270	铟：100μg/mL	铟：$U_{rel} = 1\%$（$k = 2$）		5年		
主要配套设备	电子秒表		(0~3600)s	MPE：±0.10s/h		1年		
	分度吸管		(0~1)mL	A级		3年		
	分度吸管		(0~10)mL	A级		3年		
	单标线容量瓶		50mL	A级		3年		
	单标线容量瓶		100mL	A级		3年		

	序号	项目	要　求	实 际 情 况	结论
环境条件及设施	1	环境温度	(15～30)℃	(15～30)℃	合格
	2	相对湿度	≤80%	40%～80%	合格
	3				
	4				
	5				
	6				
	7				
	8				

	姓 名	性别	年龄	从事本项目年限	学 历	能力证明名称及编号	核准的检定或校准项目
检定或校准人员							

	序号	名　称	是否具备	备注
文件集登记	1	计量标准考核证书（如果适用）	否	新建
	2	社会公用计量标准证书（如果适用）	否	新建
	3	计量标准考核（复查）申请书	是	
	4	计量标准技术报告	是	
	5	检定或校准结果的重复性试验记录	是	
	6	计量标准的稳定性考核记录	是	
	7	计量标准更换申报表（如果适用）	否	新建
	8	计量标准封存（或撤销）申报表（如果适用）	否	新建
	9	计量标准履历书	是	
	10	国家计量检定系统表（如果适用）	否	无
	11	计量检定规程或计量技术规范	是	
	12	计量标准操作程序	是	
	13	计量标准器及主要配套设备使用说明书（如果适用）	是	
	14	计量标准器及主要配套设备的检定证书或校准证书	是	
	15	检定或校准人员的能力证明	是	
	16	实验室的相关管理制度		
	16.1	实验室岗位管理制度	是	
	16.2	计量标准使用维护管理制度	是	
	16.3	量值溯源管理制度	是	
	16.4	环境条件及设施管理制度	是	
	16.5	计量检定规程或计量技术规范管理制度	是	
	16.6	原始记录及证书管理制度	是	
	16.7	事故报告管理制度	是	
	16.8	计量标准文件集管理制度	是	
	17	开展检定或校准工作的原始记录及相应的检定或校准证书副本	是	
	18	可以证明计量标准具有相应测量能力的其他技术资料（如果适用）		
	18.1	检定或校准结果的不确定度评定报告	是	
	18.2	计量比对报告	否	新建
	18.3	研制或改造计量标准的技术鉴定或验收资料	否	非自研

	名　　称	测量范围	不确定度或准确度 等级或最大允许误差	所依据的计量检定规程 或计量技术规范的编号及名称
开 展 的 检 定 或 校 准 项 目	四极杆电感耦合 等离子体质谱仪 （校准）	铍、铟、铋： (0 ~ 10.0)μg/L	检出限： 　　Be：≤30ng/L 　　In：≤10ng/L 　　Bi：≤10ng/L	JJF 1159—2006 《四极杆电感耦合等离子体质 谱仪校准规范》

建标单位意见	 　　　　　　　　　　　　负责人签字：　　　　　（公章） 　　　　　　　　　　　　　　　　　　　　年　　月　　日
建标单位 主管部门意见	 　　　　　　　　　　　　　　　　　　　　　（公章） 　　　　　　　　　　　　　　　　　　　　年　　月　　日
主持考核的 人民政府计量 行政部门意见	 　　　　　　　　　　　　　　　　　　　　　（公章） 　　　　　　　　　　　　　　　　　　　　年　　月　　日
组织考核的 人民政府计量 行政部门意见	 　　　　　　　　　　　　　　　　　　　　　（公章） 　　　　　　　　　　　　　　　　　　　　年　　月　　日

计 量 标 准 技 术 报 告

计量标准名称　__四极杆电感耦合等离子体质谱仪校准装置__

计量标准负责人　_____

建标单位名称　_____

填 写 日 期　_____

目　　录

一、建立计量标准的目的 ……………………………………………………（113）

二、计量标准的工作原理及其组成 ………………………………………（113）

三、计量标准器及主要配套设备 …………………………………………（114）

四、计量标准的主要技术指标 ……………………………………………（115）

五、环境条件 ………………………………………………………………（115）

六、计量标准的量值溯源和传递框图 ……………………………………（116）

七、计量标准的稳定性考核 ………………………………………………（117）

八、检定或校准结果的重复性试验 ………………………………………（118）

九、检定或校准结果的不确定度评定 ……………………………………（119）

十、检定或校准结果的验证 ………………………………………………（122）

十一、结论 …………………………………………………………………（123）

十二、附加说明 ……………………………………………………………（123）

一、建立计量标准的目的

电感耦合等离子体质谱仪（ICP-MS），是一种新型的无机元素和同位素分析技术，可快速同时检测周期表上大多数元素及元素的化合物、混合物，受到很多企业、检测机构及科研院所的欢迎。ICP-MS 在环境监测、食品安全、质量监督等行业应用非常广泛，而这些行业检测的样品都与广大老百姓的生活息息相关。因此，建立四极杆电感耦合等离子体质谱仪校准装置，保证 ICP-MS 检测结果的量值准确和量值统一是十分必要的。

二、计量标准的工作原理及其组成

四极杆电感耦合等离子体质谱仪校准装置由系列元素溶液标准物质组成，其工作原理是用仪器测量系列元素溶液标准物质，根据相应质量数处的离子计数，计算出仪器的背景噪声、检出限、灵敏度、丰度灵敏度、氧化物离子产率、双电荷离子产率、质量稳定性、分辨力、冲洗时间、同位素丰度比、短期稳定性和长期稳定性等性能指标。

三、计量标准器及主要配套设备

	名　称	型　号	测量范围	不确定度 或准确度等级 或最大允许误差	制造厂及 出厂编号	检定周 期或复 校间隔	检定或 校准机构
计量标准器	ICP-MS 仪器 校准用溶液 标准物质铍、 铟、铋	GBW(E) 130242	铍、铟、铋： 10.0μg/L	铍、铟、铋： $U = 0.6μg/L(k=2)$		2 年	
	ICP-MS 仪器 校准用溶液 标准物质铯	GBW(E) 130243	铯： 10.0μg/L	铯： $U = 0.6μg/L(k=2)$		2 年	
	ICP-MS 仪器 校准用溶液 标准物质铯	GBW(E) 130244	铯： 20.0mg/L	铯： $U = 0.6mg/L(k=2)$		2 年	
	钡溶液成分 分析标准 物质	GBW(E) 080243	钡： 100μg/mL	钡： $U_{rel} = 2\%(k=2)$		2 年	
	铈溶液成分 分析标准 物质	GBW 08652	铈： 1000μg/mL	铈： $U_{rel} = 0.4\%(k=2)$		5 年	
	银单元素溶 液标准物质	GBW 08610	银： 1000μg/mL	银： $U = 1μg/L(k=2)$		5 年	
	铅单元素溶 液标准物质	GBW 08619	铅： 1000μg/mL	铅： $U = 2μg/L(k=2)$		5 年	
	铟单元素溶 液标准物质	GBW(E) 080270	铟： 100μg/mL	铟： $U_{rel} = 1\%(k=2)$		5 年	
主要配套设备	电子秒表		(0～3600)s	MPE：±0.10s/h		1 年	
	分度吸管		(0～1)mL	A 级		3 年	
	分度吸管		(0～10)mL	A 级		3 年	
	单标线容 量瓶		50mL	A 级		3 年	
	单标线容 量瓶		100mL	A 级		3 年	

四、计量标准的主要技术指标

量值范围：铍、铟、铋：10.0μg/L
不确定度：$U = 0.6$μg/L（$k = 2$）

五、环境条件

序号	项目	要　求	实际情况	结论
1	环境温度	（15～30）℃	（15～30）℃	合格
2	相对湿度	≤80%	40%～80%	合格
3				
4				
5				
6				

六、计量标准的量值溯源和传递框图

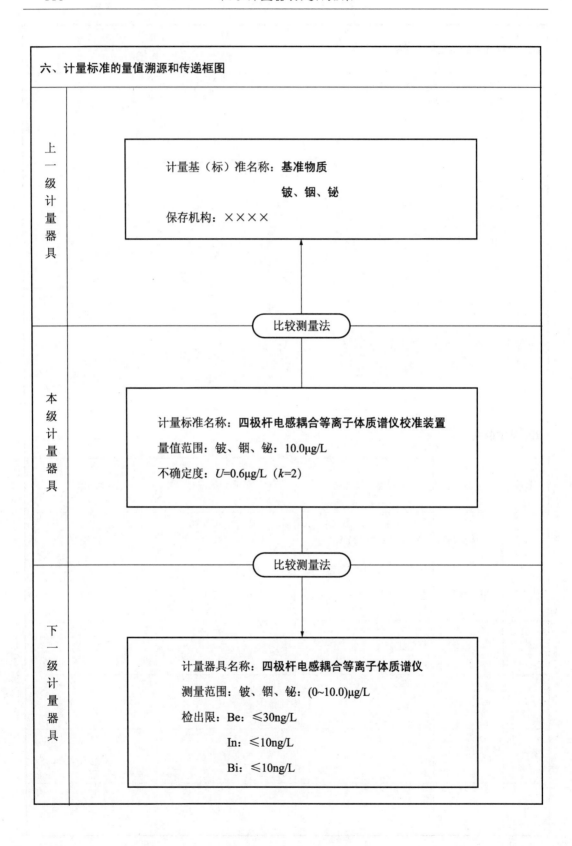

上一级计量器具	计量基（标）准名称：**基准物质** 　　　　　　　　　　**铍、铟、铋** 保存机构：×××× 比较测量法
本级计量器具	计量标准名称：**四极杆电感耦合等离子体质谱仪校准装置** 量值范围：铍、铟、铋：10.0μg/L 不确定度：U=0.6μg/L（k=2） 比较测量法
下一级计量器具	计量器具名称：**四极杆电感耦合等离子体质谱仪** 测量范围：铍、铟、铋：(0~10.0)μg/L 检出限：Be：≤30ng/L 　　　　　In：≤10ng/L 　　　　　Bi：≤10ng/L

七、计量标准的稳定性考核

本校准装置的计量标准器是多种金属元素溶液标准物质，按照 JJF 1033—2016 中 4.2.3 的规定，有效期内的有证标准物质可以不进行稳定性考核。

八、检定或校准结果的重复性试验

四极杆电感耦合等离子体质谱仪校准装置的校准结果的重复性试验记录

测试时间	2017 年 6 月 10 日		
被测对象	名称	型号	编号
	ICP-MS	Agilent 7700	JP10070247
测量条件	测量质量浓度各 10.0μg/L 的铍、铟、铋混合标准溶液，积分时间 0.1s，记录质量数 9，115，209 处的离子计数（cps）		
测量次数	铍（Be）/cps	铟（In）/cps	铋（Bi）/cps
	质量数 9	质量数 115	质量数 209
1	70884. 73	395469. 90	802914. 86
2	69883. 83	387250. 46	791405. 07
3	71611. 71	391221. 92	802655. 75
4	70082. 92	387828. 39	788295. 28
5	70773. 87	386130. 33	798583. 43
6	70681. 81	392186. 21	806868. 72
7	69961. 30	385879. 97	785666. 85
8	70857. 54	384993. 71	802803. 81
9	69548. 80	386284. 63	787110. 66
10	70543. 49	392394. 49	801315. 57
$\bar{y}$	70483. 00	388964. 00	796762. 00
$s(y_i) = \sqrt{\dfrac{\sum\limits_{i=1}^{n}(y_i - \bar{y})^2}{n-1}}$	611. 68cps	3563. 47cps	7831. 05cps
结　　论	—	—	—
试验人员	×××	×××	×　×　×

九、检定或校准结果的不确定度评定

1　测量方法

1.1　背景噪声

以 2% 高纯硝酸溶液进样，测量质量数 9，115，209 处的离子计数，积分时间 0.1s，分别测量 20 个数据，取其平均值（见表 1）。

表 1

质量数	9	115	209
离子计数平均值/cps	2.11	3.24	3.57

1.2　灵敏度

以 10μg/L 的 Be，In，Bi 标准物质进样，测量质量数 9，115，209 处的离子计数，积分时间 0.1s，分别测量 20 个数据，取其平均值，分别扣除背景噪声后，再除以其质量浓度值（10μg/L），即为各个元素的灵敏度 $S[\text{Mcps}/(\text{mg} \cdot \text{L}^{-1})]$（见表 2）。

表 2

元素（10μg/L）	Be	In	Bi
离子计数平均值/cps	70495	388984	796782
灵敏度 $S/[\text{Mcps}/(\text{mg} \cdot \text{L}^{-1})]$	7.05	38.9	79.7

1.3　检出限

将仪器各参数调至最佳工作状态，用 18MΩ·cm 的高纯水进样，测量质量数 9，115，209 处的离子计数，积分时间 0.1s，分别测量 11 个数据，用测量结果的标准偏差 s_A 的 3 倍除以 Be，In，Bi 的灵敏度 S，结果即为各元素的检出限 $C_L = 3s_A/S$（见表 3）。

表 3

测量结果元素	Be	In	Bi
标准偏差 s_A/cps	1.40	3.72	4.86
检出限 C_L/(ng/L)	0.60	0.29	0.18

2　测量模型

$$C_L = \frac{3s_A}{S} \tag{1}$$

式中：C_L——Be 元素的检出限，ng/L；

　　　s_A——高纯水测量结果的标准偏差，cps；

　　　S——各元素的灵敏度，Mcps/(mg·L^{-1})。

3　合成方差和灵敏系数

$$u_c^2(C_L) = c_1^2 u^2(s_A) + c_2^2 u^2(S) \tag{2}$$

式中：$c_1 = \dfrac{3}{S}$；$c_2 = \dfrac{-3s_A}{S^2}$。

4　各输入量的标准不确定度分量评定（以 Be 为例）

4.1　高纯水计数值测量标准偏差引入的标准不确定度分量 $u(s_A)$

　　输入量 s_A 为 11 次高纯水中 Be 元素测量结果的单次测量实验标准偏差，高纯水测量引入的不确定度分量 $u(s_A)$ 为

$$u(s_A) = \frac{s_A}{\sqrt{2(n-1)}} = 0.31\,\text{cps}$$

4.2　灵敏度测量引入的标准不确定度分量 $u(S)$

　　灵敏度为

$$S = \frac{S_1 - S_0}{\rho} \times 10^{-6}$$

式中：S_1——Be 溶液标准物质计数值，cps；

　　　　S_0——2% 高纯硝酸计数值，cps；

　　　　ρ——Be 溶液标准物质的质量浓度值，mg/L。

　　则

$$u_{rel}^2(S) = u_{rel}^2(S_1 - S_0) + u_{rel}^2(\rho)$$

　　由于 S_1 和 S_0 的不确定度都是由仪器的测量重复性引入的，且 Be 溶液标准物质的计数值远大于 2% 高纯硝酸背景噪声的计数值，故将其引入的不确定度 $u(S_0)$ 忽略不计。则

$$u_{rel}^2(S) = u_{rel}^2(S_1) + u_{rel}^2(\rho)$$

　　（1）Be 溶液标准物质计数值测量重复性引入的标准不确定度分量 $u_{rel}(S_1)$

　　Be 溶液标准物质 20 次重复测量的平均值为 70495cps，单次测量实验标准偏差为 653cps，则

$$u_{rel}(S_1) = \frac{653}{70495 \times \sqrt{20}} \times 100\% = 0.21\%$$

　　（2）Be 溶液标准物质引入的标准不确定度分量 $u_{rel}(\rho)$

　　由证书可得溶液标准物质的相对扩展不确定度为 6%（$k=2$），按正态分布，则

$$u_{rel}(\rho) = \frac{6\%}{2} = 3.0\%$$

　　以上两项合成得

$$u_{rel}(S) = \sqrt{u_{rel}^2(S_1) + u_{rel}^2(\rho)} = 3.0\%$$

$$u(S) = u_{rel}(S) \cdot S = 0.21\,\text{Mcps}/(\text{mg} \cdot \text{L}^{-1})$$

5　合成标准不确定度计算

　　灵敏系数为

$$c_1 = \frac{3}{S} = 0.43\,\text{mg} \cdot \text{L}^{-1}/\text{Mcps}$$

$$c_2 = \frac{-3s_A}{S^2} = -0.085\,(\text{mg} \cdot \text{L}^{-1})^2/\text{M}^2\text{cps}$$

　　按式（2）计算合成标准不确定度得

$$u_c(C_L) = 0.134\,\text{ng/L}$$

　　参照 Be 元素检出限的不确定度评定方法，求得 In，Bi 两种元素检出限的标准不确定度，结果汇总见表 4。

表4

不确定度及灵敏系数	元　素		
	Be	In	Bi
$c_1/(\text{mg} \cdot \text{L}^{-1}/\text{Mcps})$	0.43	0.077	0.038
$u(s_A)/\text{cps}$	0.31	0.83	1.09
$c_2/[(\text{mg} \cdot \text{L}^{-1})^2/\text{M}^2\text{cps}]$	-0.085	-0.0074	-0.0023
$u(S)/[\text{Mcps}/(\text{mg} \cdot \text{L}^{-1})]$	0.21	1.17	2.40
$u_c(C_L)/(\text{ng/L})$	0.134	0.064	0.042

6　扩展不确定度评定

　　取包含因子 $k=2$，包含概率约为95%，则扩展不确定度为

$$U(C_L) = k \cdot u_c(C_L)$$

　　Be，In，Bi 元素检出限的扩展不确定度汇总见表5。

表5

	元　素		
	Be	In	Bi
检出限 $C_L/(\text{ng/L})$	0.60	0.29	0.18
扩展不确定度 $U(C_L)/(\text{ng/L})$	0.27	0.13	0.08

十、检定或校准结果的验证

校准结果的验证采用比对法。

用本计量标准装置校准一台型号为 7700 四极杆电感耦合等离子体质谱仪，再由具有相同准确度等级计量标准的另外三家单位进行校准。各实验室的校准结果如下（经本计量标准装置校准的检出限的扩展不确定度为 U_{lab}）。

各校准装置 校准结果	检出限			扩展不确定度 U_{lab}（$k=2$）			平均值 $\bar{y}$			$|y_{lab}-\bar{y}|$			$\sqrt{\dfrac{n-1}{n}}U_{lab}$		
	Be	In	Bi	Be	In	Bi	Be	In	Bi	Be	In	Bi	Be	In	Bi
本实验室 y_{lab}	0.54	0.23	0.14	0.25	0.11	0.07	0.61	0.29	0.18	-0.07	-0.06	-0.04	0.21	0.09	0.06
1 号实验室 y_1	0.60	0.29	0.18	—	—	—									
2 号实验室 y_2	0.57	0.25	0.16	—	—	—									
3 号实验室 y_3	0.72	0.37	0.25	—	—	—									

经计算，校准结果满足 $|y_{lab}-\bar{y}| \leqslant \sqrt{\dfrac{n-1}{n}}U_{lab}$，故本装置通过验证，符合要求。

十一、结论

　　该校准装置标准器及配套设备齐全，装置稳定可靠，校准结果的测量不确定度评定合理并通过验证，环境条件合格，校准人员具有相应的资格和能力，技术资料齐全有效，规章制度较完善，各项技术指标均符合 JJF 1159—2006《四极杆电感耦合等离子体质谱仪校准规范》和计量标准考核规范的要求，可以开展四极杆电感耦合等离子体质谱仪的校准工作。

十二、附加说明

示例 3.5　气相色谱仪检定装置

计量标准考核（复查）申请书

［　　］　量标　　　证字第　　　号

计量标准名称＿＿＿气相色谱仪检定装置＿＿＿

计量标准代码＿＿＿＿＿46116907＿＿＿＿＿

建标单位名称＿＿＿＿＿＿＿＿＿＿＿＿＿＿

组织机构代码＿＿＿＿＿＿＿＿＿＿＿＿＿＿

单 位 地 址＿＿＿＿＿＿＿＿＿＿＿＿＿＿

邮 政 编 码＿＿＿＿＿＿＿＿＿＿＿＿＿＿

计量标准负责人及电话＿＿＿＿＿＿＿＿＿＿

计量标准管理部门联系人及电话＿＿＿＿＿

年　　　月　　　日

说　　明

1. 申请新建计量标准考核，建标单位应当提供以下资料：

1）《计量标准考核（复查）申请书》原件一式两份和电子版一份；

2）《计量标准技术报告》原件一份；

3）计量标准器及主要配套设备有效的检定或校准证书复印件一套；

4）开展检定或校准项目的原始记录及相应的模拟检定或校准证书复印件两套；

5）检定或校准人员能力证明复印件一套；

6）可以证明计量标准具有相应测量能力的其他技术资料（如果适用）复印件一套。

2. 申请计量标准复查考核，建标单位应当提供以下资料：

1）《计量标准考核（复查）申请书》原件一式两份和电子版一份；

2）《计量标准考核证书》原件一份；

3）《计量标准技术报告》原件一份；

4）《计量标准考核证书》有效期内计量标准器及主要配套设备连续、有效的检定或校准证书复印件一套；

5）随机抽取该计量标准近期开展检定或校准工作的原始记录及相应的检定或校准证书复印件两套；

6）《计量标准考核证书》有效期内连续的《检定或校准结果的重复性试验记录》复印件一套；

7）《计量标准考核证书》有效期内连续的《计量标准的稳定性考核记录》复印件一套；

8）检定或校准人员能力证明复印件一套；

9）计量标准更换申报表（如果适用）复印件一份；

10）计量标准封存（或撤销）申报表（如果适用）复印件一份；

11）可以证明计量标准具有相应测量能力的其他技术资料（如果适用）复印件一套。

3.《计量标准考核（复查）申请书》采用计算机打印，并使用 A4 纸。

注：新建计量标准申请考核时不必填写"计量标准考核证书号"。

计量标准 名 称	气相色谱仪检定装置		计量标准 考核证书号	
保存地点			计量标准 原值（万元）	
计量标准 类 别	☑ 社会公用 ☑ 计量授权	□ 部门最高 □ 计量授权	□ 企事业最高 □ 计量授权	

测量范围	液体标准物质：甲苯中苯溶液标准物质：5.00mg/mL 异辛烷中正十六烷溶液标准物质：100ng/μL 乙醇中甲基对硫磷溶液标准物质：10.0ng/μL 异辛烷中丙体六六六溶液标准物质：0.100ng/μL 异辛烷中偶氮苯、马拉硫磷混合溶液标准物质：10.0ng/μL 气体标准物质：氮中甲烷气体标准物质：1.01×10^{-2}mol/mol
不确定度或 准确度等级或 最大允许误差	液体标准物质：$U_{rel} = 3\%$ （$k=2$） 气体标准物质：$U_{rel} = 1\%$ （$k=3$）

	名 称	型 号	测量范围	不确定度 或准确度等级 或最大允许误差	制造厂及 出厂编号	检定周 期或复 校间隔	末次检 定或校 准日期	检定或校 准机构及 证书号
计 量 标 准 器	甲苯中苯溶 液标准物质	GBW(E) 130298	5.00mg/mL	$U_{rel} = 3\%$（$k=2$）		2 年		
	异辛烷中正 十六烷溶液 标准物质	GBW(E) 130299	100ng/μL	$U_{rel} = 3\%$（$k=2$）		2 年		
	乙醇中甲基 对硫磷溶液 标准物质	GBW(E) 130352	10.0ng/μL	$U_{rel} = 3\%$（$k=2$）		2 年		
	异辛烷中丙 体六六六溶 液标准物质	GBW(E) 130353	0.100ng/μL	$U_{rel} = 3\%$（$k=2$）		2 年		
	异辛烷中偶 氮苯、马拉 硫磷混合溶 液标准物质	GBW(E) 130354	10.0ng/μL	$U_{rel} = 3\%$（$k=2$）		2 年		
	氮中甲烷气 体标准物质	GBW(E) 081670	1.01×10^{-2} mol/mol	$U_{rel} = 1\%$（$k=3$）		1 年		
主 要 配 套 设 备	皂膜流量计		(10~100)mL/min	1.0 级		2 年		
	电子秒表		(0~3600)s	MPE：±0.10s/h		1 年		
	微量进样器		10μL 50μL	MPE：±8% MPE：±3%		1 年		
	空盒压力表		(800~1064)hPa	MPE：±200Pa		1 年		
	高精度温度 测试仪		(0~300)℃	$U = 0.05℃$（$k=2$）		2 年		

	序号	项目	要　　求	实 际 情 况	结论
环境条件及设施	1	环境温度	(5～35)℃	(5～35)℃	合格
	2	相对湿度	20%～85%	20%～85%	合格
	3				
	4				
	5				
	6				
	7				
	8				

	姓　名	性别	年龄	从事本项目年限	学　历	能力证明名称及编号	核准的检定或校准项目
检定或校准人员							

	序号	名 称	是否具备	备 注
文件集登记	1	计量标准考核证书（如果适用）	否	新建
	2	社会公用计量标准证书（如果适用）	否	新建
	3	计量标准考核（复查）申请书	是	
	4	计量标准技术报告	是	
	5	检定或校准结果的重复性试验记录	是	
	6	计量标准的稳定性考核记录	是	
	7	计量标准更换申请表（如果适用）	否	新建
	8	计量标准封存（或撤销）申报表（如果适用）	否	新建
	9	计量标准履历书	是	
	10	国家计量检定系统表（如果适用）	否	无
	11	计量检定规程或计量技术规范	是	
	12	计量标准操作程序	是	
	13	计量标准器及主要配套设备使用说明书（如果适用）	是	
	14	计量标准器及主要配套设备的检定或校准证书	是	
	15	检定或校准人员能力证明	是	
	16	实验室的相关管理制度		
	16.1	实验室岗位管理制度	是	
	16.2	计量标准使用维护管理制度	是	
	16.3	量值溯源管理制度	是	
	16.4	环境条件及设施管理制度	是	
	16.5	计量检定规程或计量技术规范管理制度	是	
	16.6	原始记录及证书管理制度	是	
	16.7	事故报告管理制度	是	
	16.8	计量标准文件集管理制度	是	
	17	开展检定或校准工作的原始记录及相应的检定或校准证书副本	是	
	18	可以证明计量标准具有相应测量能力的其他技术资料（如果适用）		
	18.1	检定或校准结果的不确定度评定报告	是	
	18.2	计量比对报告	否	新建
	18.3	研制或改造计量标准的技术鉴定或验收资料	否	非自研

	名 称	测量范围	不确定度或准确度 等级或最大允许误差	所依据的计量检定规程 或计量技术规范的编号及名称
开展的检定或校准项目	气相色谱仪	TCD FID FPD ECD NPD 检测器	1）灵敏度： TCD：≥800mV·mL/mg 2）检测限： FID：≤0.5ng/s FPD：≤0.5ng/s（硫） FPD：≤0.1ng/s（磷） NPD：≤5pg/s（氮） NPD：≤10pg/s（磷） ECD：≤5pg/mL	JJG 700—2016 《气相色谱仪》

建标单位意见	负责人签字：　　　　　　（公章） 　　　　　　　　　年　月　日
建标单位 主管部门意见	（公章） 年　月　日
主持考核的 人民政府计量 行政部门意见	（公章） 年　月　日
组织考核的 人民政府计量 行政部门意见	（公章） 年　月　日

计 量 标 准 技 术 报 告

计量标准名称＿＿＿＿气相色谱仪检定装置＿＿＿＿

计量标准负责人＿＿＿＿＿＿＿＿＿＿＿＿＿

建标单位名称＿＿＿＿＿＿＿＿＿＿＿＿＿

填　写　日　期＿＿＿＿＿＿＿＿＿＿＿＿＿

目　　录

一、建立计量标准的目的 ……………………………………………………（133）

二、计量标准的工作原理及其组成 …………………………………………（133）

三、计量标准器及主要配套设备 ……………………………………………（134）

四、计量标准的主要技术指标 ………………………………………………（135）

五、环境条件 …………………………………………………………………（135）

六、计量标准的量值溯源和传递框图 ………………………………………（136）

七、计量标准的稳定性考核 …………………………………………………（137）

八、检定或校准结果的重复性试验 …………………………………………（138）

九、检定或校准结果的不确定度评定 ………………………………………（143）

十、检定或校准结果的验证 …………………………………………………（150）

十一、结论 ……………………………………………………………………（151）

十二、附加说明 ………………………………………………………………（151）

一、建立计量标准的目的

　　气相色谱仪被广泛应用于国防、石油、化工、环境、食品、医疗、农林、教育等科技领域，是非常重要的分析仪器。为了保证气相色谱仪的量值准确一致、数据可靠，必须对气相色谱仪进行检定或校准，因此需要建立该项计量标准。

二、计量标准的工作原理及其组成

　　气相色谱仪检定装置采用比较法进行检定。用气相色谱仪分析不同的气相色谱仪检定用标准物质，分别对不同检测器开展定性、定量重复性及灵敏度或检测限等项目的检定。

　　该检定装置的计量标准器是苯-甲苯溶液标准物质，正十六烷-异辛烷溶液标准物质，甲基对硫磷-无水乙醇溶液标准物质，丙体六六六-异辛烷溶液标准物质，异辛烷中偶氮苯、马拉硫磷混合溶液标准物质以及氮中甲烷气体标准物质等。

　　主要配套设备有高精度温度测试仪、微量进样器、电子秒表、皂膜流量计、空盒压力表等。

三、计量标准器及主要配套设备

	名　称	型　号	测量范围	不确定度或准确度等级或最大允许误差	制造厂及出厂编号	检定周期或复校间隔	检定或校准机构
计量标准器	甲苯中苯溶液标准物质	GBW(E)130298	5.00mg/mL	$U_{rel} = 3\%$ ($k=2$)		2 年	
	异辛烷中正十六烷溶液标准物质	GBW(E)130299	100ng/μL	$U_{rel} = 3\%$ ($k=2$)		2 年	
	乙醇中甲基对硫磷溶液标准物质	GBW(E)130352	10.0ng/μL	$U_{rel} = 3\%$ ($k=2$)		2 年	
	异辛烷中丙体六六六溶液标准物质	GBW(E)130353	0.100ng/μL	$U_{rel} = 3\%$ ($k=2$)		2 年	
	异辛烷中偶氮苯、马拉硫磷混合溶液标准物质	GBW(E)130354	10.0ng/μL	$U_{rel} = 3\%$ ($k=2$)		2 年	
	氮中甲烷气体标准物质	GBW(E)081670	1.00×10^{-2} mol/mol	$U_{rel} = 1\%$ ($k=3$)		1 年	
主要配套设备	皂膜流量计		(10~100) mL/min	1.0 级		2 年	
	电子秒表		(0~3600)s	MPE：±0.10s/h		1 年	
	微量进样器		10μL 50μL	MPE：±8% MPE：±3%		1 年	
	空盒压力表		(800~1064) hPa	MPE：±200Pa		1 年	
	高精度温度测试仪		(0~300)℃	$U = 0.05℃$ ($k=2$)		2 年	

四、计量标准的主要技术指标

1. 量值范围
   液体标准物质：甲苯中苯溶液标准物质：5.00mg/mL
   异辛烷中正十六烷溶液标准物质：100ng/μL
   乙醇中甲基对硫磷溶液标准物质：10.0ng/μL
   异辛烷中丙体六六六溶液标准物质：0.100ng/μL
   异辛烷中偶氮苯、马拉硫磷混合溶液标准物质：10.0ng/μL
   气体标准物质：氮中甲烷气体标准物质：1.01×10^{-2}mol/mol
2. 不确定度
   液体标准物质：$U_{rel} = 3\%$　（$k = 2$）
   气体标准物质：$U_{rel} = 1\%$　（$k = 3$）

五、环境条件

序号	项目	要　求	实际情况	结论
1	环境温度	（5~35)℃	（5~35)℃	合格
2	相对湿度	20%~85%	20%~85%	合格
3				
4				
5				
6				

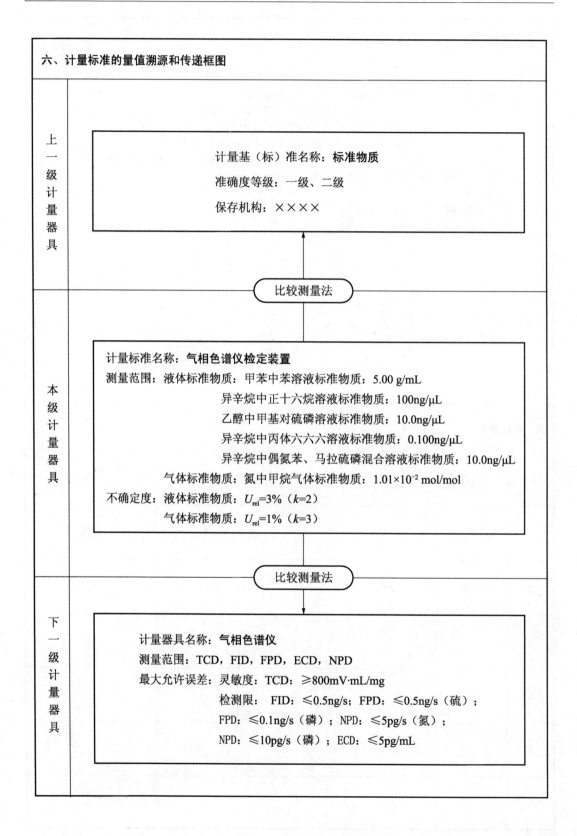

六、计量标准的量值溯源和传递框图

上一级计量器具

计量基（标）准名称：**标准物质**

准确度等级：一级、二级

保存机构：××××

比较测量法

本级计量器具

计量标准名称：**气相色谱仪检定装置**

测量范围：液体标准物质：甲苯中苯溶液标准物质：5.00 g/mL

异辛烷中正十六烷溶液标准物质：100ng/μL

乙醇中甲基对硫磷溶液标准物质：10.0ng/μL

异辛烷中丙体六六六溶液标准物质：0.100ng/μL

异辛烷中偶氮苯、马拉硫磷混合溶液标准物质：10.0ng/μL

气体标准物质：氮中甲烷气体标准物质：1.01×10^{-2} mol/mol

不确定度：液体标准物质：$U_{rel}=3\%$（$k=2$）

气体标准物质：$U_{rel}=1\%$（$k=3$）

比较测量法

下一级计量器具

计量器具名称：**气相色谱仪**

测量范围：TCD，FID，FPD，ECD，NPD

最大允许误差：灵敏度：TCD：≥800mV·mL/mg

检测限： FID：≤0.5ng/s；FPD：≤0.5ng/s（硫）；

FPD：≤0.1ng/s（磷）；NPD：≤5pg/s（氮）；

NPD：≤10pg/s（磷）；ECD：≤5pg/mL

七、计量标准的稳定性考核

气相色谱仪检定装置的计量标准器是有证液体标准物质和气体标准物质，按照 JJF 1033—2016 中 4.2.3 的规定，有效期内的有证标准物质可以不进行稳定性考核。

八、检定或校准结果的重复性试验

1. 异辛烷中正十六烷溶液标准物质（FID）、乙醇中甲基对硫磷溶液标准物质［FPD（P）、FPD（S）］

试验时间	2017 年 6 月 10 日		
被测对象	名称	型号	编号
	气相色谱仪	7890B	CN16493234
测量条件	环境温度：23℃；相对湿度：56%		
	在重复性测量条件下，使用 FID 检测器重复测量质量浓度为 100ng/μL 的异辛烷中正十六烷溶液标准物质	在重复性测量条件下，使用 FPD（P）检测器重复测量质量浓度为 10.0ng/μL 乙醇中甲基对硫磷溶液标准物质	在重复性测量条件下，使用 FPD（S）检测器重复测量质量浓度为 10.0ng/μL 的乙醇中甲基对硫磷溶液标准物质
测量次数	测得值/（pA·s）	测得值/（pA·s）	测得值/（pA·s）
1	219.7	465.7	326.5
2	220.3	461.7	335.2
3	221.0	474.6	328.4
4	232.4	451.0	326.6
5	224.8	447.4	330.1
6	219.7	466.3	332.5
7	216.5	465.5	327.9
8	218.3	468.1	328.8
9	221.5	469.2	331.0
10	226.5	458.8	335.2
$\bar{y}$	222.07	462.833	30.22
$s(y_i) = \sqrt{\dfrac{\sum\limits_{i=1}^{n}(y_i - \bar{y})^2}{n-1}}$	4.66pA·s	8.36pA·s	3.22pA·s
结　　论	—	—	—
试验人员	×××	×××	×××

2. 异辛烷中丙体六六六溶液标准物质（ECD）

试验时间	2017 年 6 月 10 日		
被测对象	名称	型号	编号
	气相色谱仪	7890B	CN16493234
测量条件	环境温度：23℃；相对湿度：56%。 在重复性测量条件下，使用 ECD 检测器重复测量质量浓度为 0.100ng/μL 的异辛烷中丙体六六六溶液标准物质		
测量次数	测得值/（Hz·s）		
1	788.0		
2	773.2		
3	787.4		
4	787.2		
5	789.5		
6	765.0		
7	726.4		
8	732.4		
9	766.2		
10	741.2		
$\bar{y}$	765.65		
$s(y_i) = \sqrt{\dfrac{\sum\limits_{i=1}^{n}(y_i - \bar{y})^2}{n-1}}$	24.28Hz·s		
结　　论	—		
试验人员	×××		

3. 异辛烷中偶氮苯、马拉硫磷混合溶液标准物质 [NPD(P)]

试验时间	2017 年 6 月 10 日		
被测对象	名称	型号	编号
	气相色谱仪	7890B	CN16253071
测量条件	环境温度: 23℃; 相对湿度: 56%。 在重复性测量条件下, 使用 NPD (P) 检测器重复测量质量浓度为 10.0ng/μL 的异辛烷中偶氮苯、马拉硫磷混合溶液标准物质		
测量次数	测得值/(pA·s)		
1	52.13		
2	51.02		
3	50.22		
4	52.41		
5	52.13		
6	52.40		
7	51.87		
8	51.49		
9	51.93		
10	50.99		
$\bar{y}$	51.659		
$s(y_i) = \sqrt{\dfrac{\sum\limits_{i=1}^{n}(y_i - \bar{y})^2}{n-1}}$	0.717pA·s		
结　　论	—		
试验人员	×××		

4. 异辛烷中偶氮苯、马拉硫磷混合溶液标准物质[NPD(N)]

试验时间	2017 年 6 月 10 日		
被测对象	名称	型号	编号
	气相色谱仪	7890B	CN16253071
测量条件	环境温度：23℃；相对湿度：56%。在重复性测量条件下，使用 NPD（N）检测器重复测量质量浓度为 10.0ng/μL 的异辛烷中偶氮苯、马拉硫磷混合溶液标准物质		
测量次数	测得值/（pA·s)		
1	56.18		
2	55.93		
3	55.05		
4	56.90		
5	56.90		
6	55.43		
7	56.01		
8	56.20		
9	55.84		
10	55.92		
$\bar{y}$	56.036		
$s(y_i)=\sqrt{\dfrac{\sum\limits_{i=1}^{n}\left(y_i-\bar{y}\right)^2}{n-1}}$	0.572pA·s		
结　　论	—		
试验人员	×××		

5. 甲苯中苯溶液标准物质(TCD)

试验时间	2017 年 6 月 10 日		
被测对象	名称	型号	编号
	气相色谱仪	7890A	CN10949003
测量条件	环境温度：23℃；相对湿度：56%。在重复性测量条件下，使用 TCD 检测器重复测量质量浓度为 5.0mg/mL 的甲苯中苯溶液标准物质		
测量次数	测得值/(μV · s)		
1	13690		
2	13896		
3	13857		
4	13442		
5	13789		
6	13545		
7	13774		
8	13879		
9	13652		
10	13665		
$\bar{y}$	13718.9		
$s(y_i) = \sqrt{\dfrac{\sum\limits_{i=1}^{n}(y_i - \bar{y})^2}{n-1}}$	148.8μV · s		
结　　论	—		
试验人员	× × ×		

九、检定或校准结果的不确定度评定

1　测量方法

气相色谱仪规程中并没有仪器测量准确度的项目。虽然检出限是与仪器工作条件、样品状态等相关的量，并不是气相色谱仪定量分析的结果，在计量检定中评定仪器对于某物质的检出限的不确定度并没有实际意义，但规程中与仪器测得值相关的项目只有灵敏度和检出限，因此本示例也以气相色谱仪热导检测器（TCD）的灵敏度，火焰离子化检测器（FID）、火焰光度检测器（FPD）、氮磷检测器（NPD）和电子捕获检测器（ECD）的检出限进行检定或校准测量结果的不确定度评定。

2　测量模型

气相色谱仪规程中检测器分两类：一类是浓度型检测器，包括热导（TCD）、电子捕获（ECD）检测器；另一类是质量型检测器，包括火焰离子化（FID）、火焰光度（FPD）和氮磷（NPD）检测器。

2.1　浓度型检测器

浓度型响应值与载气流量有关。

使用液体标准物质时，TCD 的灵敏度为

$$S_{TCD} = \frac{AF_c}{m} = \frac{AF_c}{\rho V} \tag{1}$$

式中：S_{TCD}——TCD 的灵敏度，$mV \cdot mL/mg$；

　　　A——色谱峰面积，$mV \cdot min$；

　　　F_c——校准后载气流量，mL/min；

　　　m——标准物质进样量，$m = \rho V$，mg；

　　　ρ——标准物质的质量浓度，mg/mL；

　　　V——标准物质的进样体积，mL。

使用气体标准物质时，TCD 的灵敏度为

$$S_{TCD} = \frac{AF_c RT}{x_A M_A V p} \tag{2}$$

式中：S_{TCD}——TCD 的灵敏度，$mV \cdot mL/mg$；

　　　A——色谱峰面积，$mV \cdot min$；

　　　F_c——校准后载气流量，mL/min；

　　　R——气体常数，$8.314 L \cdot kPa/(moL \cdot K)$；

　　　T——室温，K；

　　　x_A——气体标准物质中组分 A 的摩尔分数，mol/mol；

　　　M_A——组分 A 的摩尔质量，g/mol；

　　　V——标准物质的进样体积，L；

　　　p——室温下的大气压，kPa。

ECD 的仪器检出限为

$$D_{ECD} = \frac{2Nm}{AF_c} = \frac{2N\rho V}{AF_c(k+1)} \tag{3}$$

式中：D_{ECD}——ECD 的仪器检出限，g/mL；

　　　N——色谱基线噪声，mV；

　　　m——标准物质进样量，g；

　　　A——色谱峰面积，$mV \cdot min$；

　　　F_c——校准后载气流量，mL/min；

ρ——样品质量浓度，g/μL；

V——进样体积，μL；

k——仪器进样分流比，不分流时 $k=0$。

2.2 质量型检测器

使用液体标准物质时，FID 的仪器检出限为

$$D_{\text{FID}} = \frac{2Nm}{A} = \frac{2N\rho V}{A(k+1)} \tag{4}$$

式中：D_{FID}——FID 的仪器检出限，g/s；

N——基线噪声，A；

m——标准物质进样量，g；

A——色谱峰面积，A·s；

ρ——标准物质的质量浓度，g/μL；

V——标准物质的进样体积，μL；

k——仪器进样分流比，不分流时 $k=0$。

使用气体标准物质时，FID 的仪器检出限为

$$D_{\text{FID}} = \frac{2Nx_A M_A V_{\text{气}} p}{(k+1)RTA} \tag{5}$$

式中：D_{FID}——FID 的仪器检出限，g/s；

N——基线噪声，A；

x_A——气体标准物质中组分 A 的物质的量（摩尔）分数，mol/mol；

M_A——气体标准物质中组分 A 的摩尔质量，g/mol；

$V_{\text{气}}$——气体标准物质的进样体积，L；

p——室温下的大气压，kPa；

R——气体常数，8.314L·kPa/(moL·K)；

T——室温，K；

A——色谱峰面积，A·s。

由于 FPD，NPD 只对样品中的 X 组分响应，因此其测量模型为

$$D_{\text{FPD.NPD.}X} = \frac{2Nmn_X}{A} = \frac{2N\rho Vn_X}{A(k+1)} \tag{6}$$

式中：n_X——标准物质中被检测组分的质量分数；偶氮苯中 $n_N=0.1538$，马拉硫磷中 $n_P=0.09373$；甲基对硫磷中 $n_P=0.1218$，$n_S=0.1177$。

由于 FPD 对测定硫的响应机理不同，其响应值与标准物质浓度的平方成正比，则 FPD 对测定硫的检测限为

$$D_{\text{FPD.S}} = \sqrt{\frac{2N(mn_S)^2}{h(W_{1/4})^2}} = \sqrt{\frac{2N(\rho Vn_S)^2}{h(W_{1/4})^2}} \tag{7}$$

式中：D_{FPD}——FPD 的仪器检出限，g/s；

N——色谱基线噪声，mV；

m——标准物质进样量，g；

n_S——标准物质中被检测组分的质量分数；

h——标准物质硫的峰高，mV；

$W_{1/4}$——1/4 硫的峰高的峰宽；

ρ——样品质量浓度，g/μL；

V——进样体积，μL。

3 不确定度来源

由测量方法和测量模型可知，在检定、校准中，影响灵敏度或者仪器检出限测量结果不确定度的因素有：

(1) 测量方法的不确定度；

(2) 计量标准器的不确定度；

(3) 环境条件的影响；

(4) 人员操作的影响；

(5) 被检定仪器的变动性。

由于采用直接比较法进行检定，测量方法的不确定度可以不予考虑。在规程规定的环境条件下进行检定，环境条件的影响、人员操作、读数和被检仪器的变动性影响体现在响应信号的重复性中。因此，对于质量型检测器，检定结果的测量不确定度主要来源是标准物质量值的不确定度、重复测量的不确定度和基线噪声的不确定度；对于浓度型检测器，还有载气流量的不确定度。

4 合成方差

由式（1）得

$$\left(\frac{u_S}{S}\right)^2 = \left(\frac{u_A}{A}\right)^2 + \left(\frac{u_{F_c}}{F_c}\right)^2 + \left(\frac{u_\rho}{\rho}\right)^2 + \left(\frac{u_V}{V}\right)^2 \tag{8}$$

由式（2）得

$$\left(\frac{u_S}{S}\right)^2 = \left(\frac{u_A}{A}\right)^2 + \left(\frac{u_{F_c}}{F_c}\right)^2 + \left(\frac{u_T}{T}\right)^2 + \left(\frac{u_{x_A}}{x_A}\right)^2 + \left(\frac{u_V}{V}\right)^2 + \left(\frac{u_p}{p}\right)^2 \tag{9}$$

由式（3）得

$$\left(\frac{u_D}{D}\right)^2 = \left(\frac{u_N}{N}\right)^2 + \left(\frac{u_\rho}{\rho}\right)^2 + \left(\frac{u_V}{V}\right)^2 + \left(\frac{u_A}{A}\right)^2 + \left(\frac{u_{F_c}}{F_c}\right)^2 + \left(\frac{u_k}{k}\right)^2 \tag{10}$$

由式（4）、式（6）得

$$\left(\frac{u_D}{D}\right)^2 = \left(\frac{u_N}{N}\right)^2 + \left(\frac{u_\rho}{\rho}\right)^2 + \left(\frac{u_V}{V}\right)^2 + \left(\frac{u_A}{A}\right)^2 + \left(\frac{u_k}{k}\right)^2 \tag{11}$$

由式（5）得

$$\left(\frac{u_D}{D}\right)^2 = \left(\frac{u_N}{N}\right)^2 + \left(\frac{u_{x_A}}{x_A}\right)^2 + \left(\frac{u_{V_{载}}}{V_{载}}\right)^2 + \left(\frac{u_p}{p}\right)^2 + \left(\frac{u_T}{T}\right)^2 + \left(\frac{u_A}{A}\right)^2 + \left(\frac{u_k}{k}\right)^2 \tag{12}$$

由式（7）得

$$\left(\frac{u_D}{D}\right)^2 = \frac{1}{2} \times \left[\left(\frac{u_N}{N}\right)^2 + \left(\frac{u_h}{h}\right)^2\right] + \left(\frac{u_\rho}{\rho}\right)^2 + \left(\frac{u_V}{V}\right)^2 + \left(\frac{u_{W_{1/4}}}{W_{1/4}}\right)^2 \tag{13}$$

5 各输入量的标准不确定度分量评定

仪器检出限计算的测量模型各不相同，但各分量都是乘除的关系，为避免较复杂的灵敏度计算，各分量均采用相对不确定度评定。标准物质中检测组分的摩尔质量 M，质量分数 n_N、n_P、n_S，气体常数 R 的相对不确定度很小，可以忽略。检定或校准时不分流，不考虑其影响。

5.1 标准物质进样量的相对标准不确定度 $u_r(m)$

标准物质进样量的相对标准不确定度由标准物质量浓度（液体）或物质的量分数（气体）的不确定度和微量进样器容量不确定度合成。

检定校准使用的液体标准物质含量的相对扩展不确定度大多为 $U_r = 3\%$（$k = 2$），则标准物质含量的相对标准不确定度为

$$u_r(\rho) = U_r/2 = 1.5\%$$

气体标准物质含量的相对扩展不确定度大多为 $U_r = 1\%$（$k = 3$），则标准物质含量的相对标准不确定度为

$$u_r(x) = U_r/3 = 0.34\%$$

色谱仪检定校准中液体进样多采用 $10\mu L$ 微量进样器，进样量（标称值）为 $1\mu L$。根据（移液器）检定规程微量进样器 $1\mu L$ 量的最大允许误差为 12%，按均匀分布考虑，则引入的相对标准不确定度为

$$u_r(V) = \frac{12\%}{\sqrt{3}} = 6.93\%$$

检定校准中气体体进样采用 $1mL$ 注射器，根据检定规程 $1mL$ 注射器的最大允许误差为 4%，按均匀分布考虑，则引入的相对标准不确定度为

$$u_r(V) = \frac{4\%}{\sqrt{3}} = 2.32\%$$

液体标准物质进样量 $1\mu L$ 的相对标准不确定度为

$$u_r(m) = \sqrt{u_r^2(\rho) + u_r^2(V)} = 7.09\%$$

气体标准物质进样量 $1mL$ 的相对标准不确定度为

$$u_r(m) = \sqrt{u_r^2(x) + u_r^2(V)} = 2.35\%$$

5.2　峰面积（峰高）的相对标准不确定度 $u_r(A)$

峰面积的测量不确定度 $u_r(A)$，由重复测量的变动性引起。规程规定连续测量标准物质 7 次，计算峰面积相对标准偏差 RSD。

峰面积平均值的相对标准不确定度为

$$u_r(A) = \frac{RSD}{\sqrt{7}}$$

设峰面积测得值的相对标准偏差 RSD 为 1.5%，则

$$u_r(A) = 1.5\% / \sqrt{7} = 0.57\%$$

5.3　基线噪声的相对标准不确定度 $u_r(N)$

基线的噪声是瞬时随机变动的量，噪声的瞬时值是不可能定量测定的，能够测得的 N 值只是噪声变动的范围，基线噪声引入的标准不确定度在基线噪声变动的范围内服从均匀分布，则基线噪声的标准不确定度为

$$u(N) = \frac{N}{\sqrt{3}}$$

根据仪器检出限计算公式，基线噪声的 N 值是检出限峰高值的 $1/2$，则基线噪声相对于检出限的相对标准不确定度为

$$u_r(N) = \frac{1}{2\sqrt{3}} = 28.9\%$$

5.4　载气流量测量结果的相对标准不确定度 $u_r(F_c)$

载气流量由皂膜流量计标定，流量相对标准不确定度由皂膜流量计误差和载气流量稳定性评定。测器出口测得的载气流量按式（14）校正。

$$F_c = jF_0 \frac{T_c}{T_r} \left(1 - \frac{p_w}{p_0}\right) \tag{14}$$

式中：F_c——校正后的载气流量，mL/min；

$\quad\quad F_0$——室温下用皂膜流量计测得的检测器出口的载气流量，mL/min；

$\quad\quad T_c$——检测器温度，K；

$\quad\quad T_r$——室温，K；

$\quad\quad p_w$——室温下水的饱和蒸汽压，MPa；

$\quad\quad p_0$——大气压强，MPa；

j——压力梯度校正因子。

$$j = \frac{3}{2} \times \frac{\left(\dfrac{p_i}{p_0}\right)^2 - 1}{\left(\dfrac{p_i}{p_0}\right)^3 - 1} \tag{15}$$

式中：p_i——注入口压强，MPa。

（1）皂膜流量计测得值的相对标准不确定度 $u_r(F_0)$

根据校准证书，皂膜流量计测得值的相对扩展不确定度 $U_r = 0.5\%$（$k = 2$），则其相对标准不确定度为

$$u_r(F_0) = 0.5\% / 2 = 0.25\%$$

（2）检测器温度的相对标准不确定度 $u_r(T_c)$

检测器温度的示值分辨力为 1K，引入的不确定度 0.58K，检测器温度为 100℃，则检测器温度的相对标准不确定度为

$$u_r(T_c) = 0.58/373 = 0.16\%$$

（3）室温的相对标准不确定度 $u_r(T_r)$

室温测量温度计的不确定度为 0.05K，室温为 25℃，则室温的相对标准不确定度为

$$u_r(T_r) = 0.05/298 = 0.02\%$$

（4）饱和蒸汽压的相对标准不确定度 $u_r(p_w)$

根据饱和蒸汽压公式计算，25℃引入饱和蒸汽压的相对标准不确定度为

$$u_r(p_w) = 0.30\%$$

（5）大气压强的相对标准不确定度 $u_r(p_0)$

大气压强采用空盒压力表测量，其误差为 2hPa，大气压强为 1000hPa 时引入的相对标准不确定度为

$$u_r(p_0) = 0.2\%$$

（6）压力梯度校正因子的相对标准不确定度 $u_r(j)$

注入口压强测量误差为 ±0.5%，测得值服从均匀分布，故注入口压强测得值的相对标准不确定度为 0.29%。则压力梯度校正因子的相对标准不确定度为

$$u_r(j) = 0.79\%$$

（7）仪器载气流量稳定性引入的相对标准不确定度 $u_r(W)$

JJG 700—2016 中仪器载气流量的稳定性要求为 1%，载气流量的变动在稳定性范围内服从均匀分布，则引入的相对标准不确定度为

$$u_r(W) = \frac{1\%}{\sqrt{3} \times \sqrt{7}} = 0.22\%$$

将以上各不确定度分量合成，求得校正载气流量的相对标准不确定度为

$$u_r(F_c) = \sqrt{u_r^2(F_0) + u_r^2(T_c) + u_r^2(T_r) + u_r^2(p_w) + u_r^2(p_0) + u_r^2(j) + u_r^2(W)} = 1.01\%$$

5.5 硫的峰高 1/4 处峰宽的相对标准不确定度 $u_r(W_{1/4})$

根据峰面积计算公式，硫 1/4 峰高处峰宽的相对标准不确定度相当于峰面积测量的相对标准不确定度，即

$$u_r(W_{1/4}) = u_r(A) = 0.57\%$$

5.6 硫的峰高的相对标准不确定度 $u_r(h)$

根据峰面积计算公式，硫的峰高的相对标准不确定度相当于峰面积测量的相对标准不确定度，即

$$u_r(h) = u_r(A) = 0.57\%$$

6　合成标准不确定度计算

　　各标准不确定度分量汇总见表1～表7，合成标准不确定度计算结果如下。

表1　TCD 灵敏度相对标准不确定度分量汇总

符号	不确定度来源	相对标准不确定度值
$u_r(A)$	峰面积测量重复性	0.57%
$u_r(F_c)$	载气流量	1.01%
$u_r(m)$	标准物质进样量(进样 $1\mu L$ 液体)	7.09%
	标准物质进样量(进样 1mL 气体)	2.35%

　　TCD 灵敏度相对标准不确定度（液体）：$u_{c.r.TCD} = \sqrt{u_r^2(A) + u_r^2(F_c) + u_r^2(m)} = 7.2\%$

　　TCD 灵敏度相对标准不确定度（气体）：$u_{c.r.TCD} = \sqrt{u_r^2(A) + u_r^2(F_c) + u_r^2(m)} = 2.7\%$

表2　ECD 检测限相对标准不确定度分量汇总

符号	不确定度来源	相对标准不确定度值
$u_r(A)$	峰面积测量重复性	0.57%
$u_r(F_c)$	载气流量	1.01%
$u_r(m)$	标准物质进样量	7.09%
$u_r(N)$	基线噪声	28.9%

　　ECD 检测限相对标准不确定度：$u_{c.r.ECD} = \sqrt{u_r^2(N) + u_r^2(m) + u_r^2(A) + u_r^2(F_c)} = 29.8\%$

表3　FID 检测限相对标准不确定度分量汇总

符号	不确定度来源	相对标准不确定度值
$u_r(A)$	峰面积测量重复性	0.57%
$u_r(m)$	标准物质进样量	7.09%
$u_r(N)$	基线噪声	28.9%

　　FID 检测限相对标准不确定度：$u_{c.r.FID} = \sqrt{u_r^2(N) + u_r^2(m) + u_r^2(A)} = 29.8\%$

表4　FPD(P)检测限相对标准不确定度分量汇总

符号	不确定度来源	相对标准不确定度值
$u_r(A)$	峰面积测量重复性	0.57%
$u_r(m)$	标准物质进样量	7.09%
$u_r(N)$	基线噪声	28.9%

　　FPD(P)检测限相对标准不确定度：$u_{c.r.FPD(P)} = \sqrt{u_r^2(N) + u_r^2(m) + u_r^2(A)} = 29.8\%$

表 5　FPD(S)检测限相对标准不确定度分量汇总

符号	不确定度来源	相对标准不确定度值
$u_r(h)$	峰高测量重复性	0.57%
$u_r(W_{1/4})$	1/4 峰高宽度测量重复性	0.57%
$u_r(m)$	标准物质进样量	7.09%
$u_r(N)$	基线噪声	28.9%

FPD(S)检测限相对标准不确定度：$u_{c.r.FPD(S)} = \sqrt{\dfrac{1}{2}\left[u_r^2(N) + u_r^2(h)\right] + u_r^2(m) + u_r^2(W_{1/4})} = 21.7\%$

表 6　NPD(P)检测限相对标准不确定度分量汇总

符号	不确定度来源	相对标准不确定度值
$u_r(A)$	峰面积测量重复性	0.57%
$u_r(m)$	标准物质进样量	7.09%
$u_r(N)$	基线噪声	28.9%

NPD(P)检测限相对标准不确定度：$u_{c.r.FPD(P)} = \sqrt{u_r^2(N) + u_r^2(m) + u_r^2(A)} = 29.8\%$

表 7　NPD(N)检测限相对标准不确定度分量汇总

符号	不确定度来源	相对标准不确定度值
$u_r(A)$	峰面积测量重复性	0.57%
$u_r(m)$	标准物质进样量	7.09%
$u_r(N)$	基线噪声	28.9%

NPD(N)检测限相对标准不确定度：$u_{c.r.NPD(N)} = \sqrt{u_r^2(N) + u_r^2(m) + u_r^2(A)} = 29.8\%$

7　相对扩展不确定度评定

取包含因子 $k = 2$，包含概率约为 95% ，则相对扩展不确定度为

TCD(气体)：$U_r = 2 \times 2.7\% = 6\%$

TCD(液体)：$U_r = 2 \times 7.2\% = 15\%$

ECD：$U_r = 2 \times 29.8\% = 60\%$

FID：$U_r = 2 \times 29.8\% = 60\%$

FPD(P)：$U_r = 2 \times 29.8\% = 60\%$

FPD(S)：$U_r = 2 \times 21.7\% = 44\%$

NPD(P)：$U_r = 2 \times 29.8\% = 60\%$

NPD(N)：$U_r = 2 \times 29.8\% = 60\%$

注：本例中某些参数是采用一般典型值及仪器检测器不分流的状态进行评定的。实际检定、校准中，峰面积、峰高、峰宽、载气流量、标准物质含量认定值、分流比、进样体积等参数的不确定度应该以实际设备状况和测得值进行评定。

十、检定或校准结果的验证

校准结果的验证采用比对法。

用本计量标准装置校准编号为 CN 16493234 的气相色谱仪 FID 检测器对十六烷的检出限，再由具有相同准确度等级计量标准的另外三家单位校准同一台气相色谱仪 FID 检测器测量十六烷的检出限。各实验室的检测限测量结果如下（本单位气相色谱仪 FID 检测器检测限测得值的相对扩展不确定度为 U_{rlab}）。

检定装置	检测限	相对扩展不确定度 U_{rlab}（$k=2$）	平均值 $\bar{y}$	$\|y_{lab} - \bar{y}\|$	$\sqrt{\dfrac{n-1}{n}}U_{rlab}$
本实验室 y_{lab}	7.2pg/s	60%			
1 号实验室 y_1	12.2pg/s	—	10.58pg/s	3.4pg/s	3.8pg/s
2 号实验室 y_2	9.5pg/s	—			
3 号实验室 y_3	13.4pg/s	—			

经计算，校准结果满足 $|y_{lab} - \bar{y}| \leqslant \sqrt{\dfrac{n-1}{n}}U_{rlab}$，故本装置通过验证，符合要求。

十一、结论

　　该检定装置标准器及配套设备齐全，装置稳定可靠，检定结果的测量不确定度评定合理并通过验证，环境条件合格，检定人员具有相应的资格和能力，技术资料齐全有效，规章制度较完善，各项技术指标均符合检定规程和计量标准考核规范的要求，可以开展气相色谱仪的检定工作。

十二、附加说明

示例 3.6　旋光仪及旋光糖量计检定装置

计量标准考核（复查）申请书

［　　］　量标　　　证字第　　　号

计量标准名称　<u>旋光仪及旋光糖量计检定装置</u>

计量标准代码<u>　　　　46516300　　　　</u>

建标单位名称<u>　　　　　　　　　　　　</u>

组织机构代码<u>　　　　　　　　　　　　</u>

单 位 地 址<u>　　　　　　　　　　　　</u>

邮 政 编 码<u>　　　　　　　　　　　　</u>

计量标准负责人及电话<u>　　　　　　　　</u>

计量标准管理部门联系人及电话<u>　　　　</u>

年　　　月　　　日

说　　明

1. 申请新建计量标准考核，建标单位应当提供以下资料：

1）《计量标准考核（复查）申请书》原件一式两份和电子版一份；

2）《计量标准技术报告》原件一份；

3）计量标准器及主要配套设备有效的检定或校准证书复印件一套；

4）开展检定或校准项目的原始记录及相应的模拟检定或校准证书复印件两套；

5）检定或校准人员能力证明复印件一套；

6）可以证明计量标准具有相应测量能力的其他技术资料（如果适用）复印件一套。

2. 申请计量标准复查考核，建标单位应当提供以下资料：

1）《计量标准考核（复查）申请书》原件一式两份和电子版一份；

2）《计量标准考核证书》原件一份；

3）《计量标准技术报告》原件一份；

4）《计量标准考核证书》有效期内计量标准器及主要配套设备连续、有效的检定或校准证书复印件一套；

5）随机抽取该计量标准近期开展检定或校准工作的原始记录及相应的检定或校准证书复印件两套；

6）《计量标准考核证书》有效期内连续的《检定或校准结果的重复性试验记录》复印件一套；

7）《计量标准考核证书》有效期内连续的《计量标准的稳定性考核记录》复印件一套；

8）检定或校准人员能力证明复印件一套；

9）计量标准更换申报表（如果适用）复印件一份；

10）计量标准封存（或撤销）申报表（如果适用）复印件一份；

11）可以证明计量标准具有相应测量能力的其他技术资料（如果适用）复印件一套。

3.《计量标准考核（复查）申请书》采用计算机打印，并使用 A4 纸。

注：新建计量标准申请考核时不必填写"计量标准考核证书号"。

计量标准 名　称	旋光仪及旋光糖量计检定装置				计量标准 考核证书号		
保存地点					计量标准 原值（万元）		
计量标准 类　别	☑ 社会公用 ☑ 计量授权		☐ 部门最高 ☐ 计量授权			☐ 企事业最高 ☐ 计量授权	
测量范围	旋光度：±5°，±17°，±34°，±71.5° 糖度：±15°Z，±50°Z，±100°Z						
不确定度或 准确度等级或 最大允许误差	旋光度：$U=0.003°$（$k=3$） 糖度：$U=0.01°Z$（$k=3$）						

	名　称	型　号	测量范围	不确定度 或准确度等级 或最大允许误差	制造厂及 出厂编号	检定周 期或复 校间隔	末次检 定或校 准日期	检定或校 准机构及 证书号
计量标准器	旋光标准 石英管		旋光度（糖度） 名义值： $-5°$（$-15°Z$） $+5°$（$+15°Z$） $-17°$（$-50°Z$） $+17°$（$+50°Z$） $-34°$（$-100°Z$） $+34°$（$+100°Z$） $-71.5°$ $+71.5°$	旋光度： $U=0.003°$（$k=3$） 糖度： $U=0.01°Z$（$k=3$）		1 年		
主要配套设备	数字温度计		（$-20\sim200$）℃	MPE：±0.1℃		1 年		
	电子秒表		（$0\sim3600$）s	MPE：±0.10s/h		1 年		
	低透过率 模拟器		衰减比 10%	MPE：±10%		1 年		
	低透过率 模拟器		衰减比 1%	MPE：±20%		1 年		

序号	项目	要　求	实际情况	结论
1	环境温度	(15～30)℃	(15～30)℃	合格
2	相对湿度	≤85%	35%～75%	合格
3	电源电压、频率	(220±22)V,(50±1)Hz,并具有良好的接地	(220±22)V,(50±1)Hz,具有良好的接地	合格
4	其他	工作台应稳定,不得有明显的冲击和振动,并不得有强烈电磁场的干扰	工作台稳定,无影响工作的冲击和振动和电磁场的干扰	合格
5	光线要求	实验要遮光,或在暗室、半暗室中进行,以使眼睛能很好地适应暗视场	房间可以遮光成为半暗室	合格
6	通风要求	应通风良好,没有热辐射影响,不应有易燃、易爆物及腐蚀性气体	通风良好,无易燃、易爆物及腐蚀性气体。无影响工作的热辐射	合格
7				
8				

环境条件及设施

姓　名	性别	年龄	从事本项目年限	学　历	能力证明名称及编号	核准的检定或校准项目

检定或校准人员

	序号	名　称	是否具备	备注
文件集登记	1	计量标准考核证书（如果适用）	否	新建
	2	社会公用计量标准证书（如果适用）	否	新建
	3	计量标准考核（复查）申请书	是	
	4	计量标准技术报告	是	
	5	检定或校准结果的重复性试验记录	是	
	6	计量标准的稳定性考核记录	是	
	7	计量标准更换申请表（如果适用）	否	新建
	8	计量标准封存（或撤销）申报表（如果适用）	否	新建
	9	计量标准履历书	是	
	10	国家计量检定系统表（如果适用）	否	无
	11	计量检定规程或计量技术规范	是	
	12	计量标准操作程序	是	
	13	计量标准器及主要配套设备使用说明书（如果适用）	是	
	14	计量标准器及主要配套设备的检定或校准证书	是	
	15	检定或校准人员能力证明	是	
	16	实验室的相关管理制度		
	16.1	实验室岗位管理制度	是	
	16.2	计量标准使用维护管理制度	是	
	16.3	量值溯源管理制度	是	
	16.4	环境条件及设施管理制度	是	
	16.5	计量检定规程或计量技术规范管理制度	是	
	16.6	原始记录及证书管理制度	是	
	16.7	事故报告管理制度	是	
	16.8	计量标准文件集管理制度	是	
	17	开展检定或校准工作的原始记录及相应的检定或校准证书副本	是	
	18	可以证明计量标准具有相应测量能力的其他技术资料（如果适用）		
	18.1	检定或校准结果的不确定度评定报告	是	
	18.2	计量比对报告	否	新建
	18.3	研制或改造计量标准的技术鉴定或验收资料	否	非自研

	名　称	测量范围	不确定度或准确度等级或最大允许误差	所依据的计量检定规程或计量技术规范的编号及名称
开展的检定或校准项目	旋光仪 旋光糖量计	$-180° \sim +180°$ $-20°Z \sim +105°Z$	旋光仪： 0.01 级,0.02 级,0.05 级 旋光糖量计： 0.05 级,0.1 级,0.2 级	JJG 536—2015 《旋光仪及旋光糖量计》

建标单位意见	 负责人签字：　　　　（公章） 　　　　　年　月　日
建标单位 主管部门意见	 （公章） 　　　　　年　月　日
主持考核的 人民政府计量 行政部门意见	 （公章） 　　　　　年　月　日
组织考核的 人民政府计量 行政部门意见	 （公章） 　　　　　年　月　日

计 量 标 准 技 术 报 告

计量标准名称　<u>旋光仪及旋光糖量计检定装置</u>

计量标准负责人<u>　　　　　　　　　　　　　　</u>

建标单位名称<u>　　　　　　　　　　　　　　　</u>

填 写 日 期<u>　　　　　　　　　　　　　　　</u>

目　录

一、建立计量标准的目的 ……………………………………………（161）

二、计量标准的工作原理及其组成 …………………………………（161）

三、计量标准器及主要配套设备 ……………………………………（162）

四、计量标准的主要技术指标 ………………………………………（163）

五、环境条件 …………………………………………………………（163）

六、计量标准的量值溯源和传递框图 ………………………………（164）

七、计量标准的稳定性考核 …………………………………………（165）

八、检定或校准结果的重复性试验 …………………………………（167）

九、检定或校准结果的不确定度评定 ………………………………（170）

十、检定或校准结果的验证 …………………………………………（174）

十一、结论 ……………………………………………………………（175）

十二、附加说明 ………………………………………………………（175）

一、建立计量标准的目的

　　旋光仪是医药、化工、环保、农业、食品等部门分析产品组分、测定物质旋光度、控制产品质量最重要的分析仪器之一。旋光糖量计是以国际糖度标尺刻度的旋光仪。旋光仪及旋光糖量计的计量性能直接影响产品分析结果的准确性，进而影响生产厂家的经济利益和用户的生命安全。该项计量标准的建立，可以满足旋光仪和旋光糖量计的计量需求，保证其量值传递的准确、可靠。

二、计量标准的工作原理及其组成

　　旋光仪及旋光糖量计检定装置由旋光标准石英管、数字温度计、电子秒表和低透过率模拟器组成。其工作原理是用旋光仪及旋光糖量计按照规程要求测量检定装置中的旋光标准石英管，将测得值与参考值进行比较，计算得出示值误差、重复性、稳定性等计量性能。

三、计量标准器及主要配套设备

	名　称	型　号	测量范围	不确定度 或准确度等级 或最大允许误差	制造厂及 出厂编号	检定周 期或复 校间隔	检定或 校准机构
计量标准器	旋光标准 石英管		旋光度（糖度） 名义值： −5°(−15°Z) +5(+15°Z) −17°(−50°Z) +17°(+50°Z) −34°(−100°Z) +34°(+100°Z) −71.5° +71.5°	旋光度： $U = 0.003°(k = 3)$ 糖度： $U = 0.01°Z(k = 3)$		1 年	
主要配套设备	数字温度计		$(-20 \sim 200)℃$	MPE：±0.1℃		1 年	
	电子秒表		$(0 \sim 3600)s$	MPE：±0.10s/h		1 年	
	低透过率 模拟器		衰减比 10%	MPE：±10%		1 年	
	低透过率 模拟器		衰减比 1%	MPE：±20%		1 年	

四、计量标准的主要技术指标

1. 量值范围
   旋光度：±5°，±17°，±34°，±71.5°
   糖度：±15°Z，±50°Z，±100°Z
2. 不确定度
   旋光度：$U = 0.003°$（$k = 3$）
   糖度：$U = 0.01°Z$（$k = 3$）

五、环境条件

序号	项目	要　求	实 际 情 况	结论
1	环境温度	$(15 \sim 30)℃$	$(15 \sim 30)℃$	合格
2	相对湿度	$\leqslant 85\%$	$35\% \sim 75\%$	合格
3	电源电压、频率	$(220 \pm 22)V$，$(50 \pm 1)Hz$，并具有良好的接地	$(220 \pm 22)V$，$(50 \pm 1)Hz$，具有良好的接地	合格
4	其他	工作台应稳定，不得有明显的冲击和振动，并不得有强烈电磁场的干扰	工作台稳定，无影响工作的冲击和振动和电磁场的干扰	合格
5	光线要求	实验要遮光，或在暗室、半暗室中进行，以使眼睛能很好地适应暗视场	房间可以遮光成为半暗室	合格
6	通风要求	应通风良好，没有热辐射影响，不应有易燃、易爆物及腐蚀性气体	通风良好，无易燃、易爆物及腐蚀性气体。无影响工作的热辐射	合格

六、计量标准的量值溯源和传递框图

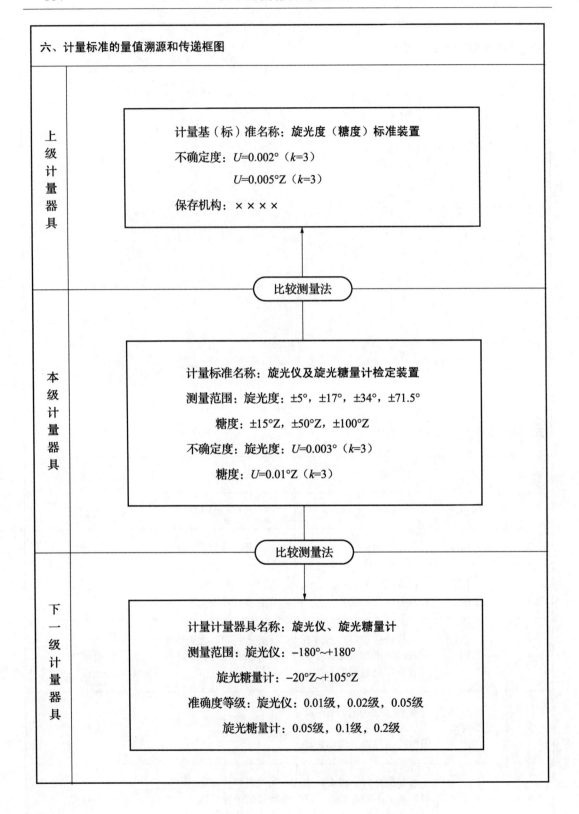

上级计量器具

计量基（标）准名称：旋光度（糖度）标准装置

不确定度：$U=0.002°$（$k=3$）

$U=0.005°Z$（$k=3$）

保存机构：××××

比较测量法

本级计量器具

计量标准名称：**旋光仪及旋光糖量计检定装置**

测量范围：旋光度：$±5°$，$±17°$，$±34°$，$±71.5°$

糖度：$±15°Z$，$±50°Z$，$±100°Z$

不确定度：旋光度：$U=0.003°$（$k=3$）

糖度：$U=0.01°Z$（$k=3$）

比较测量法

下一级计量器具

计量计量器具名称：旋光仪、旋光糖量计

测量范围：旋光仪：$-180°\sim+180°$

旋光糖量计：$-20°Z\sim+105°Z$

准确度等级：旋光仪：0.01级，0.02级，0.05级

旋光糖量计：0.05级，0.1级，0.2级

七、计量标准的稳定性考核

旋光仪及旋光糖量计检定装置的稳定性考核记录

名称	旋光标准石英管			
编号	1			
考核时间	2017 年 1 月 9 日	2017 年 2 月 27 日	2017 年 4 月 19 日	2017 年 6 月 15 日
上级法定计量检定机构检定数据	4.826°	4.826°	4.825°	4.825°
允许变化量	0.002°			
最大变化量 $y_{max}-y_{min}$	0.001°			
结论	符合要求			
名称	旋光标准石英管			
编号	2			
考核时间	2017 年 1 月 9 日	2017 年 2 月 27 日	2017 年 4 月 19 日	2017 年 6 月 15 日
上级法定计量检定机构检定数据	−5.199°	−5.198°	−5.199°	−5.198°
允许变化量	0.002°			
最大变化量 $y_{max}-y_{min}$	0.001°			
结论	符合要求			
名称	旋光标准石英管			
编号	3			
考核时间	2017 年 1 月 9 日	2017 年 2 月 27 日	2017 年 4 月 19 日	2017 年 6 月 15 日
上级法定计量检定机构检定数据	17.235°	17.234°	17.235°	17.235°
允许变化量	0.002°			
最大变化量 $y_{max}-y_{min}$	0.001°			
结论	符合要求			
名称	旋光标准石英管			
编号	4			
考核时间	2017 年 1 月 9 日	2017 年 2 月 27 日	2017 年 4 月 19 日	2017 年 6 月 15 日
上级法定计量检定机构检定数据	−17.611°	−17.610°	−17.610°	−17.611°
允许变化量	0.002°			
最大变化量 $y_{max}-y_{min}$	0.001°			
结论	符合要求			

名称	旋光标准石英管			
编号	5			
考核时间	2017 年 1 月 9 日	2017 年 2 月 27 日	2017 年 4 月 19 日	2017 年 6 月 15 日
上级法定计量检定机构检定数据	34.911°	34.912°	34.912°	34.912°
允许变化量	0.002°			
最大变化量 $y_{max} - y_{min}$	0.001°			
结论	符合要求			
名称	旋光标准石英管			
编号	6			
考核时间	2017 年 1 月 9 日	2017 年 2 月 27 日	2017 年 4 月 19 日	2017 年 6 月 15 日
上级法定计量检定机构检定数据	−34.759°	−34.760°	−34.760°	−34.760°
允许变化量	0.002°			
最大变化量 $y_{max} - y_{min}$	0.001°			
结论	符合要求			
名称	旋光标准石英管			
编号	7			
考核时间	2017 年 1 月 9 日	2017 年 2 月 27 日	2017 年 4 月 19 日	2017 年 6 月 15 日
上级法定计量检定机构检定数据	71.258°	71.259°	71.259°	71.259°
允许变化量	0.002°			
最大变化量 $y_{max} - y_{min}$	0.001°			
结论	符合要求			
名称	旋光标准石英管			
编号	8			
考核时间	2017 年 1 月 9 日	2017 年 2 月 27 日	2017 年 4 月 19 日	2017 年 6 月 15 日
上级法定计量检定机构检定数据	−71.362°	−71.362°	−71.363°	−71.363°
允许变化量	0.002°			
最大变化量 $y_{max} - y_{min}$	0.001°			
结论	符合要求			

八、检定或校准结果的重复性试验

1. 旋光标准石英管（1 号、2 号）

试验时间	2017 年 6 月 22 日			2017 年 6 月 22 日		
被测对象	名称	型号	编号	名称	型号	编号
	自动旋光仪	WZZ-2A	100437	自动旋光仪	WZZ-2A	100437
测量条件	环境温度:20℃;相对湿度:56% 。在重复性测量条件下，用被测对象对编号为 1 的旋光标准石英管进行重复测量			环境温度:20℃;相对湿度:56% 。在重复性测量条件下，用被测对象对编号为 2 的旋光标准石英管进行重复测量		
测量次数	测得值/(°)			测得值/(°)		
1	4.825			−5.195		
2	4.825			−5.195		
3	4.825			−5.190		
4	4.830			−5.190		
5	4.825			−5.190		
6	4.830			−5.195		
7	4.825			−5.195		
8	4.825			−5.195		
9	4.830			−5.195		
10	4.830			−5.190		
$\bar{y}$	4.827			−5.193		
$s(y_i)=\sqrt{\dfrac{\sum\limits_{i=1}^{n}(y_i-\bar{y})^2}{n-1}}$	0.0026°			0.0026°		
结　　论	—			—		
试验人员	×××			×××		

2. 旋光标准石英管（3 号、4 号）

试验时间	2017 年 6 月 22 日			2017 年 6 月 22 日		
被测对象	名称	型号	编号	名称	型号	编号
	自动旋光仪	WZZ-2A	100437	自动旋光仪	WZZ-2A	100437
测量条件	环境温度:20℃;相对湿度:56% 。在重复性测量条件下，用被测对象对编号为 3 的旋光标准石英管进行重复测量			环境温度:20℃;相对湿度:56% 。在重复性测量条件下，用被测对象对编号为 4 的旋光标准石英管进行重复测量		
测量次数	测得值/(°)			测得值/(°)		
1	17. 230			− 17. 615		
2	17. 230			− 17. 620		
3	17. 235			− 17. 620		
4	17. 235			− 17. 615		
5	17. 235			− 17. 620		
6	17. 230			− 17. 620		
7	17. 230			− 17. 615		
8	17. 230			− 17. 615		
9	17. 230			− 17. 620		
10	17. 230			− 17. 620		
$\bar{y}$	17. 232			− 17. 618		
$s(y_i) = \sqrt{\dfrac{\sum_{i=1}^{n}(y_i - \bar{y})^2}{n-1}}$	0. 0024°			0. 0026°		
结　论	—			—		
试验人员	× × ×			× × ×		

3. 旋光标准石英管（5 号、6 号）

试验时间	2017 年 6 月 22 日			2017 年 6 月 22 日		
被测对象	名称	型号	编号	名称	型号	编号
	自动旋光仪	WZZ-2A	100437	自动旋光仪	WZZ-2A	100437
测量条件	环境温度:20℃;相对湿度:56%。在重复性测量条件下，用被测对象对编号为 5 的旋光标准石英管进行重复测量			环境温度:20℃;相对湿度:56%。在重复性测量条件下，用被测对象对编号为 6 的旋光标准石英管进行重复测量		
测量次数	测得值/(°)			测得值/(°)		
1	34.915			−34.765		
2	34.915			−34.765		
3	34.915			−34.765		
4	34.920			−34.765		
5	34.920			−34.760		
6	34.915			−34.760		
7	34.915			−34.765		
8	34.915			−34.765		
9	34.915			−34.765		
10	34.915			−34.765		
$\bar{y}$	34.916			−34.764		
$s(y_i)=\sqrt{\dfrac{\sum_{i=1}^{n}(y_i-\bar{y})^2}{n-1}}$	0.0021°			0.0021°		
结 论	—			—		
试验人员	×××			×××		

九、检定或校准结果的不确定度评定

1　测量方法

依据 JJG 536—2015《旋光仪及旋光糖量计》中仪器示值误差的检定方法，测量旋光度或糖度示值误差。

2　测量模型

仪器为 589.4400nm 单色光源，按式（1）和式（2）计算旋光度或糖度示值误差：

$$\delta_i = \alpha_i - \alpha^{t_i} \tag{1}$$

$$\alpha^{t_i} = \alpha^{20℃}\left[1 + 0.000144(t_i - 20)\right] \tag{2}$$

式中：δ_i——旋光度或糖度示值误差，（°）或°Z；

α_i——在测量温度 t_i 下被测仪器的旋光度或糖度示值，（°）或°Z；

α^{t_i}——在测量温度 t_i 下旋光标准石英管的旋光度或糖度，（°）或°Z；

$\alpha^{20℃}$——20℃时旋光标准石英管的旋光度或糖度参考值，（°）或°Z；

t_i——测量时旋光标准石英管的温度，℃。

3　合成方差和灵敏系数

根据测量模型，由于各输入量彼此独立不相关，则旋光度的合成方差为

$$u_c^2(\delta_i) = c_1^2 u^2(\alpha_i) + c_2^2 u^2(\alpha^{t_i}) \tag{3}$$

式中：$c_1 = \dfrac{\partial(\delta_i)}{\partial(\alpha_i)} = 1$；$c_2 = \dfrac{\partial(\delta_i)}{\partial(\alpha^{t_i})} = -1$。

根据测量模型，由于各输入量彼此独立不相关，则糖度的合成标准不确定度为

$$u_c^2(\alpha^{t_i}) = c_3^2 u^2(\alpha^{20℃}) + c_4^2 u^2(t_i) \tag{4}$$

式中：$c_3 = \dfrac{\partial(\alpha^{t_i})}{\partial(\alpha^{20℃})} = 1 + 0.000144(t_i - 20)$；$c_4 = \dfrac{\partial(\alpha^{t_i})}{\partial(t_i)} = 0.000144\alpha^{20℃}$。

4　各输入量的标准不确定度分量评定

某旋光仪测量旋光度名义值为 $-34°$ 的旋光标准石英管时的示值误差见表1。

表1

温度 ℃	仪器示值 （°）	仪器零点 （°）	测得值 （°）	测量温度下旋光标准石英管的旋光度 （°）	每次测量的旋光度示值误差 （°）	6次测量的旋光度示值误差 （°）	重复性 （°）
31.07	−34.820	0.000	−34.820	−34.814	−0.006		
31.09	−34.820	0.000	−34.820	−34.815	−0.005		
31.10	−34.820	0.000	−34.820	−34.815	−0.005	−0.006	0.002
31.13	−34.820	0.000	−34.820	−34.815	−0.005		
31.14	−34.825	0.000	−34.825	−34.815	−0.010		
31.16	−34.820	0.000	−34.820	−34.815	−0.005		

4.1　在测量温度 t_i（℃）下旋光标准石英管旋光度的标准不确定度 $u(\alpha^{t_i})$

根据测量模型，在测量温度 t_i（℃）下旋光标准石英管旋光度的标准不确定度由旋光标准石英管在 20℃时的旋光度参考值引入的标准不确定度 $u(\alpha^{20℃})$ 和旋光标准石英管温度测量引入的标准不确定度 $u(t_i)$ 合成。

4.1.1　旋光标准石英管在 20℃时的旋光度参考值引入的标准不确定度 $u(\alpha^{20℃})$

根据旋光标准石英管的溯源证书，20℃时其旋光度参考值 – 34.759°的扩展不确定为 $U = 0.003°$（$k = 3$），则

$$u(\alpha^{20℃}) = \frac{0.003}{3} = 0.001°$$

4.1.2　旋光标准石英管温度测量引入的标准不确定度 $u(t_i)$

影响旋光标准石英管温度测量的因素有数字温度计测温误差和间接温度测量方法误差。

（1）数字温度计测温误差引入的标准不确定度 $u(t_1)$

数字温度计最大允许误差为 ±0.1℃，假定温度输入量的误差服从均匀分布，由数字温度计所引入的标准不确定度分量为

$$u(t_1) = \frac{0.1}{\sqrt{3}} = 0.06℃$$

（2）间接温度测量方法误差引入的标准不确定度分量 $u(t_2)$

检定过程中实际要求测量石英片的温度，而温度计测量管体温度为间接测温。查文献可知测温方法的影响为 ±0.18℃，假定其服从均匀分布，则由测温方法引入的标准不确定度分量为

$$u(t_2) = \frac{0.18}{\sqrt{3}} = 0.10℃$$

上述两项标准不确定度分量合成得

$$u(t_i) = \sqrt{u^2(t_1) + u^2(t_2)} = \sqrt{0.06^2 + 0.10^2} = 0.12℃$$

4.1.3　合成标准不确定度计算

各标准不确定度分量汇总见表2。

表2

符号	不确定度来源	标准不确定度 $u(x_i)$	灵敏系数 c_i	$\lvert c_i \rvert u(x_i)$
$u(\alpha^{20℃})$	旋光标准石英管在 20℃时的旋光度参考值	0.001°	1.001594	0.001002°
			1.001597	0.001002°
			1.001598	0.001002°
			1.001603	0.001002°
			1.001604	0.001002°
			1.001607	0.001002°
$u(t_i)$	旋光标准石英管温度测量	0.12℃	– 0.005005°/℃	0.000601°

合成标准不确定度为

$$u_c(\alpha^{t_i}) = \sqrt{c_3^2 u^2(\alpha^{20℃}) + c_4^2 u^2(t_i)}$$

计算结果见表3。

表 3

温度 ℃	旋光标准石英管在20℃时的 旋光度参考值 (°)	测量温度下旋光标准 石英管的旋光度 (°)	测量温度下旋光标准石英 管旋光度的标准不确定度 (°)
31.07		−34.814	0.001168
31.09		−34.815	0.001168
31.10		−34.815	0.001168
31.13	−34.759	−34.815	0.001168
31.14		−34.815	0.001168
31.16		−34.815	0.001168

4.2　每次测量的旋光度示值误差的标准不确定度 $u(\delta_i)$

根据测量模型，每次测量的旋光度示值误差的标准不确定度由旋光度测得值引入的标准不确定度 $u(\alpha_i)$ 和测量温度下旋光标准石英管旋光度引入的标准不确定度 $u(\alpha^{t_i})$ 合成。

4.2.1　旋光度测得值引入的标准不确定度 $u(\alpha_i)$

旋光度测得值引入的标准不确定度来源于仪器分辨力。当仪器分辨力为 0.001°时，则

$$u(\alpha_i) = 0.29 \times 0.001 = 0.00029°$$

4.2.2　测量温度下旋光标准石英管旋光度引入的标准不确定度 $u(\alpha^{t_i})$

详见表 3。

4.2.3　合成标准不确定度计算

各标准不确定度分量汇总见表 4。

表 4

符　号	不确定度来源	标准不确定度 $u(x_i)$	灵敏系数 c_i	$|c_i|u(x_i)$
$u(\alpha_i)$	旋光度测得值	0.00029°	1	0.00029°
$u(\alpha^{t_i})$	测量温度下旋光标准 石英管旋光度	0.001168° 0.001168° 0.001168° 0.001168° 0.001168° 0.001168°	−1	0.001168° 0.001168° 0.001168° 0.001168° 0.001168° 0.001168°

合成标准不确定度为

$$u_c(\delta_i) = \sqrt{c_1^2 u^2(\alpha_i) + c_2^2 u^2(\alpha^{t_i})}$$

计算结果见表 5。

表 5

温度℃	测得值 (°)	测量温度下旋光标准 石英管的旋光度 (°)	每次测量的旋光度 示值误差 (°)	每次测量的旋光度示值 误差的标准不确定度 (°)
31.07	−34.820	−34.814	−0.006	0.001203

温度℃	测得值 (°)	测量温度下旋光标准 石英管的旋光度 (°)	每次测量的旋光度 示值误差 (°)	每次测量的旋光度示值 误差的标准不确定度 (°)
31.09	-34.820	-34.815	-0.005	0.001203
31.10	-34.820	-34.815	-0.005	0.001203
31.13	-34.820	-34.815	-0.005	0.001203
31.14	-34.825	-34.815	-0.010	0.001203
31.16	-34.820	-34.815	-0.005	0.001203

4.3　示值误差的标准不确定度 $u(\Delta\delta)$

　　根据规程要求，取每次测量的旋光度示值误差 δ_i 的算术平均值为旋光仪测量某一旋光标准石英管的示值误差，所以示值误差的标准不确定度由每次测量的旋光度示值误差的标准不确定度 $u(\delta_i)$ 和 6 次测量的旋光度示值误差平均值的标准不确定度 $u(\overline{\delta_i})$ 合成。

4.3.1　每次测量的旋光度示值误差引入的标准不确定度 $u(\delta_i)$

　　由表 5 可知，$u(\delta_i) = 0.001203°$。

4.3.2　6 次测量的旋光度示值误差平均值引入的标准不确定度 $u(\overline{\delta_i})$

　　6 次测量的旋光度示值误差分别为：-0.006°，-0.005°，-0.005°，-0.005°，-0.010°，-0.005°，则标准偏差 s 为

$$s = \sqrt{\frac{\sum_{i=1}^{n}(\delta_i - \overline{\delta})^2}{n-1}} = 0.0020°$$

　　故

$$u(\overline{\delta_i}) = \frac{s}{\sqrt{n}} = 0.0008°$$

4.3.3　合成标准不确定度计算

$$u_c(\Delta\delta) = \sqrt{u^2(\delta_i) + u^2(\overline{\delta_i})} = \sqrt{0.001203^2 + 0.0008^2} = 0.0014°$$

5　扩展不确定度评定

　　某旋光仪测量旋光度名义值为 -34° 点的示值误差为 -0.006°，取包含因子 $k=2$，包含概率约为 95%，则扩展不确定度为

$$U = k \cdot u_c(\Delta\delta) = 2 \times 0.0014 = 0.0028°$$

　　取 $U = 0.003°$（$k=2$）。

十、检定或校准结果的验证

采用比对法对校准结果进行验证。

用本计量标准装置校准一台型号为 WZZ-2A、编号为 100437 的自动旋光仪，再由具有相同准确度等级计量标准的另外三家单位校准同一台自动旋光仪。各实验室的测量结果如下（经本计量标准装置校准的示值误差的扩展不确定度为 U_{lab}）。

检定装置	示值误差	扩展不确定度 U_{lab} （$k=2$）	平均值 $\bar{y}$	$\lvert y_{lab} - \bar{y} \rvert$	$\sqrt{\dfrac{n-1}{n}} U_{lab}$
本实验室 y_{lab}	$-0.006°$	$0.003°$			
1 号实验室 y_1	$-0.007°$	—			
2 号实验室 y_2	$-0.006°$	—	$-0.0068°$	$0.0008°$	$0.0026°$
3 号实验室 y_3	$-0.008°$	—			

经计算，校准结果满足 $\lvert y_{lab} - \bar{y} \rvert \leqslant \sqrt{\dfrac{n-1}{n}} U_{lab}$，故本装置通过验证，符合要求。

十一、结论

  该检定装置标准器及配套设备齐全，装置稳定可靠，检定结果的测量不确定度评定合理并通过验证，环境条件合格，检定人员具有相应的资格和能力，技术资料齐全有效，规章制度较完善，各项技术指标均符合检定规程和计量标准考核规范的要求，可以开展旋光仪及旋光糖量计的检定工作。

十二、附加说明

示例 3.7 总有机碳分析仪检定装置

计量标准考核（复查）申请书

[ ] 量标 证字第 号

计量标准名称___**总有机碳分析仪检定装置**___

计量标准代码_____**46113615**_____

建标单位名称_____

组织机构代码_____

单 位 地 址_____

邮 政 编 码_____

计量标准负责人及电话_____

计量标准管理部门联系人及电话_____

年　　月　　日

说　　明

1. 申请新建计量标准考核，建标单位应当提供以下资料：

1）《计量标准考核（复查）申请书》原件一式两份和电子版一份；

2）《计量标准技术报告》原件一份；

3）计量标准器及主要配套设备有效的检定或校准证书复印件一套；

4）开展检定或校准项目的原始记录及相应的模拟检定或校准证书复印件两套；

5）检定或校准人员能力证明复印件一套；

6）可以证明计量标准具有相应测量能力的其他技术资料（如果适用）复印件一套。

2. 申请计量标准复查考核，建标单位应当提供以下资料：

1）《计量标准考核（复查）申请书》原件一式两份和电子版一份；

2）《计量标准考核证书》原件一份；

3）《计量标准技术报告》原件一份；

4）《计量标准考核证书》有效期内计量标准器及主要配套设备连续、有效的检定或校准证书复印件一套；

5）随机抽取该计量标准近期开展检定或校准工作的原始记录及相应的检定或校准证书复印件两套；

6）《计量标准考核证书》有效期内连续的《检定或校准结果的重复性试验记录》复印件一套；

7）《计量标准考核证书》有效期内连续的《计量标准的稳定性考核记录》复印件一套；

8）检定或校准人员能力证明复印件一套；

9）计量标准更换申报表（如果适用）复印件一份；

10）计量标准封存（或撤销）申报表（如果适用）复印件一份；

11）可以证明计量标准具有相应测量能力的其他技术资料（如果适用）复印件一套。

3.《计量标准考核（复查）申请书》采用计算机打印，并使用 A4 纸。

注：新建计量标准申请考核时不必填写"计量标准考核证书号"。

计量标准 名　称	总有机碳分析仪检定装置				计量标准 考核证书号		
保存地点					计量标准 原值（万元）		
计量标准 类　别	☑ 社会公用 ☑ 计量授权		□ 部门最高 □ 计量授权		□ 企事业最高 □ 计量授权		
测量范围	水中无机碳溶液标准物质（认定值）：1000mg/L 水中总有机碳溶液标准物质（认定值）：1000mg/L						
不确定度或 准确度等级或 最大允许误差	$U_{rel}=2\%$　（$k=2$）						

	名　称	型　号	测量范围	不确定度 或准确度等级 或最大允许误差	制造厂及 出厂编号	检定周 期或复 校间隔	末次检 定或校 准日期	检定或校 准机构及 证书号
计量标准器	水中无机碳溶液标准物质	GBW(E) 082054	1000mg/L	$U_{rel}=2\%$（$k=2$）		5年		
	水中总有机碳溶液标准物质	GBW(E) 082053	1000mg/L	$U_{rel}=2\%$（$k=2$）		5年		
主要配套设备	单标线容量瓶		100mL	A级		3年		
	单标线吸量管		(0~10)mL	A级		3年		
	绝缘电阻表		(0~500)MΩ	10级		1年		
	智能耐压测试仪		(0~5)kV	5级		1年		

	序号	项目	要　　求	实 际 情 况	结论
环境条件及设施	1	环境温度	(20±10)℃	(20±10)℃	合格
	2	相对湿度	≤85%	20%~80%	合格
	3	电压	(220±22)V	(220±22)V	合格
	4	工作间	工作台应平稳，无强光直射，无电磁场的干扰，无振动	工作台稳定，无强光直射，无影响工作的振动和电磁场干扰	合格
	5	通风要求	应通风良好，空气清新	通风良好，空气清新	合格
	6				
	7				
	8				

	姓　名	性别	年龄	从事本项目年限	学　历	能力证明名称及编号	核准的检定或校准项目
检定或校准人员							

	序号	名　称	是否具备	备注
文件集登记	1	计量标准考核证书（如果适用）	否	新建
	2	社会公用计量标准证书（如果适用）	否	新建
	3	计量标准考核（复查）申请书	是	
	4	计量标准技术报告	是	
	5	检定或校准结果的重复性试验记录	是	
	6	计量标准的稳定性考核记录	是	
	7	计量标准更换申报表（如果适用）	否	新建
	8	计量标准封存（或撤销）申报表（如果适用）	否	新建
	9	计量标准履历书	是	
	10	国家计量检定系统表（如果适用）	否	无
	11	计量检定规程或计量技术规范	是	
	12	计量标准操作程序	是	
	13	计量标准器及主要配套设备使用说明书（如果适用）	是	
	14	计量标准器及主要配套设备的检定或校准证书	是	
	15	检定或校准人员能力证明	是	
	16	实验室的相关管理制度		
	16.1	实验室岗位管理制度	是	
	16.2	计量标准使用维护管理制度	是	
	16.3	量值溯源管理制度	是	
	16.4	环境条件及设施管理制度	是	
	16.5	计量检定规程或计量技术规范管理制度	是	
	16.6	原始记录及证书管理制度	是	
	16.7	事故报告管理制度	是	
	16.8	计量标准文件集管理制度	是	
	17	开展检定或校准工作的原始记录及相应的检定或校准证书副本	是	
	18	可以证明计量标准具有相应测量能力的其他技术资料（如果适用）		
	18.1	检定或校准结果的不确定度评定报告	是	
	18.2	计量比对报告	否	新建
	18.3	研制或改造计量标准的技术鉴定或验收资料	否	非自研

	名　称	测量范围	不确定度或准确度 等级或最大允许误差	所依据的计量检定规程 或计量技术规范的编号及名称
开展的检定或校准项目	总有机碳 分析仪	无机碳： （0～1000）mg/L 有机碳： （0～1000）mg/L	无机碳： 　MPE：±4% 有机碳： 　MPE：±5%	JJG 821—2005 《总有机碳分析仪》

建标单位意见	负责人签字：　　　　　　（公章） 　　　年　　月　　日
建标单位 主管部门意见	（公章） 　　　年　　月　　日
主持考核的 人民政府计量 行政部门意见	（公章） 　　　年　　月　　日
组织考核的 人民政府计量 行政部门意见	（公章） 　　　年　　月　　日

计 量 标 准 技 术 报 告

计量标准名称　**总有机碳分析仪检定装置**

计量标准负责人＿＿＿＿＿＿＿＿＿＿＿＿＿＿＿＿

建标单位名称＿＿＿＿＿＿＿＿＿＿＿＿＿＿＿＿

填 写 日 期＿＿＿＿＿＿＿＿＿＿＿＿＿＿＿＿

目　录

一、建立计量标准的目的　···（185）

二、计量标准的工作原理及其组成　·································（185）

三、计量标准器及主要配套设备　·································（186）

四、计量标准的主要技术指标　·····································（187）

五、环境条件　··（187）

六、计量标准的量值溯源和传递框图　·························（188）

七、计量标准的稳定性考核　···（189）

八、检定或校准结果的重复性试验　·····························（190）

九、检定或校准结果的不确定度评定　·························（191）

十、检定或校准结果的验证　···（193）

十一、结论　··（194）

十二、附加说明　··（194）

一、建立计量标准的目的

总有机碳分析仪用于测量液体或固体状态样品中的碳含量，广泛应用于自来水厂、饮用水生产企业、环保部门等。建立总有机碳分析仪检定装置就是对总有机碳分析仪进行量值传递，从而确保总有机碳分析仪在测定总有机碳时数据准确可靠。

二、计量标准的工作原理及其组成

总有机碳分析仪检定装置采用直接比较法检定总有机碳分析仪。即根据 JJG 821—2005《总有机碳分析仪》规定的方法用总有机碳分析仪直接测量有机碳和无机碳标准物质，将仪器示值与有机碳和无机碳参考值直接比较，计算出仪器示值误差、重复性等计量性能。

总有机碳分析仪检定、校准的计量标准器是水中无机碳溶液标准物质和水中总有机碳溶液标准物质，主要配套设备有玻璃量器、绝缘电阻表和耐压测试仪等。

三、计量标准器及主要配套设备

	名 称	型 号	测量范围	不确定度或准确度等级或最大允许误差	制造厂及出厂编号	检定周期或复校间隔	检定或校准机构
计量标准器	水中无机碳溶液标准物质	GBW(E)082054	1000mg/L	$U_{rel} = 2\%$ ($k = 2$)		5 年	
	水中总有机碳溶液标准物质	GBW(E)082053	1000mg/L	$U_{rel} = 2\%$ ($k = 2$)		5 年	
主要配套设备	单标线容量瓶		100mL	A 级		3 年	
	单标线吸量管		(0~10)mL	A 级		3 年	
	绝缘电阻表		(0~500)MΩ	10 级		1 年	
	智能耐压测试仪		(0~5)kV	5 级		1 年	

四、计量标准的主要技术指标

　　量值范围：水中无机碳溶液标准物质（认定值）：1000mg/L
　　　　　　　水中总有机碳溶液标准物质（认定值）：1000mg/L
　　不确定度：$U_{rel} = 2\%$　（$k = 2$）

五、环境条件

序号	项目	要　　求	实际情况	结论
1	环境温度	$(20 \pm 10)℃$	$(20 \pm 10)℃$	合格
2	相对湿度	≤85%	20%~80%	合格
3	电压	$(220 \pm 22)V$	$(220 \pm 22)V$	合格
4	工作间	工作台应平稳，无强光直射，无电磁场的干扰，无振动	工作台稳定，无强光直射，无影响工作的振动和电磁场干扰	合格
5	通风要求	应通风良好，空气清新	通风良好，空气清新	合格
6				

六、计量标准的量值溯源和传递框图

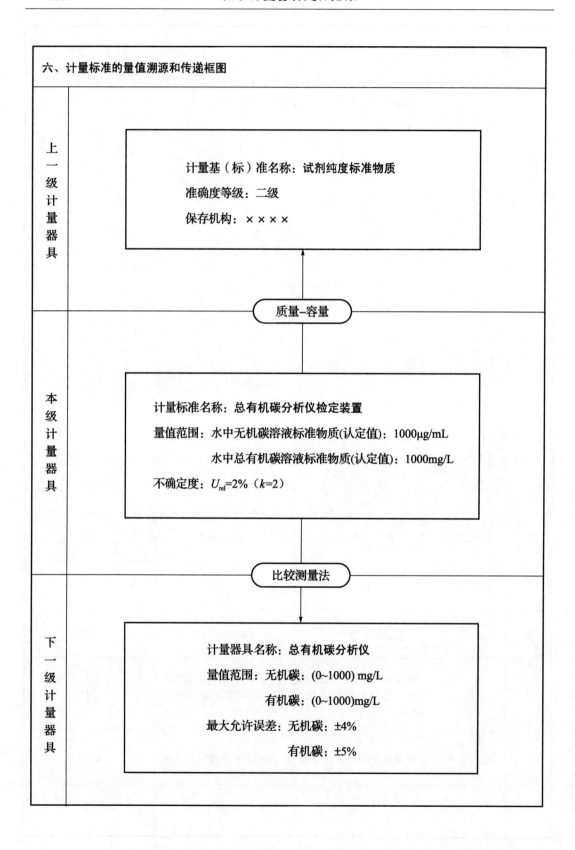

上一级计量器具

计量基（标）准名称：试剂纯度标准物质

准确度等级：二级

保存机构：×××

质量–容量

本级计量器具

计量标准名称：总有机碳分析仪检定装置

量值范围：水中无机碳溶液标准物质(认定值)：1000μg/mL

水中总有机碳溶液标准物质(认定值)：1000mg/L

不确定度：U_{rel}=2%（k=2）

比较测量法

下一级计量器具

计量器具名称：**总有机碳分析仪**

量值范围：无机碳：(0~1000) mg/L

有机碳：(0~1000)mg/L

最大允许误差：无机碳：±4%

有机碳：±5%

七、计量标准的稳定性考核

总有机碳分析仪检定装置的计量标准器是水中无机碳溶液标准物质和水中总有机碳溶液标准物质，按照 JJF 1033—2016 中 4.2.3 的规定，有效期内的有证标准物质可不进行稳定性考核。

八、检定或校准结果的重复性试验

总有机碳分析仪检定装置的检定或校准结果的重复性试验记录

试验时间	2017 年 5 月 23 日		
被测对象	名称	型号	编号
	总有机碳分析仪	MultiN/C 3100	N3-945/P
测量条件	环境温度:23℃;相对湿度:56%。在重复性测量条件下,重复测量认定值 50.0mg/L 的有机碳溶液标准物质 10 次	环境温度:23℃;相对湿度:56%。在重复性测量条件下,重复测量认定值 50.0mg/L 的无机碳溶液标准物质 10 次	
测量次数	测得值/(mg/L)	测得值/(mg/L)	
1	50.6	51.2	
2	50.9	50.6	
3	51.0	50.8	
4	50.7	50.9	
5	50.8	50.5	
6	50.5	50.4	
7	51.2	50.7	
8	50.7	50.5	
9	50.8	50.9	
10	50.8	50.6	
$\bar{y}$	50.80	50.71	
$s(y_i)=\sqrt{\dfrac{\sum\limits_{i=1}^{n}(y_i-\bar{y})^2}{n-1}}$	0.20mg/L	0.24mg/L	
结　论	—	—	
试验人员	×××	×××	

九、检定或校准结果的不确定度评定

1　测量方法

总有机碳分析仪示值误差采用直接测量法进行检测。用总有机碳分析仪直接测量标准物质，将仪器示值和参考值进行比较，即可以得到仪器的示值误差。设被检仪器的量程为$(0 \sim 100)$mg/L，检定点：20，50，80mg/L。

2　测量模型

$$\Delta\rho = \frac{\bar{\rho} - \rho_n}{\rho_n} \times 100\% = \left(\frac{\bar{\rho}}{\rho_n} - 1\right) \times 100\% \tag{1}$$

式中：$\Delta\rho$——仪器示值误差,%；

$\bar{\rho}$——仪器3次测得值的平均值，mg/L；

ρ_n——总有机碳溶液标准物质的参考值，mg/L。

3　不确定度来源分析

由测量方法和测量模型可知，不确定度的主要来源为总有机碳溶液标准物质定值不确定度和测量重复性引入的不确定度等。被测量的测量模型中各输入量是相乘关系，各输入量彼此独立不相关，可由输入量的相对标准不确定度计算输出量的相对标准不确定度，故合成标准不确定度为

$$u_{c.rel}(\Delta\rho) = \sqrt{u_{rel}^2(\bar{\rho}) + u_{rel}^2(\rho_n)} \tag{2}$$

4　各输入量的标准不确定度分量评定

4.1　测量重复性引入的相对标准不确定度 $u_{rel}(\bar{\rho})$

某总有机碳分析仪有机碳示值误差测量结果见表1。

表1

量程范围/(mg/L)	$0 \sim 100$		
有机碳参考值/(mg/L)	20	50	80
有机碳测得值/(mg/L)	20.3	50.6	79.5
	20.5	50.9	79.8
	20.5	51.0	78.9
测得值的平均值/(mg/L)	20.43	50.83	79.40
相对示值误差/%	2.2	1.7	-0.8

由于每个点重复测量3次，故按极差法计算测量重复性引入的相对标准不确定度为

$$u_{rel}(\bar{\rho}) = \frac{\rho_{max} - \rho_{min}}{1.69 \times \sqrt{3} \times \rho} \times 100\%$$

由测量重复性引入的相对标准不确定度计算结果见表2。

表2

量程范围/(mg/L)	$0 \sim 100$		
有机碳参考值/(mg/L)	20	50	80
测得值的平均值/(mg/L)	20.43	50.83	79.40
测量重复性引入的相对标准不确定度 $u_{rel}(\bar{\rho})$/%	0.338	0.270	0.173

4.2　碳含量标准溶液 ρ_n 的相对标准不确定度 $u_{rel}(\rho_n)$

　　检定用碳含量标准溶液由标准物质稀释得到，影响其标准不确定度的因素有溶液标准物质认定值的不确定度、稀释过程及容量量器引入的不确定度。碳溶液标准物质认定值的相对扩展不确定度为 2%（$k=2$），则碳溶液标准物质认定值的相对标准不确定度为 1%。制备工作用碳标准溶液由高浓度碳溶液标准物质稀释，使用单标线吸量管及单标线容量瓶定容配制而成。稀释标准溶液合成，各分量均为均匀分布。配制 20，50，80mg/L 浓度标准溶液，分别使用 2，5，10mL 单标线吸量管一次及 100mL 容量瓶一次。2，5，10mL 单标线吸量管的允许误差分别是：±0.010，±0.015，±0.020mL，设其服从均匀分布，则引入的相对标准不确定度分别为：0.29%，0.18%，0.12%。100mL 容量瓶的允许误差 ±0.1mL，相对标准不确定度为 0.058%。则 20，50，80mg/L 碳含量浓度标准溶液的相对标准不确定度分别为

$$u_{rel}(\rho_{n.20}) = \sqrt{(1\%)^2 + (0.29\%)^2 + (0.058\%)^2} = 1.05\%$$

$$u_{rel}(\rho_{n.50}) = \sqrt{(1\%)^2 + (0.18\%)^2 + (0.058\%)^2} = 1.02\%$$

$$u_{rel}(\rho_{n.80}) = \sqrt{(1\%)^2 + (0.12\%)^2 + (0.058\%)^2} = 1.01\%$$

5　合成标准不确定度计算

　　各相对标准不确定度分量汇总见表3。

表3

符号	不确定度来源	相对标准不确定度值
$u_{rel}(\rho_n)$	标准物质	$u_{rel}(\rho_{n.20}) = 1.05\%$
		$u_{rel}(\rho_{n.50}) = 1.02\%$
		$u_{rel}(\rho_{n.80}) = 1.01\%$
$u_{rel}(\bar{\rho})$	测量重复性	$u_{rel}(\bar{\rho}_{20}) = 0.338\%$
		$u_{rel}(\bar{\rho}_{50}) = 0.270\%$
		$u_{rel}(\bar{\rho}_{80}) = 0.173\%$

　　合成相对标准不确定度为

$$u_{c.rel}(\Delta\rho_{20}) = \sqrt{u_{rel}^2(\bar{\rho}_{20}) + u_{rel}^2(\rho_{n.20})} = \sqrt{(0.338\%)^2 + (1.05\%)^2} = 1.11\%$$

$$u_{c.rel}(\Delta\rho_{50}) = \sqrt{u_{rel}^2(\bar{\rho}_{50}) + u_{rel}^2(\rho_{n.50})} = \sqrt{(0.270\%)^2 + (1.02\%)^2} = 1.06\%$$

$$u_{c.rel}(\Delta\rho_{80}) = \sqrt{u_{rel}^2(\bar{\rho}_{80}) + u_{rel}^2(\rho_{n.80})} = \sqrt{(0.173\%)^2 + (1.01\%)^2} = 1.03\%$$

6　扩展不确定度评定

　　示值误差的相对扩展不确定度，直接取包含因子 $k=2$，用 U_{rel} 表示，其包含概率约为 95%。相对扩展不确定度为

$$U_{rel} = k \cdot u_{c.rel}(\Delta\rho)$$

　　计算结果见表4。

表4

有机碳检定测量点/（mg/L）	20	50	80
相对示值误差/%	2.2	1.7	−0.8
相对扩展不确定度/%	2.3	2.2	2.1

　　无机碳示值误差检定结果的相对扩展不确定度可用相同方法评定，此略。

十、检定或校准结果的验证

采用比对法对校准结果进行验证。

用本计量标准装置校准一台型号为 Multi N/C 3100、编号为 N3-945/P 的总有机碳分析仪，再由具有相同准确度等级计量标准的另外三家单位进行校准。各实验室的测量结果如下（经本计量标准装置校准的示值误差的相对扩展不确定度为 U_{rlab}）。

各校准装置 校准结果	示值误差	相对扩展不确定度 U_{rlab}（$k=2$）	平均值 $\bar{y}$	$|y_{\text{lab}} - \bar{y}|$	$\sqrt{\dfrac{n-1}{n}}U_{\text{rlab}}$
本实验室 y_{lab}	2.2%	2.2%			
1 号实验室 y_1	2.4%	—			
2 号实验室 y_2	2.4%	—	2.4%	0.2%	1.9%
3 号实验室 y_3	2.6%	—			

经计算，校准结果满足 $|y_{\text{lab}} - \bar{y}| \leqslant \sqrt{\dfrac{n-1}{n}}U_{\text{rlab}}$，故本装置通过验证，符合要求。

十一、结论

　　该检定装置标准器及配套设备齐全，装置稳定可靠，检定结果的测量不确定度评定合理并通过验证，环境条件合格，检定人员具有相应的资格和能力，技术资料齐全有效，规章制度较完善，各项技术指标均符合检定规程和计量标准考核规范的要求，可以开展总有机碳分析仪的检定工作。

十二、附加说明

示例3.8 pH计检定仪检定装置

计量标准考核（复查）申请书

［ 　 ］ 量标 　 证字第 　 号

计量标准名称　　__pH计检定仪检定装置__

计量标准代码　　　　__46513000__

建标单位名称　_____

组织机构代码　_____

单 位 地 址　_____

邮 政 编 码　_____

计量标准负责人及电话_____

计量标准管理部门联系人及电话_____

年　　月　　日

说　　明

1. 申请新建计量标准考核，建标单位应当提供以下资料：

1）《计量标准考核（复查）申请书》原件一式两份和电子版一份；

2）《计量标准技术报告》原件一份；

3）计量标准器及主要配套设备有效的检定或校准证书复印件一套；

4）开展检定或校准项目的原始记录及相应的模拟检定或校准证书复印件两套；

5）检定或校准人员能力证明复印件一套；

6）可以证明计量标准具有相应测量能力的其他技术资料（如果适用）复印件一套。

2. 申请计量标准复查考核，建标单位应当提供以下资料：

1）《计量标准考核（复查）申请书》原件一式两份和电子版一份；

2）《计量标准考核证书》原件一份；

3）《计量标准技术报告》原件一份；

4）《计量标准考核证书》有效期内计量标准器及主要配套设备连续、有效的检定或校准证书复印件一套；

5）随机抽取该计量标准近期开展检定或校准工作的原始记录及相应的检定或校准证书复印件两套；

6）《计量标准考核证书》有效期内连续的《检定或校准结果的重复性试验记录》复印件一套；

7）《计量标准考核证书》有效期内连续的《计量标准的稳定性考核记录》复印件一套；

8）检定或校准人员能力证明复印件一套；

9）计量标准更换申报表（如果适用）复印件一份；

10）计量标准封存（或撤销）申报表（如果适用）复印件一份；

11）可以证明计量标准具有相应测量能力的其他技术资料（如果适用）复印件一套。

3. 《计量标准考核（复查）申请书》采用计算机打印，并使用 A4 纸。

注：新建计量标准申请考核时不必填写"计量标准考核证书号"。

计量标准名　称	pH 计检定仪检定装置				计量标准考核证书号	
保存地点					计量标准原值（万元）	
计量标准类　别	☑ 社会公用 ☑ 计量授权		□ 部门最高 □ 计量授权		□ 企事业最高 □ 计量授权	
测量范围	DCV：（ - 100.0000 ~ 100.0000）mV （ - 1.000000 ~ 1.000000）V （ - 10.00000 ~ 10.00000）V					
不确定度或准确度等级或最大允许误差	$U_{rel} = 0.002\%$　（$k = 2$）					

	名　称	型　号	测量范围	不确定度或准确度等级或最大允许误差	制造厂及出厂编号	检定周期或复校间隔	末次检定或校准日期	检定或校准机构及证书号
计量标准器	数字多用表		DCV： （ - 100.0000 ~ 100.0000）mV （ - 1.000000 ~ 1.000000）V （ - 10.00000 ~ 10.00000）V	$U_{rel} = 0.002\%$ （$k = 2$）		1 年		
主要配套设备	标准高阻器（含屏蔽盒）		30MΩ	$U_{rel} = 1.0\%$ （$k = 2$）		1 年		

	序号	项目	要　　求	实 际 情 况	结论
环境条件及设施	1	环境温度	(20 ± 3)℃	(20 ± 3)℃	合格
	2	相对湿度	20%～80%	20%～80%	合格
	3	电源电压	(220 ± 22)V	(220 ± 5)V	合格
	4	电源频率	(50 ± 1)Hz	(50 ± 1)Hz	合格
	5				
	6				
	7				
	8				

	姓　名	性别	年龄	从事本项目年限	学　历	能力证明名称及编号	核准的检定或校准项目
检定或校准人员							

	序号	名　　称	是否具备	备　注
文 件 集 登 记	1	计量标准考核证书（如果适用）	否	新建
	2	社会公用计量标准证书（如果适用）	否	新建
	3	计量标准考核（复查）申请书	是	
	4	计量标准技术报告	是	
	5	检定或校准结果的重复性试验记录	是	
	6	计量标准的稳定性考核记录	是	
	7	计量标准更换申报表（如果适用）	否	新建
	8	计量标准封存（或撤销）申报表（如果适用）	否	新建
	9	计量标准履历书	是	
	10	国家计量检定系统表（如果适用）	是	
	11	计量检定规程或计量技术规范	是	
	12	计量标准操作程序	是	
	13	计量标准器及主要配套设备使用说明书（如果适用）	是	
	14	计量标准器及主要配套设备的检定或校准证书	是	
	15	检定或校准人员能力证明	是	
	16	实验室的相关管理制度		
	16.1	实验室岗位管理制度	是	
	16.2	计量标准使用维护管理制度	是	
	16.3	量值溯源管理制度	是	
	16.4	环境条件及设施管理制度	是	
	16.5	计量检定规程或计量技术规范管理制度	是	
	16.6	原始记录及证书管理制度	是	
	16.7	事故报告管理制度	是	
	16.8	计量标准文件集管理制度	是	
	17	开展检定或校准工作的原始记录及相应的检定或校准证书副本	是	
	18	可以证明计量标准具有相应测量能力的其他技术资料（如果适用）		
	18.1	检定或校准结果的不确定度评定报告	是	
	18.2	计量比对报告	否	新建
	18.3	研制或改造计量标准的技术鉴定或验收资料	否	非自研

开展的检定或校准项目	名　　称	测量范围	不确定度或准确度 等级或最大允许误差	所依据的计量检定规程 或计量技术规范的编号及名称
	pH 计检定仪	直流电位： （−2000~2000)mV pH：0~14	0.003 级，0.0006 级	JJG 919—2008《pH 计检定仪》

建标单位意见	
	负责人签字：　　　　　　　（公章） 　　　　　　　年　　月　　日
建标单位 主管部门意见	
	（公章） 年　　月　　日
主持考核的 人民政府计量 行政部门意见	
	（公章） 年　　月　　日
组织考核的 人民政府计量 行政部门意见	
	（公章） 年　　月　　日

计 量 标 准 技 术 报 告

计量标准名称＿＿＿＿**pH 计检定仪检定装置**＿＿＿＿

计量标准负责人＿＿＿＿＿＿＿＿＿＿＿＿＿＿＿

建标单位名称＿＿＿＿＿＿＿＿＿＿＿＿＿＿＿＿

填 写 日 期＿＿＿＿＿＿＿＿＿＿＿＿＿＿＿＿

目　　录

一、建立计量标准的目的 ……………………………………………（203）

二、计量标准的工作原理及其组成 …………………………………（203）

三、计量标准器及主要配套设备 ……………………………………（204）

四、计量标准的主要技术指标 ………………………………………（205）

五、环境条件 …………………………………………………………（205）

六、计量标准的量值溯源和传递框图 ………………………………（206）

七、计量标准的稳定性考核 …………………………………………（207）

八、检定或校准结果的重复性试验 …………………………………（208）

九、检定或校准结果的不确定度评定 ………………………………（209）

十、检定或校准结果的验证 …………………………………………（211）

十一、结论 ……………………………………………………………（212）

十二、附加说明 ………………………………………………………（212）

一、建立计量标准的目的

　　pH 计检定仪主要用于 pH 计、离子计和电位滴定仪等电位式分析仪器电计部分的检定或校准。建立 pH 计检定仪检定装置是为了实现 pH 计检定仪的量值溯源，保证 pH 计检定仪输出量值的计量特性满足 pH 计检定仪检定规程的要求，从而确保 pH 计检定仪量值的可靠溯源。

二、计量标准的工作原理及其组成

　　pH 计检定仪检定装置是一台标准直流电位装置，采用直接比较法对 pH 计检定仪进行检定、校准。按照规程规定的方法，将被检 pH 计检定仪输出电位值与 pH 计检定仪检定装置复现的参考电位值进行比较，计算出 pH 计检定仪的零点偏移、电位示值误差、pH 示值误差、温度补偿器误差、稳定性等，并通过 pH 计检定仪输出电位信号与标准器之间串联标准高值电阻组成分压电路，根据串联电阻前后 pH 计检定仪输出电位值的变化量，计算出 pH 计检定仪的输出电阻。

　　pH 计检定仪检定装置的计量标准器是数字多用表，主要配套设备有带屏蔽盒的专用取样电阻。

三、计量标准器及主要配套设备

	名　称	型　号	测量范围	不确定度 或准确度等级 或最大允许误差	制造厂及 出厂编号	检定周期或复校间隔	检定或 校准机构
计量标准器	数字多用表		DCV： （ -100.0000 ~ 100.0000）mV （ -1.000000 ~ 1.000000）V （ -10.00000 ~ 10.00000）V	$U_{rel}=0.002\%$ （ $k=2$ ）		1 年	
主要配套设备	标准高阻器 （含屏蔽盒）		30MΩ	$U_{rel}=1.0\%$ （ $k=2$ ）		1 年	

四、计量标准的主要技术指标

量值范围：DCV：$(-100.0000 \sim 100.0000)\,\text{mV}$
　　　　　　　　　$(-1.000000 \sim 1.000000)\,\text{V}$
　　　　　　　　　$(-10.00000 \sim 10.00000)\,\text{V}$
不确定度：$U_{\text{rel}} = 0.002\%$　$(k=2)$

五、环境条件

序号	项目	要　求	实际情况	结论
1	环境温度	$(20 \pm 3)\,℃$	$(20 \pm 3)\,℃$	合格
2	相对湿度	$20\% \sim 80\%$	$20\% \sim 80\%$	合格
3	电源电压	$(220 \pm 22)\,\text{V}$	$(220 \pm 5)\,\text{V}$	合格
4	电源频率	$(50 \pm 1)\,\text{Hz}$	$(50 \pm 1)\,\text{Hz}$	合格
5				
6				

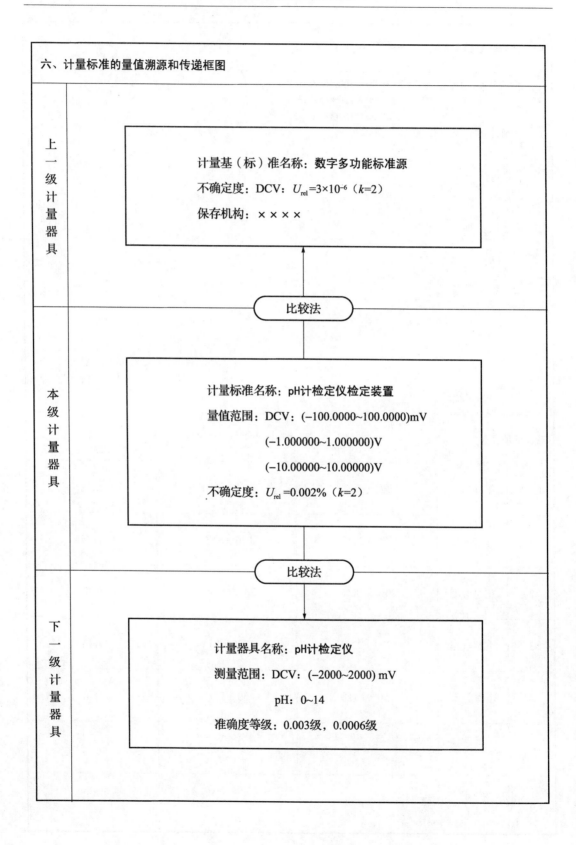

六、计量标准的量值溯源和传递框图

上一级计量器具

计量基（标）准名称：数字多功能标准源

不确定度：DCV：$U_{rel}=3\times10^{-6}$（$k=2$）

保存机构：××××

比较法

本级计量器具

计量标准名称：pH计检定仪检定装置

量值范围：DCV：（−100.0000～100.0000）mV

（−1.000000～1.000000）V

（−10.00000～10.00000）V

不确定度：$U_{rel}=0.002\%$（$k=2$）

比较法

下一级计量器具

计量器具名称：pH计检定仪

测量范围：DCV：（−2000～2000）mV

pH：0～14

准确度等级：0.003级，0.0006级

七、计量标准的稳定性考核

pH 计检定仪检定装置的标准器是数字多用表,采用高等级的计量标准进行稳定性考核,在 1 年内每隔 3 个月对数字多用表核查 1 次,考核结果如下。

pH 计检定仪检定装置的稳定性考核记录

考核时间	2017 年 2 月 2 日	2017 年 3 月 14 日	2017 年 5 月 29 日	2017 年 7 月 3 日
核查标准	计量标准名称:数字多功能标准源 不确定度:$U_{rel} = 3 \times 10^{-6}$($k = 2$)			
测量条件	环境温度:18℃;相对湿度:50%。用数字多功能标准源测量	环境温度:18℃;相对湿度:50%。用数字多功能标准源测量	环境温度:18℃;相对湿度:50%。用数字多功能标准源测量	环境温度:18℃;相对湿度:50%。用数字多功能标准源测量
测量次数	测得值/mV	测得值/mV	测得值/mV	测得值/mV
1	999.997	999.998	999.993	999.995
2	999.998	999.997	999.996	999.998
3	999.999	999.998	999.994	999.997
4	1000.001	1000.005	1000.005	1000.002
5	1000.000	1000.006	1000.001	1000.003
6	1000.002	1000.007	1000.006	1000.002
7	999.996	999.998	999.996	999.997
8	999.998	999.997	999.994	999.998
9	1000.000	1000.006	1000.005	1000.006
10	1000.002	1000.004	1000.006	1000.007
$\bar{y}_i$	999.9993	1000.0016	999.9996	1000.0005
变化量 $|\bar{y}_i - \bar{y}_{i-1}|$	—	0.0023mV	0.0020mV	0.0009mV
允许变化量	0.0177mV			
结　　论	符合要求			
考核人员	×××	×××	×××	×××

八、检定或校准结果的重复性试验

　　pH 计检定仪是复现标准直流电位的装置，其输出电位值的变动以不确定度表示。用本标准装置校准 pH 计检定仪，求出 pH 计检定仪输出电位变动的标准偏差，即 pH 计检定仪输出电位的标准不确定度。pH 计检定仪的检定点很多，以部分检定点进行重复性试验，数据如下。

pH 计检定仪检定装置的检定或校准结果的重复性试验记录

试验时间	2017 年 9 月 11 日				
被测对象	名称		型号		编号
	pH 计检定仪		PHV-Ⅲ Pro		N000038
测量条件	环境温度：20℃；相对湿度：59% 。 用本检定装置中的数字多用表对被测对象输出的电位进行重复测量，每检定点连续测量 10 次，计算酸度－离子计检定仪输出电位变动的标准偏差				
参数	电位/mV				
检定仪输出值	100.00	500.00	1900.00	－100.00	－500.00
测量次数	测得值/mV				
1	100.001	500.003	1900.02	－100.003	－500.001
2	100.002	500.002	1900.00	－100.001	－500.000
3	100.002	500.002	1900.01	－100.005	－500.000
4	100.000	500.001	1900.01	－99.996	－500.002
5	99.999	500.001	1900.01	－100.000	－500.001
6	100.000	500.001	1900.00	－100.002	－500.000
7	99.996	500.000	1900.01	－100.003	－500.001
8	99.998	500.000	1900.01	－100.001	－500.002
9	99.997	500.000	1900.00	－100.006	－500.003
10	99.998	500.001	1900.01	－100.004	－500.001
$\bar{y}$	99.9993	500.0011	1900.007	－100.0021	－500.0011
$s(y_i)=\sqrt{\dfrac{\sum\limits_{i=1}^{n}(y_i-\bar{y})^2}{n-1}}$	0.00206mV	0.000994mV	0.006749mV	0.00285mV	0.000994mV
s_r	0.0021%	0.00020%	0.00036%	0.0029%	0.00020%
结　　论	—				
试验人员	×××				

九、检定或校准结果的不确定度评定

1　测量方法

pH 计检定仪的电位值和 pH 值都采用直接与标准数字电压表比较的方法进行检定。

2　测量模型

（1）电位示值误差

$$\Delta E_{示值} = \frac{E_{示值} - E_{参考}}{E_{满量程}} \times 100\% \qquad (1)$$

式中：$\Delta E_{示值}$——电位示值误差，%；

$\qquad E_{示值}$——检定仪输出电位值，mV；

$\qquad E_{参考}$——数字电压表两次读数的平均值，mV；

$\qquad E_{满量程}$——检定仪电位输出信号的满量程，mV。

各输入量彼此独立不相关，故合成方差为

$$u_c^2(\Delta E_{示值}) = c_1^2 u^2(E_{示值}) + c_2^2 u^2(E_{参考}) \qquad (2)$$

式中：$c_1 = \partial \Delta E_{示值} / \partial E_{示值} = \dfrac{1}{E_{满量程}}$；$c_2 = \partial \Delta E_{示值} / \partial E_{参考} = -\dfrac{1}{E_{满量程}}$。

（2）pH 示值误差

$$\Delta \mathrm{pH}_{示值} = \left| \mathrm{pH}_{示值} - \mathrm{pH}_{等电位值} \right| - \frac{\left| E_{参考} \right|}{59.157} \qquad (3)$$

由于 $\mathrm{pH}_{等电位值}$ 是指定的准确值，检定时式（3）可修改为

$$\Delta \mathrm{pH}_{示值} = \mathrm{pH}_{示值} - \frac{\left| E_{参考} \right|}{59.157} \qquad (4)$$

式中：$\Delta \mathrm{pH}_{示值}$——pH 示值误差；

$\qquad \mathrm{pH}_{示值}$——检定仪输出的 pH 示值；

$\qquad \mathrm{pH}_{等电位值}$——检定仪的零电位，对应于 pH 计的等电位值；

$\qquad E_{参考}$——数字电压表两次读数的平均值，mV。

各输入量彼此独立不相关，故合成方差为

$$u_c^2(\Delta \mathrm{pH}_{示值}) = c_1^2 u^2(\mathrm{pH}_{示值}) + c_2^2 u^2(E_{参考}) \qquad (5)$$

式中：$c_1 = \partial \Delta \mathrm{pH}_{示值} / \partial \mathrm{pH}_{示值} = 1$；$c_2 = \partial \Delta \mathrm{pH}_{示值} / \partial E_{参考} = -\dfrac{1}{59.157}$。

3　各输入量的标准不确定度分量评定

由检定或校准方法和测量模型可以知道，影响 pH 计检定仪的检定或校准不确定度的主要因素有：测量方法、计量标准器、环境条件、人员操作和被检定或校准仪器的变动等。由于采用直接比较法进行检定或校准，测量方法的不确定度可以不予考虑。在规程规定的环境条件下进行检定或校准，环境条件、人员操作以及被检定或校准检定仪的影响体现在检定或校准测得值的变动性中。由此可知，电计示值检定或校准测量不确定度主要是计量标准值的不确定度和检定测得值的变动性的不确定度两项。

3.1　标准器的标准不确定度 $u(E_{参考})$ 和 $u(\mathrm{pH}_{参考})$

根据标准器数字多用表校准证书，计量标准器复现电位值的相对扩展不确定度为 0.002%（$k=2$），则计量标准器复现电位值的相对标准不确定度为

$$u_r(E_{参考}) = 0.001\%$$

由于 pH 计检定仪输出的 pH 值是依据能斯特公式由电位值准确计算的转换关系，检定仪输出 pH7 时输出电位值约为 420mV，根据电位值的相对标准不确定度可以算出，420mV 的标准不确定度为

0.0042mV，换算为相应 pH 值的标准不确定度为

$$u(\text{pH}_{参考}) = 0.00007$$

3.2　检定仪输出测得值的不确定度 $u(E_{示值})$ 和 $u(\text{pH}_{示值})$

根据 pH 计检定仪检定校准测量重复性试验结果，检定仪电位输出值的相对标准偏差最大为 0.0029%，实际检定测得值为 2 次测得值的平均值，则检定测得值的相对标准不确定度最大为

$$u_r(E_{示值}) = \frac{0.0029\%}{\sqrt{2}} = 0.0021\%$$

根据 $u_r(E_{示值})$ 换算为 pH 计检定仪输出的 pH 值的标准不确定度为 0.00002。目前，大多数 0.0006 级检定仪 pH 输出值的分辨力是 pH0.0001，由 pH 分辨力引入的标准不确定度是 0.000029，此值大于 $u_r(E_{示值})$ 换算的 pH 值的标准不确定度。因此，检定校准测量结果的不确定度采用分辨力引入的标准不确定度为

$$u(\text{pH}_{示值}) = 0.000029$$

4　合成标准不确定度计算

各标准不确定度分量汇总（检定仪级别：0.0006 级）见表 1。

表 1

电位	$u_r(E_{参考})$		$u_r(E_{示值})$	
	0.001%		0.0021%	
pH	$u(\text{pH}_{参考})$		$u(\text{pH}_{示值})$	
	0.00007		0.000029	

电位示值的合成相对标准不确定度为

$$u_{cr}(E) = \sqrt{u_r^2(E_{示值}) + u_r^2(E_{参考})} = 0.0024\%$$

pH 示值的合成标准不确定度为

$$u_c(\text{pH}) = \sqrt{u^2(\text{pH}_{示值}) + u^2(\text{pH}_{参考})} = 0.000076$$

5　扩展不确定度评定

取包含因子 $k = 2$，包含概率约为 95%。扩展不确定度的计算结果见表 2。

表 2

电位	$u_r(E_{参考})$	$u_r(E_{示值})$	$u_{cr}(E)$	$U_r = k \cdot u_{cr}(E)$
	0.001%	0.0021%	0.0024%	0.0048%
pH	$u(\text{pH}_{参考})$	$u(\text{pH}_{示值})$	$u_c(\text{pH})$	$U = k \cdot u_c(\text{pH})$
	0.00007	0.000029	0.000076	0.0002

十、检定或校准结果的验证

采用传递比较法对检定结果进行验证。

用本计量标准检定型号为 HV-ⅢPro、准确度等级为 0.0006 级的 pH 计检定仪。然后将该 pH 计检定仪用更高等级的计量标准进行检定。

本计量标准检定结果的相对扩展不确定度为 $U_{\text{rlab}} = 0.0048\%$ （ $k = 2$ ），经向上级溯源后的检定结果的相对扩展不确定度为 $U_{\text{rref}} = 0.0008\%$ （ $k = 2$ ）。典型点检定的测得值如下。

检定仪输出值/mV	100.00	500.00	1900.00	−100.00	−500.00	−1900.00
本标准测得值 y_{lab}/mV	99.999	500.000	1900.00	−100.001	−499.998	−1900.00
更高等级测得值 y_{ref}/mV	100.0004	500.0004	1900.002	−100.0006	−500.0001	−1900.001
$|y_{\text{lab}} - y_{\text{ref}}|$/mV	0.0014	0.0004	0.002	0.0004	0.0021	0.001
$\sqrt{U_{\text{rlab}}^2 + U_{\text{rref}}^2}$/mV	0.0049	0.025	0.094	0.0049	0.025	0.094

经计算，检定结果满足 $|y_{\text{lab}} - y_{\text{ref}}| \leqslant \sqrt{U_{\text{rlab}}^2 + U_{\text{rref}}^2}$ ，故本装置通过验证，符合要求。

十一、结论

　　该检定装置标准器及配套设备齐全，装置稳定可靠，检定结果的测量不确定度评定合理并通过验证，环境条件合格，检定人员具有相应的资格和能力，技术资料齐全有效，规章制度完善，各项技术指标均符合检定规程和计量标准考核规范的要求，可以开展 pH 计检定仪的检定工作。

十二、附加说明

示例 3.9　紫外、可见、近红外分光光度计检定装置

计量标准考核（复查）申请书

［　　］量标　　　证字第　　　号

计量标准名称　<u>**紫外、可见、近红外分光光度计检定装置**</u>

计量标准代码　<u>　　　**46113511**　　　</u>

建标单位名称　<u>　　　　　　　　　　　　</u>

组织机构代码　<u>　　　　　　　　　　　　</u>

单 位 地 址　<u>　　　　　　　　　　　　</u>

邮 政 编 码　<u>　　　　　　　　　　　　</u>

计量标准负责人及电话　<u>　　　　　　　　</u>

计量标准管理部门联系人及电话　<u>　　　　　</u>

年　　　月　　　日

说　明

1. 申请新建计量标准考核，建标单位应当提供以下资料：

1）《计量标准考核（复查）申请书》原件一式两份和电子版一份；

2）《计量标准技术报告》原件一份；

3）计量标准器及主要配套设备有效的检定或校准证书复印件一套；

4）开展检定或校准项目的原始记录及相应的模拟检定或校准证书复印件两套；

5）检定或校准人员能力证明复印件一套；

6）可以证明计量标准具有相应测量能力的其他技术资料（如果适用）复印件一套。

2. 申请计量标准复查考核，建标单位应当提供以下资料：

1）《计量标准考核（复查）申请书》原件一式两份和电子版一份；

2）《计量标准考核证书》原件一份；

3）《计量标准技术报告》原件一份；

4）《计量标准考核证书》有效期内计量标准器及主要配套设备连续、有效的检定或校准证书复印件一套；

5）随机抽取该计量标准近期开展检定或校准工作的原始记录及相应的检定或校准证书复印件两套；

6）《计量标准考核证书》有效期内连续的《检定或校准结果的重复性试验记录》复印件一套；

7）《计量标准考核证书》有效期内连续的《计量标准的稳定性考核记录》复印件一套；

8）检定或校准人员能力证明复印件一套；

9）计量标准更换申报表（如果适用）复印件一份；

10）计量标准封存（或撤销）申报表（如果适用）复印件一份；

11）可以证明计量标准具有相应测量能力的其他技术资料（如果适用）复印件一套。

3. 《计量标准考核（复查）申请书》采用计算机打印，并使用 A4 纸。

注：新建计量标准申请考核时不必填写"计量标准考核证书号"。

计量标准 名　称	紫外、可见、近红外分光光度计检定装置		计量标准 考核证书号	
保存地点			计量标准 原值（万元）	
计量标准 类　别	☑ 社会公用 ☑ 计量授权	□ 部门最高 □ 计量授权	□ 企事业最高 □ 计量授权	
测量范围	波长：（205.29~2543.0）nm 透射比：10%~51%			
不确定度或 准确度等级或 最大允许误差	波长　汞灯：MPE：±0.01nm；钬玻璃、镨钕玻璃滤光片：$U_\lambda = 0.3$nm（$k=2$）； 　　干涉滤光片：$U_\lambda = 0.6$nm（$k=2$）；1,2,4-三氯苯：MPE：±0.1nm 可见光区透射比标准滤光片：$U_\tau = 0.2\%$（$k=2$）；杂散光滤光片：$U_{rel} = 10\%$（$k=2$）； 紫外光区透射比标准溶液：$U_\tau = 0.2\%$（$k=2$）			

	名　称	型　号	测量范围	不确定度 或准确度等级 或最大允许误差	制造厂及 出厂编号	检定周 期或复 校间隔	末次检 定或校 准日期	检定或校 准机构及 证书号
计 量 标 准 器	紫外分光光 度计溶液标 准物质	GBW（E） 130066	透射比： 　235nm 处 18.0%~18.2%； 　257nm 处 13.5%~13.8%； 　313nm 处 50.9%~51.3%； 　350nm 处 22.6%~22.9%	$U=0.2\%$（$k=2$）		18 个月		
	可见光区透 射比滤光片	GBW 13305	透射比： 10%,20%,30%	$U=0.2\%$（$k=2$）		1 年		
	杂散光滤光片		使用波长： 220nm,360nm, 420nm	截止波长吸光度： $U_{rel} = 10\%$（$k=2$）		1 年		
	干涉滤光片		峰值波长： 450nm,550nm, 650nm	$U=0.6$nm（$k=2$）		1 年		
	汞灯	本征标准	发射谱线波长： （205.29~ 690.72）nm	MPE：±0.01nm				
	1,2,4- 三氯苯	本征标准	吸收波长： （1660.6~ 2543.0）nm	MPE：±0.1nm				
	钬玻璃、镨 钕玻璃滤 光片	GBW（E） 130111 GBW（E） 130112	吸收波长： （241.9~ 807.7）nm	$U=0.3$nm（$k=2$）		1 年		
	标准石英 吸收池	GBW 13304	内径：10mm	$U_{rel} = 0.2\%$（$k=2$）				
主 要 配 套 设 备	兆欧表		（0~500）MΩ	10 级		1 年		
	万用表		（20~750）V	2.5 级		1 年		
	调压变压器		交流（154~275）V	MPE：±0.5%		1 年		
	秒表		（0~3600）s	MPE：±0.10s/h		1 年		

<table>
<tr><th></th><th>序号</th><th>项目</th><th>要　　求</th><th>实际情况</th><th>结论</th></tr>
<tr><td rowspan="8">环境条件及设施</td><td>1</td><td>环境温度</td><td>(10～35)℃</td><td>(10～35)℃</td><td>合格</td></tr>
<tr><td>2</td><td>相对湿度</td><td>≤85%</td><td>35%～85%</td><td>合格</td></tr>
<tr><td>3</td><td>电源电压</td><td>(220±22)V</td><td>(220±22)V</td><td>合格</td></tr>
<tr><td>4</td><td>电源频率</td><td>(50±1)Hz</td><td>(50±1)Hz</td><td>合格</td></tr>
<tr><td>5</td><td>光线,磁场,电场,强气流,腐蚀性气体</td><td>仪器不应受强光直射,周围无强磁场、电场干扰,无强气流及腐蚀性气体</td><td>无强光直射,周围无强磁场、电场干扰,无强气流及腐蚀性气体</td><td>合格</td></tr>
<tr><td>6</td><td></td><td></td><td></td><td></td></tr>
<tr><td>7</td><td></td><td></td><td></td><td></td></tr>
<tr><td>8</td><td></td><td></td><td></td><td></td></tr>
</table>

<table>
<tr><th></th><th>姓　名</th><th>性别</th><th>年龄</th><th>从事本项目年限</th><th>学　历</th><th>能力证明名称及编号</th><th>核准的检定或校准项目</th></tr>
<tr><td rowspan="8">检定或校准人员</td><td></td><td></td><td></td><td></td><td></td><td></td><td></td></tr>
<tr><td></td><td></td><td></td><td></td><td></td><td></td><td></td></tr>
<tr><td></td><td></td><td></td><td></td><td></td><td></td><td></td></tr>
<tr><td></td><td></td><td></td><td></td><td></td><td></td><td></td></tr>
<tr><td></td><td></td><td></td><td></td><td></td><td></td><td></td></tr>
<tr><td></td><td></td><td></td><td></td><td></td><td></td><td></td></tr>
<tr><td></td><td></td><td></td><td></td><td></td><td></td><td></td></tr>
<tr><td></td><td></td><td></td><td></td><td></td><td></td><td></td></tr>
</table>

	序号	名 称	是否具备	备 注
文件集登记	1	计量标准考核证书(如果适用)	否	新建
	2	社会公用计量标准证书(如果适用)	否	新建
	3	计量标准考核(复查)申请书	是	
	4	计量标准技术报告	是	
	5	检定或校准结果的重复性试验记录	是	
	6	计量标准的稳定性考核记录	是	
	7	计量标准更换申请表(如果适用)	否	新建
	8	计量标准封存(或撤销)申报表(如果适用)	否	新建
	9	计量标准履历书	是	
	10	国家计量检定系统表(如果适用)	否	无
	11	计量检定规程或计量技术规范	是	
	12	计量标准操作程序	是	
	13	计量标准器及主要配套设备使用说明书(如果适用)	是	
	14	计量标准器及主要配套设备的检定或校准证书	是	
	15	检定或校准人员能力证明	是	
	16	实验室的相关管理制度		
	16.1	实验室岗位管理制度	是	
	16.2	计量标准使用维护管理制度	是	
	16.3	量值溯源管理制度	是	
	16.4	环境条件及设施管理制度	是	
	16.5	计量检定规程或计量技术规范管理制度	是	
	16.6	原始记录及证书管理制度	是	
	16.7	事故报告管理制度	是	
	16.8	计量标准文件集管理制度	是	
	17	开展检定或校准工作的原始记录及相应的检定或校准证书副本	是	
	18	可以证明计量标准具有相应测量能力的其他技术资料(如果适用)		
	18.1	检定或校准结果的不确定度评定报告	是	
	18.2	计量比对报告	否	新建
	18.3	研制或改造计量标准的技术鉴定或验收资料	否	非自研

	名　称	测量范围	不确定度或准确度 等级或最大允许误差	所依据的计量检定规程 或计量技术规范的编号及名称
开展的检定或校准项目	紫外、可见、近红外分光光度计	波长： （190~2600）nm 透射比： 0~100%	Ⅰ级，Ⅱ级，Ⅲ级，Ⅳ级	JJG 178—2007 《紫外、可见、近红外分光光度计》

建标单位意见	负责人签字：　　　　　　（公章） 　　　　　年　月　日
建标单位 主管部门意见	（公章） 　　　　　年　月　日
主持考核的 人民政府计量 行政部门意见	（公章） 　　　　　年　月　日
组织考核的 人民政府计量 行政部门意见	（公章） 　　　　　年　月　日

计 量 标 准 技 术 报 告

计量标准名称　<u>紫外、可见、近红外分光光度计检定装置</u>

计量标准负责人<u>　　　　　　　　　　　　　　　　　</u>

建标单位名称<u>　　　　　　　　　　　　　　　　　　</u>

填　写　日　期<u>　　　　　　　　　　　　　　　　　</u>

目　录

一、建立计量标准的目的 ……………………………………………（221）

二、计量标准的工作原理及其组成 …………………………………（221）

三、计量标准器及主要配套设备 ……………………………………（222）

四、计量标准的主要技术指标 ………………………………………（223）

五、环境条件 …………………………………………………………（223）

六、计量标准的量值溯源和传递框图 ………………………………（224）

七、计量标准的稳定性考核 …………………………………………（225）

八、检定或校准结果的重复性试验 …………………………………（230）

九、检定或校准结果的不确定度评定 ………………………………（232）

十、检定或校准结果的验证 …………………………………………（236）

十一、结论 ……………………………………………………………（237）

十二、附加说明 ………………………………………………………（237）

一、建立计量标准的目的

　　紫外、可见、近红外分光光度计是工业、农业、医药、石化、冶金、地质、环保、食品、能源、科研等各行各业广泛使用的对物质成分、含量进行分析的精密仪器。为保证紫外、可见、近红外分光光度计测量结果的准确一致，保障各行各业安全生产、保护人民群众人身安全，特建立此项社会公用计量标准。

二、计量标准的工作原理及其组成

　　1. 工作原理
　　用仪器测量系列波长、透射比标准物质，将仪器测得的波长值、透射比值与标准物质复现的参考值进行比较，计算出仪器的波长示值误差、波长重复性、透射比示值误差、透射比重复性及杂散光等计量性能。
　　2. 计量标准的组成
　　紫外、可见、近红外分光光度计检定装置主要由波长标准物质：汞灯、1,2,4-三氯苯、氧化钬玻璃滤光片、镨钕玻璃滤光片、干涉滤光片、可见光区透射比标准滤光片、杂散光滤光片和紫外区透射比标准溶液等组成。

三、计量标准器及主要配套设备

	名　称	型　号	测量范围	不确定度或准确度等级或最大允许误差	制造厂及出厂编号	检定周期或复校间隔	检定或校准机构
计量标准器	紫外分光光度计溶液标准物质	GBW(E)130066	透射比：235nm 处 18.0% ~18.2% ；257nm 处 13.5% ~13.8% ；313nm 处 50.9% ~51.3% ；350nm 处 22.6% ~22.9%	$U = 0.2\%$ ($k=2$)		18 个月	
	可见光区透射比滤光片	GBW13305	透射比：10% ,20% ,30%	$U = 0.2\%$ ($k=2$)		1 年	
	杂散光滤光片		使用波长：220nm,360nm,420nm	截止波长吸光度：$U_{rel} = 10\%$ ($k=2$)		1 年	
	干涉滤光片		峰值波长：450nm,550nm,650nm	$U = 0.6\text{nm}$ ($k=2$)		1 年	
	汞灯	本征标准	发射谱线波长：(205.29 ~690.72)nm	MPE：± 0.01nm			
	1,2,4-三氯苯	本征标准	吸收波长：(1660.6 ~2543.0)nm	MPE：± 0.1nm			
	钬玻璃、镨钕玻璃滤光片	GBW(E)130111 GBW(E)130112	吸收波长：(241.9 ~807.7)nm	$U = 0.3\text{nm}$ ($k=2$)		1 年	
	标准石英吸收池	GBW13304	内径:10mm	$U_{rel} = 0.2\%$ ($k=2$)			
主要配套设备	兆欧表		(0 ~500)MΩ	10 级		1 年	
	万用表		(20 ~750)V	2.5 级		1 年	
	调压变压器		交流(154 ~275)V	MPE：$\pm 0.5\%$		1 年	
	秒表		(0 ~3600)s	MPE：± 0.10s/h		1 年	

四、计量标准的主要技术指标

　1. 量值范围

　　　波长：（205.29～2543.0）nm

　　　透射比：10%～51%

　2. 不确定度或最大允许误差

　　　波长：汞灯：MPE：±0.01nm；钬玻璃、镨钕玻璃滤光片：$U_\lambda = 0.3$nm（$k = 2$）；

　　　　　　干涉滤光片：$U_\lambda = 0.6$nm（$k = 2$）；1,2,4-三氯苯：MPE：±0.1nm

　　　可见光区透射比标准滤光片：$U_\tau = 0.2\%$（$k = 2$）；杂散光滤光片：$U_{rel} = 10\%$（$k = 2$）；

　　　紫外光区透射比标准溶液：$U_\tau = 0.2\%$（$k = 2$）

五、环境条件

序号	项目	要　求	实际情况	结论
1	环境温度	（10～35）℃	（10～35）℃	合格
2	相对湿度	≤85%	35%～85%	合格
3	电源电压	（220±22）V	（220±22）V	合格
4	电源频率	（50±1）Hz	（50±1）Hz	合格
5	光线，磁场，电场，强气流，腐蚀性气体	仪器不应受强光直射，周围无强磁场、电场干扰，无强气流及腐蚀性气体	无强光直射，周围无强磁场、电场干扰，无强气流及腐蚀性气体	合格
6				

六、计量标准的量值溯源和传递框图

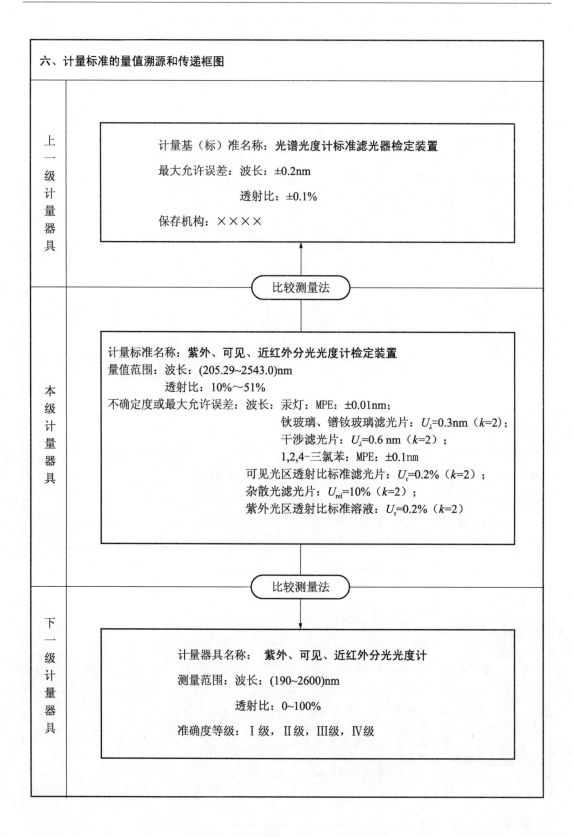

上
一
级
计
量
器
具

计量基（标）准名称：**光谱光度计标准滤光器检定装置**

最大允许误差：波长：±0.2nm

透射比：±0.1%

保存机构：××××

比较测量法

本
级
计
量
器
具

计量标准名称：**紫外、可见、近红外分光光度计检定装置**
量值范围：波长：(205.29~2543.0)nm
透射比：10%～51%
不确定度或最大允许误差：波长：汞灯：MPE：±0.01nm；
钬玻璃、镨钕玻璃滤光片：U_λ=0.3nm（k=2）；
干涉滤光片：U_λ=0.6 nm（k=2）；
1,2,4-三氯苯：MPE：±0.1nm
可见光区透射比标准滤光片：U_r=0.2%（k=2）；
杂散光滤光片：U_{rel}=10%（k=2）；
紫外光区透射比标准溶液：U_r=0.2%（k=2）

比较测量法

下
一
级
计
量
器
具

计量器具名称：**紫外、可见、近红外分光光度计**

测量范围：波长：(190~2600)nm

透射比：0~100%

准确度等级：Ⅰ级，Ⅱ级，Ⅲ级，Ⅳ级

七、计量标准的稳定性考核

紫外、可见、近红外分光光度计检定装置中，波长的标准器是：汞灯，氧化钬溶液、1，2，4 - 三氯苯，氧化钬玻璃滤光片波长标准物质，镨钕玻璃滤光片波长标准物质，干涉滤光片标准物质；透射比的标准器是：可见光区透射比滤光片标准物质，紫外光区透射比溶液标准物质，杂散光滤光片标准物质。

其中，汞灯发射波长，氧化钬溶液、1,2,4 - 三氯苯的吸收波长值都是基于物质固有的量子现象、物质分子结构产生的，不受环境物理因素的影响，具有极高的稳定性，称为本征标准，其量值及不确定度通过协议给定，这些"本征"参考波长值常在仪器的检定规程、校准规范或相关技术标准中给出，不必（也不可能）考核稳定性。

紫外光区透射比溶液标准物质是有证标准物质，按照 JJF 1033—2016 中 4.2.3 的规定，有效期内的有证标准物质可以不进行稳定性考核。

紫外、可见、近红外分光光度计检定装置的可见光区透射比滤光片的稳定性考核记录

考核时间	2017 年 2 月 2 日	2017 年 3 月 14 日	2017 年 5 月 29 日	2017 年 7 月 3 日
核查标准	计量标准名称：光谱光度计标准滤光器检定装置 最大允许误差：波长：±0.2nm 透射比：±0.1%			
测量条件	环境温度：18℃；相对湿度：50%。用光谱光度计标准滤光器检定装置对透射比标称值为 30% 的可见光区透射比滤光片在 440nm 处进行透射比测量	环境温度：19℃；相对湿度：40%。用光谱光度计标准滤光器检定装置对透射比标称值为 30% 的可见光区透射比滤光片在 440nm 处进行透射比测量	环境温度：20℃；相对湿度：44%。用光谱光度计标准滤光器检定装置对透射比标称值为 30% 的可见光区透射比滤光片在 440nm 处进行透射比测量	环境温度：20℃；相对湿度：51%。用光谱光度计标准滤光器检定装置对透射比标称值为 30% 的可见光区透射比滤光片在 440nm 处进行透射比测量
测量次数	测得值/%	测得值/%	测得值/%	测得值/%
1	32.81	32.82	32.83	32.77
2	32.78	32.79	32.81	32.79
3	32.80	32.81	32.81	32.82
4	32.79	32.79	32.78	32.81
5	32.82	32.82	32.81	32.79
6	32.78	32.77	32.80	32.78
7	32.78	32.79	32.81	32.81
8	32.79	32.78	32.80	32.80
9	32.79	32.79	32.81	32.82
10	32.80	32.81	32.80	32.79
$\bar{y}_i$	32.794	32.797	32.806	32.798
最大变化量 $\bar{y}_{imax} - \bar{y}_{imin}$	0.012%			
允许变化量	0.2%			
结　论	符合要求			
考核人员	×　×　×	×　×　×	×　×　×	×　×　×

用相同的方法，分别对透射比标称值为 10%，20%，30% 的可见光区透射比滤光片在波长 440nm，546nm，635nm 处的透射比稳定性进行考核，结果如下。

紫外、可见、近红外分光光度计检定装置的可见光区透射比滤光片的稳定性考核结果

透射比标称值	10%	20%	30%
波　　长	440nm		
最大变化量 $\bar{y}_{imax} - \bar{y}_{imin}$	0.018%	0.024%	0.012%
允许变化量	0.2%		
波　　长	546nm		
最大变化量 $\bar{y}_{imax} - \bar{y}_{imin}$	0.042%	0.037%	0.018%
允许变化量	0.2%		
波　　长	635nm		
最大变化量 $\bar{y}_{imax} - \bar{y}_{imin}$	0.075%	0.062%	0.041%
允许变化量	0.2%		
结　　论	符合要求		

紫外、可见、近红外分光光度计检定装置的钕玻璃滤光片的稳定性考核记录

考核时间	2017 年 2 月 2 日	2017 年 3 月 14 日	2017 年 5 月 29 日	2017 年 7 月 3 日
核查标准	计量标准名称：光谱光度计标准滤光器检定装置 最大允许误差：波长：±0.2nm 透射比：±0.1%			
测量条件	环境温度：18℃；相对湿度：50%。用光谱光度计标准滤光器检定装置对钕玻璃滤光片在 638nm 附近进行峰值波长测量	环境温度：19℃；相对湿度：40%。用光谱光度计标准滤光器检定装置对钕玻璃滤光片在 638nm 附近进行峰值波长测量	环境温度：20℃；相对湿度：44%。用光谱光度计标准滤光器检定装置对钕玻璃滤光片在 638nm 附近进行峰值波长测量	环境温度：20℃；相对湿度：51%。用光谱光度计标准滤光器检定装置对钕玻璃滤光片在 638nm 附近进行峰值波长测量
测量次数	测得值/nm	测得值/nm	测得值/nm	测得值/nm
1	638.2	638.0	638.2	638.0
2	637.9	638.1	638.1	638.1
3	637.9	638.1	638.0	638.3
4	638.0	638.2	638.2	638.0
5	638.0	638.0	638.1	638.1
6	638.0	638.1	638.3	638.1
7	638.0	638.3	638.0	638.2
8	638.0	638.0	638.0	638.2
9	637.9	638.2	638.2	638.1
10	637.9	638.0	638.1	638.2
$\bar{y}_i$	637.98	638.12	638.12	638.13
最大变化量 $\bar{y}_{imax} - \bar{y}_{imin}$	0.14nm			
允许变化量	0.3nm			
结　论	符合要求			
考核人员	×　×　×	×　×　×	×　×　×	×　×　×

用相同的方法，分别对钕玻璃滤光片在 287nm，360nm，446nm，536nm，638nm 附近的峰值波长稳定性进行考核，结果如下。

紫外、可见、近红外分光光度计检定装置的钕玻璃滤光片的稳定性考核结果

钕玻璃参考波长	287.9nm	360.9nm	446.2nm	536.2nm	638.1nm
最大变化量 $\bar{y}_{imax} - \bar{y}_{imin}$	0.06nm	0.07nm	0.09nm	0.09nm	0.14nm
允许变化量	0.3nm				
结　论	符合要求				

紫外、可见、近红外分光光度计检定装置的镨钕玻璃滤光片的稳定性考核记录

考核时间	2017 年 2 月 2 日	2017 年 3 月 14 日	2017 年 5 月 29 日	2017 年 7 月 3 日
核查标准	计量标准名称：光谱光度计标准滤光器检定装置 最大允许误差：波长：±0.2nm 　　　　　　透射比：±0.1%			
测量条件	环境温度：18℃；相对湿度：50%。用光谱光度计标准滤光器检定装置对镨钕玻璃滤光片在 739nm 附近进行峰值波长测量	环境温度：19℃；相对湿度：40%。用光谱光度计标准滤光器检定装置对镨钕玻璃滤光片在 739nm 附近进行峰值波长测量	环境温度：20℃；相对湿度：44%。用光谱光度计标准滤光器检定装置对镨钕玻璃滤光片在 739nm 附近进行峰值波长测量	环境温度：20℃；相对湿度：51%。用光谱光度计标准滤光器检定装置对镨钕玻璃滤光片在 739nm 附近进行峰值波长测量
测量次数	测得值/nm	测得值/nm	测得值/nm	测得值/nm
1	739.4	739.6	739.6	739.3
2	739.4	739.5	739.6	739.6
3	739.4	739.4	739.4	739.4
4	739.5	739.2	739.2	739.4
5	739.3	739.5	739.2	739.5
6	739.6	739.6	739.3	739.6
7	739.4	739.5	739.5	739.4
8	739.5	739.4	739.1	739.2
9	739.6	739.2	739.3	739.5
10	739.2	739.2	739.2	739.4
$\bar{y}_i$	739.43	739.41	739.34	739.43
最大变化量 $\bar{y}_{imax} - \bar{y}_{imin}$	0.09nm			
允许变化量	0.3nm			
结　论	符合要求			
考核人员	×××	×××	×××	×××

　　用相同的方法，分别对镨钕玻璃滤光片在 739nm，807nm 附近的峰值波长稳定性进行考核，结果如下。

紫外、可见、近红外分光光度计检定装置的镨钕玻璃滤光片的稳定性考核结果

镨钕玻璃参考波长	739.5	807.6
最大变化量 $\bar{y}_{imax} - \bar{y}_{imin}$	0.09nm	0.07nm
允许变化量	0.3nm	
结　论	符合要求	

紫外、可见、近红外分光光度计检定装置的干涉滤光片的稳定性考核记录

考核时间	2017 年 2 月 2 日	2017 年 3 月 14 日	2017 年 5 月 29 日	2017 年 7 月 3 日
核查标准	计量标准名称：光谱光度计标准滤光器检定装置 最大允许误差：波长：±0.2nm 透射比：±0.1%			
测量条件	环境温度：18℃；相对湿度：50%。用光谱光度计标准滤光器检定装置对峰值波长标称值为450nm 的干涉滤光片进行峰值波长测量	环境温度：19℃；相对湿度：40%。用光谱光度计标准滤光器检定装置对峰值波长标称值为450nm 的干涉滤光片进行峰值波长测量	环境温度：20℃；相对湿度：44%。用光谱光度计标准滤光器检定装置对峰值波长标称值为450nm 的干涉滤光片进行峰值波长测量	环境温度：20℃；相对湿度：51%。用光谱光度计标准滤光器检定装置对峰值波长标称值为450nm 的干涉滤光片进行峰值波长测量
测量次数	测得值/nm	测得值/nm	测得值/nm	测得值/nm
1	444.2	444.3	444.6	444.2
2	444.1	444.1	444.6	444.3
3	444.5	444.1	444.6	444.2
4	444.3	444.2	444.4	444.5
5	444.1	444.5	444.5	444.5
6	444.6	444.6	444.3	444.2
7	444.5	444.7	444.5	444.1
8	444.5	444.5	444.7	444.6
9	444.3	444.5	444.6	444.5
10	444.6	444.6	444.6	444.5
$\bar{y}_i$	444.37	444.41	444.54	444.36
最大变化量 $\bar{y}_{i\max} - \bar{y}_{i\min}$	0.18nm			
允许变化量	0.6nm			
结　　论	符合要求			
考核人员	×××	×××	×××	×××

用相同的方法，分别对峰值波长标称值为 450nm，550nm，650nm 的干涉滤光片的峰值波长稳定性进行考核，结果如下。

紫外、可见、近红外分光光度计检定装置的干涉滤光片的稳定性考核结果

峰值波长标称值	450nm	550nm	650nm
最大变化量 $\bar{y}_{i\max} - \bar{y}_{i\min}$	0.18nm	0.16	0.19nm
允许变化量	0.6nm		
结　　论	符合要求		

八、检定或校准结果的重复性试验

紫外、可见、近红外分光光度计检定装置的检定或校准结果的重复性试验记录（波长）

试验时间	2017 年 2 月 3 日			2017 年 2 月 3 日		
被测对象	名称	型号	编号	名称	型号	编号
	紫外可见分光光度计	lambda850	850n4040801	紫外可见分光光度计	lambda850	850n4040801
测量条件	环境温度：20℃；相对湿度：56%。在重复性测量条件下，用被测对象对钬玻璃滤光片在 360nm 附近进行峰值波长测量			环境温度：20℃；相对湿度：56%。在重复性测量条件下，用被测对象对钬玻璃滤光片在 446nm 附近进行峰值波长测量		
测量次数	测得值/nm			测得值/nm		
1	360.8			446.3		
2	360.8			446.3		
3	360.8			446.4		
4	360.8			446.4		
5	360.8			446.3		
6	360.8			446.3		
7	360.8			446.3		
8	360.9			446.3		
9	360.8			446.3		
10	360.8			446.2		
$\bar{y}_i$	360.81			446.31		
$s(y_i)=\sqrt{\dfrac{\sum\limits_{i=1}^{n}(y_i-\bar{y})^2}{n-1}}$	0.03nm			0.06nm		
结　　论	—			—		
考核人员	×××			×××		

紫外、可见、近红外分光光度计检定装置的检定或校准结果的重复性试验记录（透射比）

试验时间	2017 年 2 月 3 日			2017 年 2 月 3 日		
被测对象	名称	型号	编号	名称	型号	编号
	紫外可见分光光度计	lambda850	850n4040801	紫外可见分光光度计	lambda850	850n4040801
测量条件	环境温度：20℃；相对湿度:56%。在重复性测量条件下，用被测对象在波长 546nm 处对透射比标称值为 20% 的可见光区透射比标准滤光片进行透射比重复测量			环境温度：20℃；相对湿度:56%。在重复性测量条件下，用被测对象在波长 546nm 处对透射比标称值为 10% 的可见光区透射比标准滤光片进行透射比重复测量		
测量次数	测得值/%			测得值/%		
1	20. 72			10. 72		
2	20. 79			10. 79		
3	20. 79			10. 79		
4	20. 77			10. 77		
5	20. 74			10. 74		
6	20. 78			10. 78		
7	20. 72			10. 72		
8	20. 75			10. 75		
9	20. 76			10. 76		
10	20. 74			10. 74		
$\bar{y}_i$	20. 756			10. 756		
$s(y_i)=\sqrt{\dfrac{\sum\limits_{i=1}^{n}(y_i-\bar{y})^2}{n-1}}$	0. 026%			0. 026%		
结　　论	—			—		
试验人员	×××			×××		

九、检定或校准结果的不确定度评定

1　波长示值误差测量结果的不确定度评定

1.1　测量方法

用分光光度计直接测量钬玻璃滤光片/镨钕玻璃滤光片/干涉滤光片的特征峰峰值波长，重复测量 3 次，3 次的算术平均值与波长参考值之差，即为波长示值误差。

1.2　测量模型

$$\Delta\lambda = \bar{\lambda} - \lambda_s \tag{1}$$

式中：$\Delta\lambda$——波长示值误差，nm；

$\bar{\lambda}$——3 次测量的平均值，nm；

λ_s——波长参考值，nm。

1.3　合成方差和灵敏系数

输入量 $\bar{\lambda}$ 与 λ_s 彼此独立不相关，则

$$u_c^2(\Delta\lambda) = \left[\frac{\partial(\Delta\lambda)}{\partial(\bar{\lambda})}\cdot u(\bar{\lambda})\right]^2 + \left[\frac{\partial(\Delta\lambda)}{\partial(\lambda_s)}\cdot u(\lambda_s)\right]^2 = [c_1 u(\bar{\lambda})]^2 + [c_2 u(\lambda_s)]^2 \tag{2}$$

式中：$c_1 = \dfrac{\partial(\Delta\lambda)}{\partial(\bar{\lambda})} = 1；c_2 = \dfrac{\partial(\Delta\lambda)}{\partial(\lambda_s)} = -1$。

1.4　各输入量的标准不确定度分量评定

1.4.1　测量重复性引入的标准不确定度 $u(\bar{\lambda})$

按照规程要求用分光光度计直接测量镨钕玻璃滤光片的特征峰峰值波长，重复测量 3 次，3 次的算术平均值与波长参考值之差，即为波长示值误差。测量重复性引入的标准不确定度用极差法计算，3 次测量的极差系数 $C = 1.69$，则

$$u(\bar{\lambda}) = \frac{\lambda_{max} - \lambda_{min}}{1.69 \times \sqrt{3}}$$

某分光光度计测量镨钕玻璃滤光片的特征峰峰值波长时，其特征峰峰值波长测得值及测量重复性引入的标准不确定度见表 1。

表1　　　　　　　　　　nm

波长参考值	测得值			平均值	极差	$\Delta\lambda$	$u(\bar{\lambda})$
360.9	360.8	360.7	360.6	0.2	0.2	−0.1	0.07
807.7	807.5	807.4	807.4	807.43	0.1	−0.3	0.03

1.4.2　标准器引入的标准不确定度 $u(\lambda_s)$

镨钕玻璃滤光片校准证书给出波长参考值的不确定度为 $U = 0.3$nm（$k = 2$），则标准器引入的标准不确定度 $u(\lambda_s)$ 为

$$u(\lambda_s) = \frac{U}{k} = \frac{0.3}{2} = 0.15\text{nm}$$

1.5　合成标准不确定度计算

各标准不确定度分量汇总见表 2。

表2

符号	不确定度来源	标准不确定度值 $u(x_i)$	灵敏系数 c_i	$\lvert c_i \rvert u(x_i)$
$u(\lambda_s)$	镨钕玻璃滤光片波长参考值的不确定度	0.15nm	-1	0.15nm
$u(\overline{\lambda})$	测量重复性	0.07nm 0.03nm	1	0.07nm 0.03nm

按式（2）计算合成标准不确定度，结果见表3。

表3

波长参考值 nm	$u_c(\Delta\lambda)$ nm
360.9	0.17
807.7	0.16

1.6　扩展不确定度评定

取包含因子 $k=2$，包含概率约为95%，则扩展不确定度为 $U=k\cdot u_c(\Delta\lambda)$，计算结果见表4。

表4

波长参考值 nm	U nm	备注
360.9	0.34	取 $U=0.4$nm
807.7	0.32	取 $U=0.4$nm

2　透射比示值误差测量结果的不确定度评定

2.1　测量方法

分别在440，546，635nm处，以空气为参比，用分光光度计测量透射比标称值为10%，20%，30%的可见光区透射比标准滤光片，连续测量3次，得到3次示值的算术平均值，与相应波长下透射比的参考值之差，即为透射比的示值误差。

2.2　测量模型

$$\Delta T = \overline{T} - T_s \tag{3}$$

式中：ΔT——透射比示值误差；

$\overline{T}$——3次测量的平均值；

T_s——透射比参考值。

2.3　合成方差和灵敏系数

输入量 $\overline{T}$ 与 T_s 彼此独立不相关，则

$$u_c^2(\Delta T) = \left[\frac{\partial(\Delta T)}{\partial(\overline{T})}\cdot u(\overline{T})\right]^2 + \left[\frac{\partial(\Delta T)}{\partial(T_s)}\cdot u(T_s)\right]^2 = [c_1 u(\overline{T})]^2 + [c_2 u(T_s)]^2 \tag{4}$$

式中：$c_1 = \dfrac{\partial(\Delta T)}{\partial(\overline{T})} = 1$；$c_2 = \dfrac{\partial(\Delta T)}{\partial(T_s)} = -1$。

2.4　各输入量的标准不确定度分量评定

2.4.1　测量重复性引入的标准不确定度 $u(\overline{T})$

用分光光度计在特定波长下直接测量可见光区透射比标准滤光片，重复测量 3 次，3 次的算术平均值与透射比参考值之差，即为透射比示值误差。测量重复性引入的标准不确定度用极差法计算，3 次测量的极差系数 $C = 1.69$，则

$$u(\overline{T}) = \frac{T_{\max} - T_{\min}}{1.69 \times \sqrt{3}}$$

某分光光度计在 440nm 下测量可见光区透射比标准滤光片，其透射比测得值及测量重复性引入的标准不确定度见表 5。

表 5　　　　　　　　　　　　　　　　　　　　　　　　　%

透射比参考值	测得值			平均值	ΔT	极差	$u(\overline{T})$
11. 26	11. 4	11. 5	11. 4	11. 43	0. 17	0. 1	0. 04
21. 75	21. 9	22. 0	21. 9	21. 93	0. 18	0. 1	0. 04
32. 69	33. 5	33. 6	33. 6	33. 57	0. 88	0. 2	0. 07

2.4.2　标准器引入的标准不确定度 $u(T_s)$

可见光区透射比标准滤光片校准证书给出透射比参考值的不确定度为 $U = 0.2\%$（$k = 2$），则标准器引入的标准不确定度 $u(T_s)$ 为

$$u(T_s) = \frac{a}{k} = \frac{0.2\%}{2} = 0.1\%$$

2.5　合成标准不确定度计算

各标准不确定度分量汇总见表 6。

表 6

符号	不确定度来源	标准不确定度值 $u(x_i)$	灵敏系数 c_i	$\lvert c_i \rvert u(x_i)$
$u(T_s)$	可见光区透射比标准滤光片透射比参考值的不确定度	0.1%	−1	0.1%
$u(\overline{T})$	测量重复性	0.04% 0.04% 0.07%	1	0.04% 0.04% 0.07%

按式（4）计算合成标准不确定度，结果见表 7。

表7

波长	透射比标称值	$u_c(\Delta T)$
440nm	11.26%	0.11%
	21.75%	0.11%
	32.69%	0.13%

2.6 扩展不确定度评定

取包含因子 $k=2$，包含概率约为 95%，则扩展不确定度为 $U=k\cdot u_c(\Delta T)$，计算结果见表8。

表8

波长	透射比标称值	U	备注
440nm	11.26%	0.22%	取 $U=0.3\%$
	21.75%	0.22%	取 $U=0.3\%$
	32.69%	0.26%	取 $U=0.3\%$

十、检定或校准结果的验证

采用比对法对检定结果进行验证。

用本计量标准装置检定一台型号为 lambda-850、编号为 850n4040801 的紫外可见分光光度计，再由具有相同准确度等级计量标准的另外三家单位检定同一台紫外可见分光光度计。波长示值误差测量结果如下（经本计量标准装置检定的示值误差的扩展不确定度为 U_{lab}）。

各检定装置 检定结果	示值误差	扩展不确定度 U_{lab}（$k=2$）	平均值 $\bar{y}$	$\lvert y_{lab} - \bar{y} \rvert$	$\sqrt{\dfrac{n-1}{n}} U_{lab}$
本实验室 y_{lab}	0.2nm	0.4nm			
1 号实验室 y_1	0.1nm	—			
2 号实验室 y_2	0.3nm	—	0.2nm	0.0nm	0.35nm
3 号实验室 y_3	0.2nm	—			

经计算，检定结果满足 $\lvert y_{lab} - \bar{y} \rvert \leqslant \sqrt{\dfrac{n-1}{n}} U_{lab}$，故本装置通过验证，符合要求。

透射比示值误差的检定或校准结果的验证参照上述方法进行。

十一、结论

　　该检定装置标准器及配套设备齐全，装置稳定可靠，检定结果的测量不确定度评定合理并通过验证，环境条件合格，检定人员具有相应的资格和能力，技术资料齐全有效，规章制度较完善，各项技术指标均符合检定规程和计量标准考核规范的要求，可以开展紫外、可见、近红外分光光度计的检定工作。

十二、附加说明

示例 3.10　熔点测定仪检定装置

计量标准考核（复查）申请书

〔　　〕量标　　　证字第　　　号

计量标准名称　　**熔点测定仪检定装置**

计量标准代码　　　　**46516700**

建标单位名称　　　　　　　　　　　　　

组织机构代码　　　　　　　　　　　　　

单 位 地 址　　　　　　　　　　　　　

邮 政 编 码　　　　　　　　　　　　　

计量标准负责人及电话　　　　　　　　　

计量标准管理部门联系人及电话　　　　　

年　　　月　　　日

说　　明

1. 申请新建计量标准考核，建标单位应当提供以下资料：

1）《计量标准考核（复查）申请书》原件一式两份和电子版一份；

2）《计量标准技术报告》原件一份；

3）计量标准器及主要配套设备有效的检定或校准证书复印件一套；

4）开展检定或校准项目的原始记录及相应的模拟检定或校准证书复印件两套；

5）检定或校准人员能力证明复印件一套；

6）可以证明计量标准具有相应测量能力的其他技术资料（如果适用）复印件一套。

2. 申请计量标准复查考核，建标单位应当提供以下资料：

1）《计量标准考核（复查）申请书》原件一式两份和电子版一份；

2）《计量标准考核证书》原件一份；

3）《计量标准技术报告》原件一份；

4）《计量标准考核证书》有效期内计量标准器及主要配套设备连续、有效的检定或校准证书复印件一套；

5）随机抽取该计量标准近期开展检定或校准工作的原始记录及相应的检定或校准证书复印件两套；

6）《计量标准考核证书》有效期内连续的《检定或校准结果的重复性试验记录》复印件一套；

7）《计量标准考核证书》有效期内连续的《计量标准的稳定性考核记录》复印件一套；

8）检定或校准人员能力证明复印件一套；

9）计量标准更换申报表（如果适用）复印件一份；

10）计量标准封存（或撤销）申报表（如果适用）复印件一份；

11）可以证明计量标准具有相应测量能力的其他技术资料（如果适用）复印件一套。

3.《计量标准考核（复查）申请书》采用计算机打印，并使用 A4 纸。

注：新建计量标准申请考核时不必填写"计量标准考核证书号"。

计量标准名　称	熔点测定仪检定装置				计量标准考核证书号			
保存地点					计量标准原值（万元）			
计量标准类　别	☑ 社会公用 ☑ 计量授权		□ 部门最高 □ 计量授权			□ 企事业最高 □ 计量授权		
测量范围	熔点标准物质： 　熔点：51.62，80.24，122.35，151.63，183.36，215.94，239.42，284.63℃ 　毛细管熔点：52.06,80.58,122.85,152.55,184.15,216.38,240.41,285.14℃ 　（升温速率：0.2℃/min） 　52.62,81.09,123.37,153.16,184.74,216.98,241.13,285.64℃ 　（升温速率：1.0℃/min）							
不确定度或准确度等级或最大允许误差	熔点：$U=0.05$℃（$k=2$） 毛细管熔点：$U=0.11$℃（$k=2$）（升温速率：0.2℃/min） 　　　　　　$U=0.20$℃（$k=2$）（升温速率：1.0℃/min）							

	名　称	型　号	测量范围	不确定度或准确度等级或最大允许误差	制造厂及出厂编号	检定周期或复校间隔	末次检定或校准日期	检定或校准机构及证书号
计量标准器	熔点标准物质	GBW 13231～GBW 13238	熔点： 51.62,80.24,122.35,151.63,183.36,215.94,239.42,284.63℃ 毛细管熔点：52.06,80.58,122.85,152.55,184.15,216.38,240.41,285.14℃ （升温速率：0.2℃/min）； 52.62,81.09,123.37,153.16,184.74,216.98,241.13,285.64℃ （升温速率：1.0℃/min）	熔点：$U=0.05$℃（$k=2$） 毛细管熔点：$U=0.11$℃（$k=2$）（升温速率：0.2℃/min）； $U=0.20$℃（$k=2$）（升温速率：1.0℃/min）		5年		
主要配套设备	高精度温度测试仪		（0～300）℃	$U=0.05$℃（$k=2$）		2年		
	电子秒表		（0～3600）s	MPE：±0.10s/h		1年		
	绝缘电阻表		（0～500）MΩ	10级		1年		

	序号	项目	要 求	实 际 情 况	结论
环境条件及设施	1	环境温度	(20 ± 5)℃，温度波动不大于 ± 2℃	$(15 \sim 25)$℃，温度波动不大于 ± 2℃	合格
	2	相对湿度	$\leq 85\%$	$35\% \sim 75\%$	合格
	3	电压	(220 ± 22)V	(220 ± 22)V	合格
	4	频率	(50 ± 1)Hz	(50 ± 1)Hz	合格
	5	其他	无强电磁场干扰	无强电磁场干扰	合格
	6				
	7				
	8				

	姓 名	性别	年龄	从事本项目年限	学 历	能力证明名称及编号	核准的检定或校准项目
检定或校准人员							

	序号	名　称	是否具备	备　注
文件集登记	1	计量标准考核证书（如果适用）	否	新建
	2	社会公用计量标准证书（如果适用）	否	新建
	3	计量标准考核（复查）申请书	是	
	4	计量标准技术报告	是	
	5	检定或校准结果的重复性试验记录	是	
	6	计量标准的稳定性考核记录	是	
	7	计量标准更换申报表（如果适用）	否	新建
	8	计量标准封存（或撤销）申报表（如果适用）	否	新建
	9	计量标准履历书	是	
	10	国家计量检定系统表（如果适用）	否	无
	11	计量检定规程或计量技术规范	是	
	12	计量标准操作程序	是	
	13	计量标准器及主要配套设备使用说明书（如果适用）	是	
	14	计量标准器及主要配套设备的检定或校准证书	是	
	15	检定或校准人员能力证明	是	
	16	实验室的相关管理制度	是	
	16.1	实验室岗位管理制度	是	
	16.2	计量标准使用维护管理制度	是	
	16.3	量值溯源管理制度	是	
	16.4	环境条件及设施管理制度	是	
	16.5	计量检定规程或计量技术规范管理制度	是	
	16.6	原始记录及证书管理制度	是	
	16.7	事故报告管理制度	是	
	16.8	计量标准文件集管理制度	是	
	17	开展检定或校准工作的原始记录及相应的检定或校准证书副本	是	
	18	可以证明计量标准具有相应测量能力的其他技术资料（如果适用）	是	
	18.1	检定或校准结果的不确定度评定报告	是	
	18.2	计量比对报告	否	新建
	18.3	研制或改造计量标准的技术鉴定或验收资料	否	非自研

开展的检定或校准项目	名　称	测量范围	不确定度或准确度等级或最大允许误差	所依据的计量检定规程或计量技术规范的编号及名称
	毛细管法熔点测定仪	环境温度~400℃	0.2级，0.5级，1.0级，1.5级	JJG 701—2008《熔点测定仪》
	热台法熔点测定仪		0.5级，1.0级，1.5级	

建标单位意见	负责人签字：　　　　（公章） 　　　　年　月　日
建标单位主管部门意见	（公章） 　　　　年　月　日
主持考核的人民政府计量行政部门意见	（公章） 　　　　年　月　日
组织考核的人民政府计量行政部门意见	（公章） 　　　　年　月　日

计 量 标 准 技 术 报 告

计量标准名称___**熔点测定仪检定装置**___

计量标准负责人_____

建标单位名称_____

填 写 日 期_____

目　录

一、建立计量标准的目的 ……………………………………………（247）

二、计量标准的工作原理及其组成 …………………………………（247）

三、计量标准器及主要配套设备 ……………………………………（248）

四、计量标准的主要技术指标 ………………………………………（249）

五、环境条件 …………………………………………………………（249）

六、计量标准的量值溯源和传递框图 ………………………………（250）

七、计量标准的稳定性考核 …………………………………………（251）

八、检定或校准结果的重复性试验 …………………………………（252）

九、检定或校准结果的不确定度评定 ………………………………（254）

十、检定或校准结果的验证 …………………………………………（256）

十一、结论 ……………………………………………………………（257）

十二、附加说明 ………………………………………………………（257）

一、建立计量标准的目的

　　根据物理化学的定义，物质的熔点是指该物质由固态变为液态时的温度。在有机化学领域，熔点测定是辨认物质本性的基本手段，也是纯度测定的重要方法之一。因此，熔点测定仪在化学工业、医药研究中具有重要地位，是生产药物、香料、染料及其他有机晶体物质的必备仪器。

　　建立熔点测定仪检定装置就是对熔点测定仪进行量值传递，确保熔点测定仪检测数据的准确可靠。

二、计量标准的工作原理及其组成

　　熔点测定仪都采用直接比较法进行检定或校准，即按规程要求用熔点测定仪直接测量熔点测定仪检定装置中的熔点标准物质，与参考值比较，计算得到示值误差、重复性。加热介质为固体并带有数字温度显示的熔点测定仪，使用仪器本身的数字温度计测量温度，以熔点测定仪检定装置中的电子秒表计时，计算得到线性升温速率误差；加热介质为液体的仪器，使用熔点测定仪检定装置中的高精度温度测试仪和电子秒表测量线性升温速率，计算得到线性升温速率误差。

　　熔点测定仪检定装置主要由熔点标准物质、高精度温度测试仪和电子秒表等组成。

三、计量标准器及主要配套设备

	名　称	型　号	测量范围	不确定度 或准确度等级 或最大允许误差	制造厂及 出厂编号	检定周 期或复 校间隔	检定或 校准机构
计 量 标 准 器	熔点标准 物质	GBW 13231 ~ GBW 13238	熔点： 51.62,80.24, 122.35,151.63, 183.36,215.94, 239.42,284.63℃ 毛细管熔点： 52.06,80.58, 122.85,152.55, 184.15,216.38, 240.41,285.14℃ (升温速率： 0.2℃/min)； 52.62,81.09, 123.37,153.16, 184.74,216.98, 241.13,285.64℃ (升温速率： 1.0℃/min)	熔点： $U = 0.05℃(k=2)$ 毛细管熔点： $U = 0.11℃(k=2)$ (升温速率： 0.2℃/min)； $U = 0.20℃(k=2)$ (升温速率： 1.0℃/min)		5 年	
主 要 配 套 设 备	高精度温度 测试仪		(0~300)℃	$U = 0.05℃(k=2)$		2 年	
	电子秒表		(0~3600)s	MPE：±0.10s/h		1 年	
	绝缘电阻表		(0~500)MΩ	10 级		1 年	

四、计量标准的主要技术指标

1. 量值范围：
   熔点：51.62，80.24，122.35，151.63，183.36，215.94，239.42，284.63℃
   毛细管熔点：52.06，80.58，122.85，152.55，184.15，216.38，240.41，285.14℃
   　　　　　　（升温速率：0.2℃/min）
   　　　　　　52.62，81.09，123.37，153.16，184.74，216.98，241.13，285.64℃
   　　　　　　（升温速率：1.0℃/min）

2. 不确定度：
   熔点：$U=0.05℃$（$k=2$）
   毛细管熔点：$U=0.11℃$（$k=2$）（升温速率：0.2℃/min）
   　　　　　　$U=0.20℃$（$k=2$）（升温速率：1.0℃/min）

五、环境条件

序号	项目	要　　求	实际情况	结论
1	环境温度	（20±5）℃，温度波动不大于±2℃	（15~25）℃，温度波动不大于±2℃	合格
2	相对湿度	≤85%	35%~75%	合格
3	电压	（220±22）V	（220±22）V	合格
4	频率	（50±1）Hz	（50±1）Hz	合格
5	其他	无强电磁场干扰	无强电磁场干扰	合格
6				

六、计量标准的量值溯源和传递框图

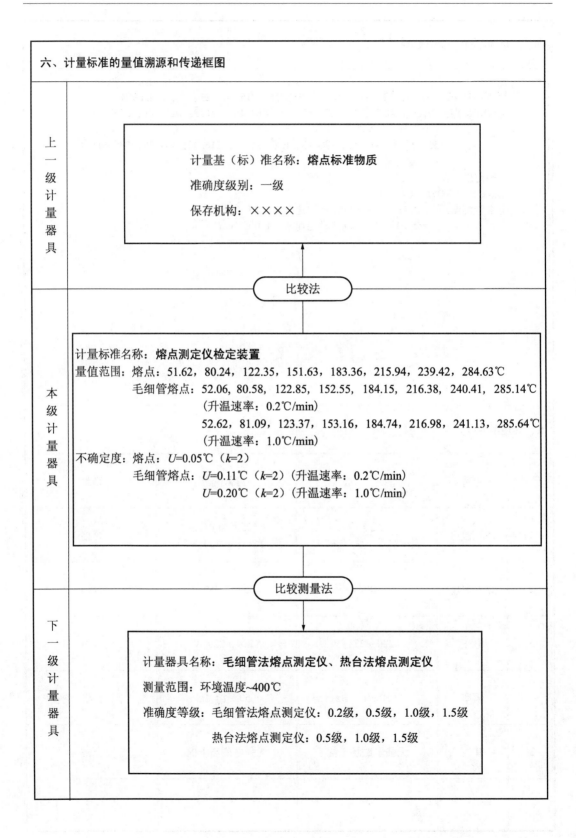

上一级计量器具

计量基（标）准名称：**熔点标准物质**

准确度级别：一级

保存机构：××××

比较法

本级计量器具

计量标准名称：**熔点测定仪检定装置**
量值范围：熔点：51.62，80.24，122.35，151.63，183.36，215.94，239.42，284.63℃
　　　　　毛细管熔点：52.06，80.58，122.85，152.55，184.15，216.38，240.41，285.14℃
　　　　　　　　　　（升温速率：0.2℃/min）
　　　　　　　　　　52.62，81.09，123.37，153.16，184.74，216.98，241.13，285.64℃
　　　　　　　　　　（升温速率：1.0℃/min）
不确定度：熔点：U=0.05℃（k=2）
　　　　　毛细管熔点：U=0.11℃（k=2）（升温速率：0.2℃/min）
　　　　　　　　　　　U=0.20℃（k=2）（升温速率：1.0℃/min）

比较测量法

下一级计量器具

计量器具名称：**毛细管法熔点测定仪、热台法熔点测定仪**

测量范围：环境温度~400℃

准确度等级：毛细管法熔点测定仪：0.2级，0.5级，1.0级，1.5级

　　　　　　热台法熔点测定仪：0.5级，1.0级，1.5级

七、计量标准的稳定性考核

　　熔点测定仪检定装置中的计量标准器为有证熔点标准物质，按照 JJF 1033—2016 中 4.2.3 的规定，有效期内的有证标准物质可以不进行稳定性考核。

八、检定或校准结果的重复性试验

1. GBW 13232c、GBW13234c

试验时间	2017 年 6 月 8 日			2017 年 6 月 8 日		
被测对象	名称	型号	编号	名称	型号	编号
	熔点仪	MP80	B64835755	熔点仪	MP80	B64835755
测量条件	环境温度:21℃;相对湿度:58%。被测对象的升温速率设置为 1.0℃/min。在重复性测量条件下,用被测对象对熔点测定仪检定装置中的熔点标准物质(GBW13232c)进行重复测量			环境温度:21℃;相对湿度:58%。被测对象的升温速率设置为 1.0℃/min。在重复性测量条件下,用被测对象对熔点测定仪检定装置中的熔点标准物质(GBW13234c)进行重复测量		
测量次数	测得值/℃			测得值/℃		
1	81.2			153.2		
2	81.2			153.3		
3	81.3			153.3		
4	81.3			153.2		
5	81.2			153.4		
6	81.3			153.3		
7	81.3			153.3		
8	81.2			153.3		
9	81.3			153.4		
10	81.3			153.4		
$\bar{y}$	81.26			153.31		
$s(y_i) = \sqrt{\dfrac{\sum\limits_{i=1}^{n}(y_i - \bar{y})^2}{n-1}}$	0.05℃			0.07℃		
结　　论	—			—		
试验人员	×××			×××		

2. GBW13238d

试验时间	2017 年 6 月 8 日		
被测对象	名称	型号	编号
	熔点仪	MP80	B64835755
测量条件	环境温度：21℃；相对湿度：58%。 被测对象的升温速率设置为 1.0℃/min。在重复性测量条件下，用被测对象对熔点测定仪检定装置中的熔点标准物质（GBW13238d）进行重复测量		
测量次数	测得值/℃		
1	285.8		
2	285.9		
3	285.9		
4	285.9		
5	285.8		
6	285.8		
7	285.8		
8	285.9		
9	286.0		
10	285.9		
$\bar{y}$	285.87		
$s(y_i)=\sqrt{\dfrac{\sum\limits_{i=1}^{n}\left(y_i-\bar{y}\right)^2}{n-1}}$	0.07℃		
结 论	—		
试验人员	× × ×		

九、检定或校准结果的不确定度评定

1　测量方法

　　熔点测定仪的示值误差采用直接比较法进行测量，用熔点测定仪直接测量熔点标准物质，由测得值与参考值之差求出示值误差。

2　测量模型

$$\Delta T = \overline{T} - T_s \tag{1}$$

式中：ΔT——示值误差，℃；

　　　　$\overline{T}$——3 次熔点测得值的平均值，℃；

　　　　T_s——熔点标准物质的参考值，℃。

3　合成方差和灵敏系数

　　根据测量模型，由于各输入量彼此独立不相关，所以合成标准不确定度的计算公式为

$$u_c^2(\Delta T) = c_1^2 u^2(\overline{T}) + c_2^2 u^2(T_s) \tag{2}$$

式中：$c_1 = \dfrac{\partial(\Delta T)}{\partial(\overline{T})} = 1$；$c_2 = \dfrac{\partial(\Delta T)}{\partial(T_s)} = -1$。

4　各输入量的标准不确定度分量评定

　　某毛细管熔点测定仪示值误差测量数据见表 1（升温速率：1.0℃/min）。

表 1

标准物质编号	$T_s/℃$	$T_i/℃$			$\overline{T}/℃$	$\Delta T/℃$
		1	2	3		
GBW13232c	81.09	81.2	81.2	81.3	81.23	0.2
GBW13234c	153.16	153.4	153.4	153.3	153.37	0.3
GBW13238d	285.64	285.8	285.9	285.7	285.80	0.2

4.1　标准器引入的标准不确定度 $u(T_s)$

　　根据熔点标准物质证书，当升温速率为 1.0℃/min 时，标准物质毛细管熔点的不确定度为 $U = 0.20℃$（$k = 2$），所以标准物质毛细管熔点值引入的标准不确定度为

$$u(T_s) = \frac{U}{k} = 0.10℃$$

4.2　测量重复性引入的标准不确定度 $u(\overline{T})$

　　按照规程要求选用熔点标准物质，用熔点仪测量其毛细管熔点。各重复测量 3 次，其 3 次测量的平均值与相应速率的标准物质毛细管熔点参考值之差为仪器的示值误差。测量重复性引入的标准不确定度用极差法计算，3 次测量的极差系数 $C = 1.69$，则

$$u(\overline{T}) = \frac{T_{i\max} - T_{i\min}}{1.69 \times \sqrt{3}}$$

　　测量重复性引入的标准不确定度见表 2（升温速率：1.0℃/min）。

表2

标准物质编号	$T_s/℃$	$T_i/℃$			$\overline{T}/℃$	$\Delta T/℃$	$u(\overline{T})/℃$
		1	2	3			
GBW13232c	81.09	81.2	81.2	81.3	81.23	0.1	0.034
GBW13234c	153.16	153.4	153.4	153.3	153.37	0.2	0.034
GBW13238d	285.64	285.8	285.9	285.7	285.80	0.2	0.068

5 合成标准不确定度计算

各标准不确定度分量汇总见表3。

表3

符号	不确定度来源	标准不确定度值 $u(x_i)$	灵敏系数 c_i	$|c_i||u(x_i)|$
$u(\overline{T})$	测量重复性	0.034℃ 0.034℃ 0.068℃	1	0.034℃ 0.034℃ 0.068℃
$u(T_s)$	熔点标准物质毛细管熔点值的不确定度	0.10℃	-1	0.10℃

按式（2）计算合成标准不确定度，结果见表4。

表4

$T_s/℃$	$\Delta T/℃$	$u_c(\Delta T)/℃$
81.09	0.1	0.11
153.16	0.2	0.11
285.64	0.2	0.12

6 扩展不确定度评定

取包含因子 $k=2$，包含概率约为95%，则扩展不确定度为 $U=k \cdot u_c(\Delta T)$，计算结果见表5。

表5

$T_s/℃$	$\Delta T/℃$	$U/℃$	备注
81.09	0.1	0.22	取 $U=0.3℃$
153.16	0.2	0.22	取 $U=0.3℃$
285.64	0.2	0.24	取 $U=0.3℃$

十、检定或校准结果的验证

采用比对法对检定结果进行验证。

用本计量标准装置检定一台型号为 MP80、编号为 B64835755 的熔点测定仪，再由具有相同准确度等级计量标准的另外三家单位检定同一台熔点测定仪。各实验室的检定结果如下（经本计量标准装置检定的示值误差的扩展不确定度为 U_{lab}）。

检定装置	示值误差	扩展不确定度 U_{lab}（$k=2$）	平均值 $\bar{y}$	$\lvert y_{lab}-\bar{y}\rvert$	$\sqrt{\dfrac{n-1}{n}}U_{lab}$
本实验室 y_{lab}	0.2℃	0.3℃			
1 号实验室 y_1	0.3℃	—			
2 号实验室 y_2	0.2℃	—	0.25℃	0.05℃	0.26℃
3 号实验室 y_3	0.3℃	—			

经计算，检定结果满足 $\lvert y_{lab}-\bar{y}\rvert \leqslant \sqrt{\dfrac{n-1}{n}}U_{lab}$，故本装置通过验证，符合要求。

十一、结论

　　该检定装置标准器及配套设备齐全，装置稳定可靠，检定结果的测量不确定度评定合理并通过验证，环境条件合格，检定人员具有相应的资格和能力，技术资料齐全有效，规章制度较完善，各项技术指标均符合检定规程和计量标准考核规范的要求，可以开展毛细管法熔点测定仪和热台法熔点测定仪的检定工作。

十二、附加说明

示例 3.11　酶标分析仪检定装置

计量标准考核（复查）申请书

[　　]　量标　　证字第　　　号

计量标准名称　　__**酶标分析仪检定装置**__

计量标准代码　　_____**46118103**_____

建标单位名称_____

组织机构代码_____

单 位 地 址_____

邮 政 编 码_____

计量标准负责人及电话_____

计量标准管理部门联系人及电话_____

年　　　月　　　日

说　明

1. 申请新建计量标准考核，建标单位应当提供以下资料：

1）《计量标准考核（复查）申请书》原件一式两份和电子版一份；

2）《计量标准技术报告》原件一份；

3）计量标准器及主要配套设备有效的检定或校准证书复印件一套；

4）开展检定或校准项目的原始记录及相应的模拟检定或校准证书复印件两套；

5）检定或校准人员能力证明复印件一套；

6）可以证明计量标准具有相应测量能力的其他技术资料（如果适用）复印件一套。

2. 申请计量标准复查考核，建标单位应当提供以下资料：

1）《计量标准考核（复查）申请书》原件一式两份和电子版一份；

2）《计量标准考核证书》原件一份；

3）《计量标准技术报告》原件一份；

4）《计量标准考核证书》有效期内计量标准器及主要配套设备连续、有效的检定或校准证书复印件一套；

5）随机抽取该计量标准近期开展检定或校准工作的原始记录及相应的检定或校准证书复印件两套；

6）《计量标准考核证书》有效期内连续的《检定或校准结果的重复性试验记录》复印件一套；

7）《计量标准考核证书》有效期内连续的《计量标准的稳定性考核记录》复印件一套；

8）检定或校准人员能力证明复印件一套；

9）计量标准更换申报表（如果适用）复印件一份；

10）计量标准封存（或撤销）申报表（如果适用）复印件一份；

11）可以证明计量标准具有相应测量能力的其他技术资料（如果适用）复印件一套。

3. 《计量标准考核（复查）申请书》采用计算机打印，并使用 A4 纸。

注：新建计量标准申请考核时不必填写"计量标准考核证书号"。

计量标准 名　称	酶标分析仪检定装置			计量标准 考核证书号	
保存地点				计量标准 原值（万元）	
计量标准 类　别	☑ 社会公用 ☑ 计量授权	□ 部门最高 □ 计量授权		□ 企事业最高 □ 计量授权	
测量范围	波长：(210~900)nm（适用于Ⅰ、Ⅱ类仪器） 　　　405，450，492，620nm（适用于Ⅲ类仪器） 吸光度：0.2，0.5，1.0，1.5				
不确定度或 准确度等级或 最大允许误差	波长：$U=0.10$nm（$k=2$）（适用于Ⅰ、Ⅱ类仪器） 　　　$U=0.4$nm（$k=2$）（适用于Ⅲ类仪器） 吸光度：$U=0.002~0.006$（$k=2$）				

	名　称	型　号	测量范围	不确定度 或准确度等级 或最大允许误差	制造厂及 出厂编号	检定周 期或复 校间隔	末次检 定或校 准日期	检定或校 准机构及 证书号
计量标准器	酶标仪透射 比标准滤 光片	MB1	吸光度标称值： 0.2,0.5,1.0, 1.5	$U=0.002~0.006$ （$k=2$）		1 年		
	紫外、可见、 近红外分光 光度计	Lambda 950	波长： (210~2600)nm	紫外可见光区： $U=0.10$nm （$k=2$）		1 年		
	酶标仪标准 滤光片 （干涉）	MB121	峰值波长标称 值：405，450， 492，620nm	$U=0.4$nm （$k=2$）		1 年		
	酶标分析仪 用溶液标准 物质	GBW(E) 130358	5.00mg/L	$U_{rel}=1\%$ （$k=2$）		1 年		
主要配套设备	绝缘电阻表		(0~500)MΩ	10 级		1 年		

	序号	项目	要　　求	实 际 情 况	结论
环境条件及设施	1	环境温度	(15～35)℃	(15～35)℃	合格
	2	相对湿度	15%～85%	35%～75%	合格
	3	电压	(220±22) V	(220±22) V	合格
	4	频率	(50±1) Hz	(50±1) Hz	合格
	5	光线	无强光直射	无强光直射	合格
	6	振动	无振动干扰	无振动干扰	合格
	7	噪声	无噪声干扰	无噪声干扰	合格
	8	磁场	无磁场干扰	无磁场干扰	合格
	9	电场	无电场干扰	无电场干扰	合格

	姓　名	性别	年龄	从事本项目年限	学　历	能力证明名称及编号	核准的检定或校准项目
检定或校准人员							

	序号	名　称	是否具备	备注
文件集登记	1	计量标准考核证书（如果适用）	否	新建
	2	社会公用计量标准证书（如果适用）	否	新建
	3	计量标准考核（复查）申请书	是	
	4	计量标准技术报告	是	
	5	检定或校准结果的重复性试验记录	是	
	6	计量标准的稳定性考核记录	是	
	7	计量标准更换申报表（如果适用）	否	新建
	8	计量标准封存（或撤销）申报表（如果适用）	否	新建
	9	计量标准履历书	是	
	10	国家计量检定系统表（如果适用）	否	无
	11	计量检定规程或计量技术规范	是	
	12	计量标准操作程序	是	
	13	计量标准器及主要配套设备使用说明书（如果适用）	是	
	14	计量标准器及主要配套设备的检定或校准证书	是	
	15	检定或校准人员能力证明	是	
	16	实验室的相关管理制度		
	16.1	实验室岗位管理制度	是	
	16.2	计量标准使用维护管理制度	是	
	16.3	量值溯源管理制度	是	
	16.4	环境条件及设施管理制度	是	
	16.5	计量检定规程或计量技术规范管理制度	是	
	16.6	原始记录及证书管理制度	是	
	16.7	事故报告管理制度	是	
	16.8	计量标准文件集管理制度	是	
	17	开展检定或校准工作的原始记录及相应的检定或校准证书副本	是	
	18	可以证明计量标准具有相应测量能力的其他技术资料（如果适用）		
	18.1	检定或校准结果的不确定度评定报告	是	
	18.2	计量比对报告	否	新建
	18.3	研制或改造计量标准的技术鉴定或验收资料	否	非自研

开展的检定或校准项目	名　称	测量范围	不确定度或准确度 等级或最大允许误差	所依据的计量检定规程 或计量技术规范的编号及名称
	酶标分析仪	波长： （340～850）nm 吸光度： 0～4	波长 MPE：±3nm 吸光度 MPE：±0.03	JJG 861—2007《酶标分析仪》

建标单位意见	负责人签字：　　　　　　（公章） 　　　　　　年　月　日
建标单位 主管部门意见	（公章） 　　　　　　年　月　日
主持考核的 人民政府计量 行政部门意见	（公章） 　　　　　　年　月　日
组织考核的 人民政府计量 行政部门意见	（公章） 　　　　　　年　月　日

计 量 标 准 技 术 报 告

计量标准名称＿＿＿＿酶标分析仪检定装置＿＿＿＿

计量标准负责人＿＿＿＿＿＿＿＿＿＿＿＿＿＿＿

建标单位名称＿＿＿＿＿＿＿＿＿＿＿＿＿＿＿＿

填 写 日 期＿＿＿＿＿＿＿＿＿＿＿＿＿＿＿＿

目　录

一、建立计量标准的目的 …………………………………………（267）

二、计量标准的工作原理及其组成 ………………………………（267）

三、计量标准器及主要配套设备 …………………………………（268）

四、计量标准的主要技术指标 ……………………………………（269）

五、环境条件 ………………………………………………………（269）

六、计量标准的量值溯源和传递框图 ……………………………（270）

七、计量标准的稳定性考核 ………………………………………（271）

八、检定或校准结果的重复性试验 ………………………………（277）

九、检定或校准结果的不确定度评定 ……………………………（280）

十、检定或校准结果的验证 ………………………………………（285）

十一、结论 …………………………………………………………（286）

十二、附加说明 ……………………………………………………（286）

一、建立计量标准的目的

　　酶标分析仪适用于血液学检验、免疫学检验、肿瘤免疫学检验、传染病免疫学检验、基因检验及兽残和农残检验等相关项目的检测，广泛地应用于临床检验、生物学研究、农业科学、食品和环境科学领域。

　　建立酶标分析仪检定装置就是对酶标分析仪进行量值传递，确保酶标分析仪检测数据的准确可靠。

二、计量标准的工作原理及其组成

　　酶标分析仪都采用直接比较法进行检定或校准，即按规程要求用酶标分析仪直接测量酶标分析仪检定装置中的酶标仪透射比标准滤光片，计算得到示值稳定性、吸光度示值误差、吸光度重复性、通道差异等计量特性；用酶标分析仪直接测量酶标分析仪用溶液标准物质（灵敏度），得到灵敏度；用Ⅲ类酶标分析仪直接测量酶标分析仪检定装置中的酶标仪标准滤光片（干涉），计算得到波长示值误差、波长重复性项目；用紫外可见近红外分光光度计对Ⅰ类、Ⅱ类酶标分析仪所附的干涉滤光片的波长示值误差、波长重复性项目进行测量。

　　酶标分析仪检定装置主要由酶标仪透射比标准滤光片、酶标仪标准滤光片（干涉）、紫外可见近红外分光光度计和酶标分析仪用溶液标准物质等组成。

三、计量标准器及主要配套设备

	名　称	型　号	测量范围	不确定度 或准确度等级 或最大允许误差	制造厂及 出厂编号	检定周 期或复 校间隔	检定或 校准机构
计量标准器	酶标仪透射 比标准滤 光片	MB1	吸光度标称值: 0.2,0.5,1.0, 1.5	$U=0.002\sim0.006$ $(k=2)$		1 年	
	紫外、可见、 近红外分光 光度计	Lambda 950	波长: $(210\sim2600)$nm	紫外可见光区: $U=0.10$ nm $(k=2)$		1 年	
	酶标仪标准 滤光片 (干涉)	MB121	峰值波长标称 值:405,450, 492,620 nm	$U=0.4$ nm $(k=2)$		1 年	
	酶标分析仪 用溶液标准 物质	GBW(E) 130358	5.00mg/L	$U_{rel}=1\%$ $(k=2)$		1 年	
主要配套设备	绝缘电阻表		$(0\sim500)$MΩ	10 级		1 年	

四、计量标准的主要技术指标

1. 量值范围
   波长：（210～900）nm（适用于Ⅰ、Ⅱ类仪器）
         405，450，492，620nm（适用于Ⅲ类仪器）
   吸光度：0.2，0.5，1.0，1.5
2. 不确定度
   波长：$U = 0.10$nm（$k = 2$）（适用于Ⅰ、Ⅱ类仪器）
         $U = 0.4$nm（$k = 2$）（适用于Ⅲ类仪器）
   吸光度：$U = 0.002 \sim 0.006$（$k = 2$）

五、环境条件

序号	项目	要　　求	实际情况	结论
1	环境温度	（15～35）℃	（15～35）℃	合格
2	相对湿度	15%～85%	35%～75%	合格
3	电压	（220±22）V	（220±22）V	合格
4	频率	（50±1）Hz	（50±1）Hz	合格
5	光线	无强光直射	无强光直射	合格
6	振动	无振动干扰	无振动干扰	合格
7	噪声	无噪声干扰	无噪声干扰	合格
8	磁场	无磁场干扰	无磁场干扰	合格
9	电场	无电场干扰	无电场干扰	合格

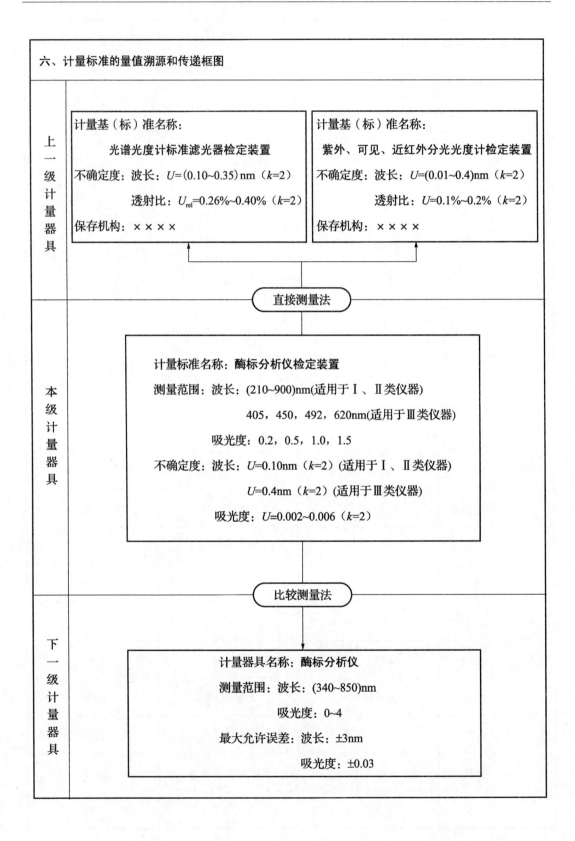

六、计量标准的量值溯源和传递框图

上一级计量器具

计量基（标）准名称：

光谱光度计标准滤光器检定装置

不确定度：波长：$U=(0.10\sim0.35)$nm（$k=2$）

透射比：$U_{rel}=0.26\%\sim0.40\%$（$k=2$）

保存机构：××××

计量基（标）准名称：

紫外、可见、近红外分光光度计检定装置

不确定度：波长：$U=(0.01\sim0.4)$nm（$k=2$）

透射比：$U=0.1\%\sim0.2\%$（$k=2$）

保存机构：××××

直接测量法

本级计量器具

计量标准名称：酶标分析仪检定装置

测量范围：波长：$(210\sim900)$nm(适用于Ⅰ、Ⅱ类仪器)

405，450，492，620nm(适用于Ⅲ类仪器)

吸光度：0.2，0.5，1.0，1.5

不确定度：波长：$U=0.10$nm（$k=2$）(适用于Ⅰ、Ⅱ类仪器)

$U=0.4$nm（$k=2$）(适用于Ⅲ类仪器)

吸光度：$U=0.002\sim0.006$（$k=2$）

比较测量法

下一级计量器具

计量器具名称：酶标分析仪

测量范围：波长：$(340\sim850)$nm

吸光度：0~4

最大允许误差：波长：±3nm

吸光度：±0.03

七、计量标准的稳定性考核

酶标分析仪检定装置的酶标仪透射比标准滤光片的稳定性考核记录

考核时间	2017 年 1 月 9 日	2017 年 2 月 27 日	2017 年 4 月 19 日	2017 年 6 月 15 日
核查标准	计量标准名称：光谱光度计标准滤光器检定装置 测量范围：波长(210 ~ 2600)nm；透射比 0.03 ~ 1.00；吸光度 0 ~ 4 不确定度：波长 $U = (0.10 \sim 0.35)$ nm $(k = 2)$；透射比 $U_{rel} = 0.26\%$ ~ 0.40% $(k = 2)$； 吸光度 $U_{rel} = 1.2\%$（吸光度:3）$(k = 2)$，$U_{rel} = 12\%$（吸光度:4）$(k = 2)$			
测量条件	环境温度：18℃；相对湿度：50%。用光谱光度计标准滤光器检定装置对吸光度标称值为0.2的酶标仪透射比标准滤光片在 405nm 处进行吸光度测量	环境温度：19℃；相对湿度：40%。用光谱光度计标准滤光器检定装置对吸光度标称值为0.2的酶标仪透射比标准滤光片在 405nm 处进行吸光度测量	环境温度：20℃；相对湿度：44%。用光谱光度计标准滤光器检定装置对吸光度标称值为0.2的酶标仪透射比标准滤光片在 405nm 处进行吸光度测量	环境温度：20℃；相对湿度：51%。用光谱光度计标准滤光器检定装置对吸光度标称值为0.2的酶标仪透射比标准滤光片在 405nm 处进行吸光度测量
测量次数	测得值（吸光度）	测得值（吸光度）	测得值（吸光度）	测得值（吸光度）
1	0.0993	0.0989	0.0991	0.0993
2	0.0993	0.0990	0.0992	0.0992
3	0.0992	0.0990	0.0992	0.0993
4	0.0992	0.0989	0.0991	0.0993
5	0.0992	0.0990	0.0992	0.0992
6	0.0993	0.0990	0.0991	0.0993
7	0.0992	0.0990	0.0992	0.0992
8	0.0992	0.0989	0.0991	0.0993
9	0.0993	0.0990	0.0993	0.0992
10	0.0992	0.0989	0.0992	0.0993
$\bar{y}_i$	0.09924	0.09896	0.09917	0.09926
最大变化量 $\bar{y}_{imax} - \bar{y}_{imin}$	0.0003			
允许变化量	0.002			
结 论	符合要求			
考核人员	×××	×××	×××	×××

用相同的方法，分别对吸光度标称值为 0.2，0.5，1.0，1.5 的酶标仪透射比标准滤光片在波长 405，450，492，540，620，630nm 处的吸光度稳定性进行考核，结果如下。

酶标分析仪检定装置的酶标仪透射比标准滤光片的稳定性考核结果

吸光度标称值	0.2	0.5	1.0	1.5
波　长	405nm			
最大变化量 $\bar{y}_{i\max} - \bar{y}_{i\min}$	0.0003	0.0002	0.0003	0.0002
允许变化量	0.002	0.003	0.004	0.006
波　长	450nm			
最大变化量 $\bar{y}_{i\max} - \bar{y}_{i\min}$	0.0004	0.0002	0.0003	0.0003
允许变化量	0.002	0.003	0.004	0.005
波　长	492nm			
最大变化量 $\bar{y}_{i\max} - \bar{y}_{i\min}$	0.0002	0.0003	0.0005	0.0003
允许变化量	0.002	0.003	0.004	0.005
波　长	540nm			
最大变化量 $\bar{y}_{i\max} - \bar{y}_{i\min}$	0.0006	0.0002	0.0004	0.0005
允许变化量	0.002	0.003	0.004	0.005
波　长	620nm			
最大变化量 $\bar{y}_{i\max} - \bar{y}_{i\min}$	0.0002	0.0003	0.0006	0.0005
允许变化量	0.002	0.003	0.004	0.006
波　长	630nm			
最大变化量 $\bar{y}_{i\max} - \bar{y}_{i\min}$	0.0004	0.0004	0.0004	0.0004
允许变化量	0.002	0.003	0.004	0.006
结　论	符合要求			

酶标分析仪检定装置的酶标仪标准滤光片（干涉）的稳定性考核记录

考核时间	2017 年 1 月 9 日	2017 年 2 月 27 日	2017 年 4 月 19 日	2017 年 6 月 15 日
核查标准	计量标准名称：光谱光度计标准滤光器检定装置 测量范围：波长（210 ~ 2600）nm；透射比 0.03 ~ 1.00；吸光度 0 ~ 4 不确定度：波长 $U = (0.10 ~ 0.35)$ nm$(k = 2)$；透射比 $U_{rel} = 0.26\% ~ 0.40\%$ $(k = 2)$； 吸光度 $U_{rel} = 1.2\%$（吸光度:3）$(k = 2)$，$U_{rel} = 12\%$（吸光度:4）$(k = 2)$			
测量条件	环境温度：18℃； 相对湿度：50%。 用光谱光度计标准滤光器检定装置对峰值波长标称值为 405nm 的酶标仪标准滤光片（干涉）进行峰值波长测量	环境温度：19℃； 相对湿度：40%。 用光谱光度计标准滤光器检定装置对峰值波长标称值为 405nm 的酶标仪标准滤光片（干涉）进行峰值波长测量	环境温度：20℃； 相对湿度：44%。 用光谱光度计标准滤光器检定装置对峰值波长标称值为 405nm 的酶标仪标准滤光片（干涉）进行峰值波长测量	环境温度：20℃； 相对湿度：51%。 用光谱光度计标准滤光器检定装置对峰值波长标称值为 405nm 的酶标仪标准滤光片（干涉）进行峰值波长测量
测量次数	测得值/nm	测得值/nm	测得值/nm	测得值/nm
1	407.7	407.6	407.7	407.6
2	407.7	407.6	407.7	407.6
3	407.6	407.6	407.7	407.7
4	407.6	407.6	407.8	407.7
5	407.6	407.6	407.7	407.7
6	407.7	407.7	407.7	407.7
7	407.6	407.6	407.7	407.6
8	407.7	407.6	407.7	407.5
9	407.6	407.6	407.8	407.6
10	407.7	407.7	407.7	407.7
$\overline{y}_i$	407.65	407.62	407.72	407.64
最大变化量 $\overline{y}_{imax} - \overline{y}_{imin}$	0.1nm			
允许变化量	0.4nm			
结 论	符合要求			
考核人员	× × ×	× × ×	× × ×	× × ×

　　用相同的方法，分别对峰值波长标称值为 450，492，620nm 的酶标仪标准滤光片（干涉）的峰值波长稳定性进行考核，结果如下。

酶标分析仪检定装置的酶标仪标准滤光片（干涉）的稳定性考核结果

峰值波长标称值	450nm	492nm	620nm
最大变化量 $\bar{y}_{imax} - \bar{y}_{imin}$	0.2nm	0.2nm	0.1nm
允许变化量	0.4nm	0.4nm	0.4nm
结　　论	符合要求		

酶标分析仪检定装置的紫外、可见、近红外分光光度计波长（253.65nm 处）的稳定性考核记录				
考核时间	2017 年 1 月 9 日	2017 年 2 月 27 日	2017 年 4 月 19 日	2017 年 6 月 15 日
核查标准	名称：低压汞灯 型号：1701 编号：9107X027			
测量条件	环境温度：18℃；相对湿度：50%。用紫外、可见、近红外分光光度计测量低压汞灯在 253.65nm 处波长	环境温度：19℃；相对湿度：40%。用紫外、可见、近红外分光光度计测量低压汞灯在 253.65nm 处波长	环境温度：20℃；相对湿度：44%。用紫外、可见、近红外分光光度计测量低压汞灯在 253.65nm 处波长	环境温度：20℃；相对湿度：51%。用紫外、可见、近红外分光光度计测量低压汞灯在 253.65nm 处波长
测量次数	测得值/nm	测得值/nm	测得值/nm	测得值/nm
1	253.69	253.69	253.69	253.69
2	253.69	253.69	253.69	253.69
3	253.68	253.69	253.69	253.68
4	253.68	253.69	253.69	253.69
5	253.69	253.69	253.69	253.69
6	253.68	253.68	253.68	253.69
7	253.69	253.69	253.69	253.69
8	253.69	253.69	253.69	253.67
9	253.69	253.69	253.69	253.69
10	253.69	253.69	253.69	253.69
$\bar{y}_i$	253.687	253.689	253.689	253.687
最大变化量 $\bar{y}_{imax} - \bar{y}_{imin}$	0.002nm			
允许变化量	0.01nm			
结　论	符合要求			
考核人员	×××	×××	×××	×××

酶标分析仪检定装置的紫外、可见、近红外分光光度计波长（546.07nm 处）的稳定性考核记录

考核时间	2017 年 1 月 9 日	2017 年 2 月 27 日	2017 年 4 月 19 日	2017 年 6 月 15 日
核查标准	名称:低压汞灯 型号:1701 编号:9107X027			
测量条件	环境温度:18℃；相对湿度：50%。用紫外、可见、近红外分光光度计测量低压汞灯在546.07nm处波长	环境温度:19℃；相对湿度：40%。用紫外可见近红外分光光度计测量低压汞灯在 546.07nm 处波长	环境温度:20℃；相对湿度：44%。用紫外、可见、近红外分光光度计测量低压汞灯在546.07nm处波长	环境温度:20℃；相对湿度：51%。用紫外、可见、近红外分光光度计测量低压汞灯在546.07nm处波长
测量次数	测得值/nm	测得值/nm	测得值/nm	测得值/nm
1	546.07	546.07	546.06	546.08
2	546.07	546.07	546.07	546.07
3	546.07	546.06	546.08	546.08
4	546.06	546.07	546.06	546.07
5	546.06	546.07	546.07	546.09
6	546.07	546.07	546.07	546.07
7	546.07	546.07	546.08	546.06
8	546.07	546.06	546.07	546.08
9	546.06	546.07	546.07	546.06
10	546.07	546.08	546.09	546.07
$\bar{y}_i$	546.067	546.069	546.072	546.073
最大变化量 $\bar{y}_{imax} - \bar{y}_{imin}$	0.006nm			
允许变化量	0.01nm			
结 论	符合要求			
考核人员	×××	×××	×××	×××

八、检定或校准结果的重复性试验

酶标分析仪检定装置（吸光度:0.2,0.5）的检定或校准结果的重复性试验记录

试验时间	2017 年 6 月 22 日			2017 年 6 月 22 日		
被测对象	名称	型号	编号	名称	型号	编号
	酶标仪	MultiskanFC	357907165	酶标仪	MultiskanFC	357907165
测量条件	环境温度:20℃;相对湿度:56%。在重复性测量条件下，用被测对象在波长 405nm 处对酶标分析仪检定装置中吸光度标称值为 0.2 的酶标仪透射比标准滤光片进行吸光度重复测量			环境温度:20℃;相对湿度:56%。在重复性测量条件下，用被测对象在波长 405nm 处对酶标分析仪检定装置中吸光度标称值为 0.5 的酶标仪透射比标准滤光片进行吸光度重复测量		
测量次数	测得值（吸光度）			测得值（吸光度）		
1	0.096			0.450		
2	0.096			0.450		
3	0.095			0.449		
4	0.096			0.449		
5	0.096			0.450		
6	0.096			0.450		
7	0.096			0.449		
8	0.095			0.449		
9	0.095			0.449		
10	0.096			0.451		
$\bar{y}$	0.0957			0.4496		
$s(y_i)=\sqrt{\dfrac{\sum\limits_{i=1}^{n}(y_i-\bar{y})^2}{n-1}}$	0.0005			0.0007		
结　论	—			—		
试验人员	×××			×××		

酶标分析仪检定装置（吸光度：1.0，1.5）的检定或校准结果的重复性试验记录

试验时间	2017 年 6 月 22 日			2017 年 6 月 22 日		
被测对象	名称	型号	编号	名称	型号	编号
	酶标仪	MultiskanFC	357907165	酶标仪	MultiskanFC	357907165
测量条件	环境温度:20℃;相对湿度:56% 。 在重复性测量条件下，用被测对象在波长 405nm 处对酶标分析仪检定装置中吸光度标称值为 1.0 的酶标仪透射比标准滤光片进行吸光度重复测量			环境温度:20℃;相对湿度:56% 。 在重复性测量条件下，用被测对象在波长 405nm 处对酶标分析仪检定装置中吸光度标称值为 1.5 的酶标仪透射比标准滤光片进行吸光度重复测量		
测量次数	测得值（吸光度）			测得值（吸光度）		
1	1.038			1.649		
2	1.038			1.648		
3	1.037			1.648		
4	1.037			1.648		
5	1.037			1.649		
6	1.037			1.649		
7	1.038			1.649		
8	1.038			1.649		
9	1.037			1.648		
10	1.037			1.648		
$\bar{y}$	1.0374			1.6485		
$s(y_i)=\sqrt{\dfrac{\sum\limits_{i=1}^{n}\left(y_i-\bar{y}\right)^2}{n-1}}$	0.0005			0.0005		
结　　论	—			—		
试验人员	×××			×××		

酶标分析仪检定装置（波长）的检定或校准结果的重复性试验记录			
试验时间	2017 年 6 月 22 日		
被测对象	名称	型号	编号
	酶标仪	MultiskanFC	357907165
测量条件	环境温度：20℃；相对湿度：56%。 在重复性测量条件下，用酶标分析仪检定装置中的紫外可见近红外分光光度计对被测对象所附标称值为 405nm 的干涉滤光片进行峰值波长重复测量		
测量次数	测得值/nm		
1	404.6		
2	404.6		
3	404.7		
4	404.6		
5	404.6		
6	404.7		
7	404.6		
8	404.8		
9	404.6		
10	404.6		
$\bar{y}$	404.64		
$s(y_i)=\sqrt{\dfrac{\sum_{i=1}^{n}(y_i-\bar{y})^2}{n-1}}$	0.07		
结　论	—		
试验人员	×××		

九、检定或校准结果的不确定度评定

1　测量方法

　　酶标分析仪的波长示值误差和吸光度示值误差均采用直接比较法进行测量。Ⅲ类仪器用酶标分析仪直接测量酶标仪标准滤光片（干涉）的峰值波长，由测量值与参考值之差求出酶标分析仪波长示值误差；Ⅰ、Ⅱ类仪器用波长示值误差优于±0.5nm的分光光度计直接测量酶标分析仪所附干涉滤光片的峰值波长，由分光光度计的测量结果与干涉滤光片的峰值波长标称值之差求出酶标分析仪波长示值误差；用酶标分析仪直接测量酶标仪透射比标准滤光片在特定波长下的吸光度值，由测量值与参考值之差求出酶标分析仪吸光度示值误差。

2　测量模型

$$\Delta\lambda = \frac{1}{3}\sum_{i=1}^{3}\lambda_i - \lambda_s \tag{1}$$

$$\Delta\lambda = \lambda - \lambda_m \tag{2}$$

$$\Delta A = \frac{1}{3}\sum_{i=1}^{3}A_i - A_s \tag{3}$$

式中：$\Delta\lambda$——仪器的波长示值误差，nm；

　　　　λ_i——第 i 次波峰测量值，nm；

　　　　λ_s——波长参考值，nm；

　　　　λ_m——峰值透射比 T_m 对应的波长，nm；

　　　　λ——滤光片峰值波长标称值，nm；

　　　　ΔA——仪器的吸光度示值误差；

　　　　A_i——第 i 次测量的吸光度值；

　　　　A_s——吸光度参考值。

3　合成方差和灵敏系数

　　根据式（1），由于各输入量彼此独立不相关，所以合成方差为

$$u_c^2(\Delta\lambda) = c_1^2 u^2(\overline{\lambda}) + c_2^2 u^2(\lambda_s) \tag{4}$$

式中：$c_1 = \dfrac{\partial(\Delta\lambda)}{\partial(\overline{\lambda})} = 1$；$c_2 = \dfrac{\partial(\Delta\lambda)}{\partial(\lambda_s)} = -1$。

　　根据式（2），滤光片峰值波长标称值为常数，所以合成方差为

$$u_c^2(\Delta\lambda) = c_3^2 u^2(\lambda_m) \tag{5}$$

式中：$c_3 = \dfrac{\partial(\Delta\lambda)}{\partial(\lambda_m)} = 1$。

　　根据式（3），由于各输入量彼此独立不相关，所以合成方差为

$$u_c^2(\Delta A) = c_4^2 u^2(\overline{A}) + c_5^2 u^2(A_s) \tag{6}$$

式中：$c_4 = \dfrac{\partial(\Delta A)}{\partial(\overline{A})} = 1$；$c_5 = \dfrac{\partial(\Delta A)}{\partial(A_s)} = -1$。

4　波长示值误差测量结果不确定度评定（Ⅰ、Ⅱ类仪器）

4.1　各输入量的标准不确定度分量评定

　　峰值透射比 T_m 对应的波长 λ_m 的不确定度由紫外、可见、近红外分光光度计引入的标准不确定度、滤光片透射峰特性引入的标准不确定度、滤光片正反面波长差值引入的标准不确定度、滤光片波长均匀性引入的标准不确定度等几部分合成。

　　（1）标准器引入的标准不确定度 $u(\lambda_1)$

紫外、可见、近红外分光光度计在紫外可见光区的波长不确定度为 $U = 0.10\text{nm}$（$k = 2$），所以标准器引入的标准不确定度 $u(\lambda_1)$ 为

$$u(\lambda_1) = \frac{U}{k} = \frac{0.10}{2} = 0.05\text{nm}$$

（2）滤光片透射峰特性引入的标准不确定度 $u(\lambda_2)$

干涉滤光片透射峰有不对称性，当紫外、可见、近红外分光光度计选用不同的光谱带宽时，得到的峰值波长位置不同。即使选用与被测量酶标分析仪相同光谱带宽测量干涉滤光片，紫外、可见、近红外分光光度计光谱带宽的偏差仍然会影响测量结果。通过实验测试及计算，由于干涉滤光片透射峰的不对称性，由紫外、可见、近红外分光光度计光谱带宽准确度带来的波长值的标准不确定度为

$$u(\lambda_2) = 0.05\text{nm}$$

（3）滤光片正反面波长差值引入的标准不确定度 $u(\lambda_3)$

干涉滤光片正反面峰值波长有一定差值。紫外、可见、近红外分光光度计在测量峰值波长标称值为 405nm 的干涉滤光片时，其正反面峰值波长测得值分别为 404.6，405.0nm。干涉滤光片正反面峰值波长差值为 0.4nm。此为 2 次测量的极差（2 次测量的 C 值为 1.13），则干涉滤光片正反面波长差值引入的标准不确定度为

$$u(\lambda_3) = \frac{0.4}{1.13} = 0.35\text{nm}$$

（4）滤光片波长均匀性引入的标准不确定度 $u(\lambda_4)$

由于干涉滤光片加工差异，干涉滤光片各点峰值波长有一定差值，在干涉滤光片中心点及距中心点上下各 5mm 处，分别测得干涉滤光片的峰值波长为 404.5，404.6，404.8nm。干涉滤光片各点峰值波长差值为 0.3nm。此为 3 点测量的极差（3 次测量的 C 值为 1.69），则干涉滤光片波长均匀性引入的标准不确定度为

$$u(\lambda_4) = \frac{0.3}{1.69} = 0.18\text{nm}$$

上述几项标准不确定度分量合成得

$$u(\lambda_\text{m}) = \sqrt{u^2(\lambda_1) + u^2(\lambda_2) + u^2(\lambda_3) + u^2(\lambda_4)} = 0.4\text{nm}$$

4.2　合成标准不确定度计算

各标准不确定度分量汇总见表 1。

表 1

符　号	不确定度来源	标准不确定度值 $u(x_i)$	灵敏系数 c_i	$\lvert c_i \rvert u(x_i)$
$u(\lambda_\text{m})$	仪器所附干涉滤光片峰值波长 λ_m 的不确定度	0.4nm	1	0.4

按式（5）计算，则合成标准不确定度为

$$u_\text{c}(\Delta\lambda) = \sqrt{c_3^2 u^2(\lambda_\text{m})} = 0.4\text{nm}$$

4.3　扩展不确定度评定

取包含因子 $k = 2$，包含概率约为 95%，则扩展不确定度为

$$U = k \cdot u_\text{c}(\Delta\lambda) = 2 \times 0.4 = 0.8\text{nm}$$

5　波长示值误差测量结果不确定度评定（Ⅲ类仪器）

5.1　各输入量的标准不确定度分量评定

5.1.1　标准器引入的标准不确定度 $u(\lambda_\text{s})$

酶标仪标准滤光片（干涉）的波长不确定度为 $U = 0.4\text{nm}$（$k = 2$），所以标准器引入的标准不确定度为

$$u(\lambda_s) = \frac{U}{k} = \frac{0.4}{2} = 0.2\text{nm}$$

5.1.2 波峰测量重复性引入的标准不确定度 $u(\bar{\lambda})$

某酶标分析仪在测量峰值波长标称值为 405nm 的酶标仪标准滤光片（干涉）时，其 3 次波峰测量值分别为 408.2，408.5，408.3nm，波峰测量重复性引入的标准不确定度采用极差法计算，3 次测量的极差系数 $C = 1.69$，则

$$u(\bar{\lambda}) = \frac{\lambda_{i\max} - \lambda_{i\min}}{1.69 \times \sqrt{3}} = \frac{0.3}{1.69 \times \sqrt{3}} = 0.11\text{nm}$$

5.2 合成标准不确定度计算

各标准不确定度分量汇总见表 2。

表 2

符号	不确定度来源	标准不确定度值 $u(x_i)$	灵敏系数 c_i	$\|c_i\|u(x_i)$
$u(\lambda_s)$	酶标仪标准滤光片（干涉）峰值波长的不确定度	0.2nm	-1	0.2nm
$u(\bar{\lambda})$	波峰测量重复性	0.11nm	1	0.11nm

按式（4）计算，则合成标准不确定度为

$$u_c(\Delta\lambda) = \sqrt{c_1^2 u^2(\bar{\lambda}) + c_2^2 u^2(\lambda_s)} = 0.23\text{nm}$$

5.3 扩展不确定度评定

取包含因子 $k = 2$，包含概率约为 95%，则扩展不确定度为

$$U = k \cdot u_c(\Delta\lambda) = 2 \times 0.23 = 0.46\text{nm}$$

取 $U = 0.5\text{nm}$。

6 吸光度示值误差测量结果不确定度评定

6.1 各输入量的标准不确定度分量评定

6.1.1 标准器引入的标准不确定度 $u(A_s)$

酶标仪透射比标准滤光片的吸光度不确定度为 $U = 0.002 \sim 0.006$（$k = 2$），所以标准器引入的标准不确定度为

$$u(A_s) = \frac{U}{k}$$

计算结果见表 3。

表 3

波长/nm	吸光度标称值	吸光度不确定度	$u(A_s)$
405	0.2	0.002	0.0010
405	0.5	0.003	0.0015
405	1.0	0.004	0.0020
405	1.5	0.006	0.0030

6.1.2　吸光度测量重复性引入的标准不确定度 $u(\overline{A})$

按照规程要求用酶标仪在特定波长下测量酶标仪透射比标准滤光片，各重复测量3次，其3次测量的平均值与酶标仪透射比标准滤光片吸光度参考值之差为仪器的示值误差。测量重复性引入的标准不确定度用极差法计算，3次测量的极差系数 $C = 1.69$，则

$$u(\overline{A}) = \frac{A_{i\max} - A_{i\min}}{1.69 \times \sqrt{3}}$$

某酶标分析仪在405nm处测量吸光度标称值为0.2，0.5，1.0，1.5的酶标仪透射比标准滤光片时，其吸光度测得值及测量重复性引入的标准不确定度见表4。

表 4

波长/nm	吸光度标称值	吸光度测量值			$u(\overline{A})$
405	0.2	0.096	0.095	0.094	0.0007
405	0.5	0.450	0.450	0.452	0.0007
405	1.0	1.038	1.037	1.036	0.0007
405	1.5	1.649	1.648	1.647	0.0007

6.2　合成标准不确定度计算

各标准不确定度分量汇总见表5。

表 5

符号	不确定度来源	标准不确定度值 $u(x_i)$	灵敏系数 c_i	$\lvert c_i \rvert u(x_i)$
$u(A_s)$	酶标仪透射比标准滤光片吸光度的不确定度	0.0010 0.0015 0.0020 0.0030	-1	0.0010 0.0015 0.0020 0.0030
$u(\overline{A})$	吸光度测量重复性引入	0.0007 0.0007 0.0007 0.0007	1	0.0007 0.0007 0.0007 0.0007

按式（6）计算，则合成标准不确定度为

$$u_c(\Delta A) = \sqrt{c_4^2 u^2(\overline{A}) + c_5^2 u^2(A_s)}$$

计算结果见表6。

表 6

波长/nm	吸光度标称值	$u_c(\Delta A)$
405	0.2	0.0012
405	0.5	0.0017
405	1.0	0.0021
405	1.5	0.0031

6.3 扩展不确定度评定

取包含因子 $k = 2$，包含概率约为 95%，则扩展不确定度为

$$U = k \cdot u_c(\Delta A)$$

计算结果见表 7。

表 7

波长/nm	吸光度标称值	U	备注
405	0.2	0.0024	取 $U = 0.003$
405	0.5	0.0034	取 $U = 0.004$
405	1.0	0.0042	取 $U = 0.005$
405	1.5	0.0062	取 $U = 0.007$

十、检定或校准结果的验证

采用比对法对检定结果进行验证。

用本计量标准装置检定一台型号为 MultiskanFC、编号为 3530907357 的酶标分析仪，再由具有相同准确度等级计量标准的另外三家单位进行检定。各实验室吸光度示值误差的检定结果如下（经本计量标准装置检定的示值误差的扩展不确定度为 U_{lab}）。

各检定装置检定结果	示值误差	相对扩展不确定度 U_{lab}（$k=2$）	平均值 $\bar{y}$	$\|y_{lab}-\bar{y}\|$	$\sqrt{\dfrac{n-1}{n}}U_{lab}$
本实验室 y_{lab}	0.005	0.005			
1 号实验室 y_1	0.007	—			
2 号实验室 y_2	0.006	—	0.0065	0.0015	0.0043
3 号实验室 y_3	0.008	—			

经计算，检定结果满足 $|y_{lab}-\bar{y}| \leqslant \sqrt{\dfrac{n-1}{n}}U_{lab}$，故本装置通过验证，符合要求。

波长示值误差检定或校准结果的验证参照上述方法进行。

十一、结论

　　该检定装置标准器及配套设备齐全，装置稳定可靠，检定结果的测量不确定度评定合理并通过验证，环境条件合格，检定人员具有相应的资格和能力，技术资料齐全有效，规章制度较完善，各项技术指标均符合检定规程和计量标准考核规范的要求，可以开展酶标分析仪的检定工作。

十二、附加说明

示例 **3.12**　毛细管黏度计检定装置

计量标准考核（复查）申请书

[　] 量标　　证字第　　号

计量标准名称　　**毛细管黏度计检定装置**

计量标准代码　　　　**46515514**

建标单位名称

组织机构代码

单 位 地 址

邮 政 编 码

计量标准负责人及电话

计量标准管理部门联系人及电话

年　　月　　日

说　　明

1. 申请新建计量标准考核，建标单位应当提供以下资料：

1）《计量标准考核（复查）申请书》原件一式两份和电子版一份；

2）《计量标准技术报告》原件一份；

3）计量标准器及主要配套设备有效的检定或校准证书复印件一套；

4）开展检定或校准项目的原始记录及相应的模拟检定或校准证书复印件两套；

5）检定或校准人员能力证明复印件一套；

6）可以证明计量标准具有相应测量能力的其他技术资料（如果适用）复印件一套。

2. 申请计量标准复查考核，建标单位应当提供以下资料：

1）《计量标准考核（复查）申请书》原件一式两份和电子版一份；

2）《计量标准考核证书》原件一份；

3）《计量标准技术报告》原件一份；

4）《计量标准考核证书》有效期内计量标准器及主要配套设备连续、有效的检定或校准证书复印件一套；

5）随机抽取该计量标准近期开展检定或校准工作的原始记录及相应的检定或校准证书复印件两套；

6）《计量标准考核证书》有效期内连续的《检定或校准结果的重复性试验记录》复印件一套；

7）《计量标准考核证书》有效期内连续的《计量标准的稳定性考核记录》复印件一套；

8）检定或校准人员能力证明复印件一套；

9）计量标准更换申报表（如果适用）复印件一份；

10）计量标准封存（或撤销）申报表（如果适用）复印件一份；

11）可以证明计量标准具有相应测量能力的其他技术资料（如果适用）复印件一套。

3. 《计量标准考核（复查）申请书》采用计算机打印，并使用 A4 纸。

注：新建计量标准申请考核时不必填写"计量标准考核证书号"。

计量标准 名　称	毛细管黏度计检定装置			计量标准 考核证书号	
保存地点				计量标准 原值（万元）	
计量标准 类　别	☑ 社会公用 ☑ 计量授权	□ 部门最高 □ 计量授权		□ 企事业最高 □ 计量授权	
测量范围	运动黏度：$(1 \sim 1 \times 10^6)\,\mathrm{mm^2/s}$				
不确定度或 准确度等级或 最大允许误差	运动黏度：$U_{rel} = 0.24\% \sim 0.69\%$　$(k=2)$				

	名　称	型　号	测量范围	不确定度 或准确度等级 或最大允许误差	制造厂及 出厂编号	检定周 期或复 校间隔	末次检 定或校 准日期	检定或校 准机构及 证书号
计量标准器	毛细管 黏度计	乌别洛 特式	$(1 \sim 1 \times 10^6)$ $\mathrm{mm^2/s}$	$U_{rel} = 0.15\% \sim 0.60\%$ $(k=2)$		5 年		
	黏度标准 物质	GBW(E) 130479 ~ GBW(E) 130493	运动黏度： $(1 \sim 1 \times 10^6)$ $\mathrm{mm^2/s}$	$U_{rel} = 0.24\% \sim 0.69\%$ $(k=2)$		1 年		
	工作用玻璃 液体温度计		$(18 \sim 22)℃$	MPE：$\pm 0.05℃$		1 年		
	电子秒表		$(0 \sim 3600)s$	MPE：$\pm 0.10s/h$		1 年		
主要配套设备	运动黏度测 定恒温槽		$(10 \sim 90)℃$	$U = 0.01℃\,(k=2)$		1 年		

	序号	项目	要　　求	实 际 情 况	结论
环境条件及设施	1	环境温度	2h 内波动不超过 ±2℃	（19～21）℃	合格
	2	相对湿度	≤75%	25%～70%	合格
	3				
	4				
	5				
	6				
	7				
	8				

	姓　名	性别	年龄	从事本项目年限	学　历	能力证明名称及编号	核准的检定或校准项目
检定或校准人员							

	序号	名　称	是否具备	备注
文件集登记	1	计量标准考核证书（如果适用）	否	新建
	2	社会公用计量标准证书（如果适用）	否	新建
	3	计量标准考核（复查）申请书	是	
	4	计量标准技术报告	是	
	5	检定或校准结果的重复性试验记录	是	
	6	计量标准的稳定性考核记录	是	
	7	计量标准更换申报表（如果适用）	否	新建
	8	计量标准封存（或撤销）申报表（如果适用）	否	新建
	9	计量标准履历书	是	
	10	国家计量检定系统表（如果适用）	是	
	11	计量检定规程或计量技术规范	是	
	12	计量标准操作程序	是	
	13	计量标准器及主要配套设备使用说明书（如果适用）	是	
	14	计量标准器及主要配套设备的检定或校准证书	是	
	15	检定或校准人员能力证明	是	
	16	实验室的相关管理制度		
	16.1	实验室岗位管理制度	是	
	16.2	计量标准使用维护管理制度	是	
	16.3	量值溯源管理制度	是	
	16.4	环境条件及设施管理制度	是	
	16.5	计量检定规程或计量技术规范管理制度	是	
	16.6	原始记录及证书管理制度	是	
	16.7	事故报告管理制度	是	
	16.8	计量标准文件集管理制度	是	
	17	开展检定或校准工作的原始记录及相应的检定或校准证书副本	是	
	18	可以证明计量标准具有相应测量能力的其他技术资料（如果适用）		
	18.1	检定或校准结果的不确定度评定报告	是	
	18.2	计量比对报告	否	新建
	18.3	研制或改造计量标准的技术鉴定或验收资料	否	非自研

	名　称	测量范围	不确定度或准确度 等级或最大允许误差	所依据的计量检定规程 或计量技术规范的编号及名称
开展的检定或校准项目	工作毛细管 黏度计	$(0.4 \sim 1 \times 10^5)\,\mathrm{mm^2/s}$	$U_{\mathrm{rel}} = 0.4\% \sim 2\%$ $(k=2)$	JJG 155—2016 《工作毛细管黏度计》
建标单位意见	负责人签字：　　　　　（公章） 　　　　　　　　　年　　月　　日			
建标单位 主管部门意见	（公章） 　　　　　　　　　年　　月　　日			
主持考核的 人民政府计量 行政部门意见	（公章） 　　　　　　　　　年　　月　　日			
组织考核的 人民政府计量 行政部门意见	（公章） 　　　　　　　　　年　　月　　日			

计 量 标 准 技 术 报 告

计量标准名称_____毛细管黏度计检定装置_____

计量标准负责人_____

建标单位名称_____

填 写 日 期_____

目　　录

一、建立计量标准的目的 ……………………………………………（295）

二、计量标准的工作原理及其组成 …………………………………（295）

三、计量标准器及主要配套设备 ……………………………………（296）

四、计量标准的主要技术指标 ………………………………………（297）

五、环境条件 …………………………………………………………（297）

六、计量标准的量值溯源和传递框图 ………………………………（298）

七、计量标准的稳定性考核 …………………………………………（299）

八、检定或校准结果的重复性试验 …………………………………（300）

九、检定或校准结果的不确定度评定 ………………………………（301）

十、检定或校准结果的验证 …………………………………………（304）

十一、结论 ……………………………………………………………（305）

十二、附加说明 ………………………………………………………（305）

一、建立计量标准的目的

黏度是流体材料最重要的物化参数之一，黏度的测量广泛应用在石油、化工、电力、冶金及国防等领域，在燃油、润滑剂、沥青、涂料、塑料、橡胶、胶黏剂等产品性能评价中发挥非常重要的作用。黏度测量为控制生产流程、保证生产安全、评定产品质量及科学研究提供了重要的依据。

因此，为了保证黏度测量仪器的量值准确可靠，建立本计量标准是很有必要的。

二、计量标准的工作原理及其组成

1. 工作原理

用两种黏度标准物质分别测量流出时间。在两种黏度标准物质测得的测量流出时间的重复性满足要求的条件下，按公式 $C_1 = \dfrac{\nu_1}{t_1}$、$C_2 = \dfrac{\nu_2}{t_2}$ 计算黏度计常数。在两种黏度标准物质测得的黏度计常数再现性满足要求的条件下，以两种黏度标准物质测得常数的平均值为黏度计常数检定结果，即

$$\overline{C} = \frac{C_1 + C_2}{2}$$

式中：C——毛细管黏度计常数，mm^2/s^2；

ν——黏度标准物质的运动黏度，mm^2/s；

t——黏度标准物质流经毛细管所用的时间，s。

2. 计量标准的组成

毛细管黏度计检定装置由毛细管黏度计、黏度标准物质、恒温槽、测温设备、计时器等设备组成。

三、计量标准器及主要配套设备

	名　称	型　号	测量范围	不确定度 或准确度等级 或最大允许误差	制造厂及 出厂编号	检定周 期或复 校间隔	检定或 校准机构
计量标准器	毛细管 黏度计	乌别洛特式	$(1 \sim 1 \times 10^6)$ mm^2/s	$U_{rel} = 0.15\% \sim 0.60\%$ $(k = 2)$		5 年	
	黏度标准 物质	GBW(E) 130479 ~ GBW(E) 130493	运动黏度： $(1 \sim 1 \times 10^6)$ mm^2/s	$U_{rel} = 0.24\% \sim 0.69\%$ $(k = 2)$		1 年	
	工作用玻璃 液体温度计		$(18 \sim 22)℃$	MPE：$\pm 0.05℃$		1 年	
	电子秒表		$(0 \sim 3600)s$	MPE：$\pm 0.10s/h$		1 年	
主要配套设备	运动黏度测 定恒温槽		$(10 \sim 90)℃$	$U = 0.01℃ (k = 2)$		1 年	

四、计量标准的主要技术指标

  1. 量值范围
   运动黏度：$(1 \sim 1 \times 10^{6})\,mm^{2}/s$
  2. 不确定度
   运动黏度：$U_{rel} = 0.24\% \sim 0.69\%$ $(k = 2)$

五、环境条件

序号	项目	要　求	实 际 情 况	结论
1	环境温度	2h 内波动不超过 ±2℃	$(19 \sim 21)$℃	合格
2	相对湿度	≤75%	25% ~ 70%	合格
3				
4				
5				
6				

六、计量标准的量值溯源和传递框图

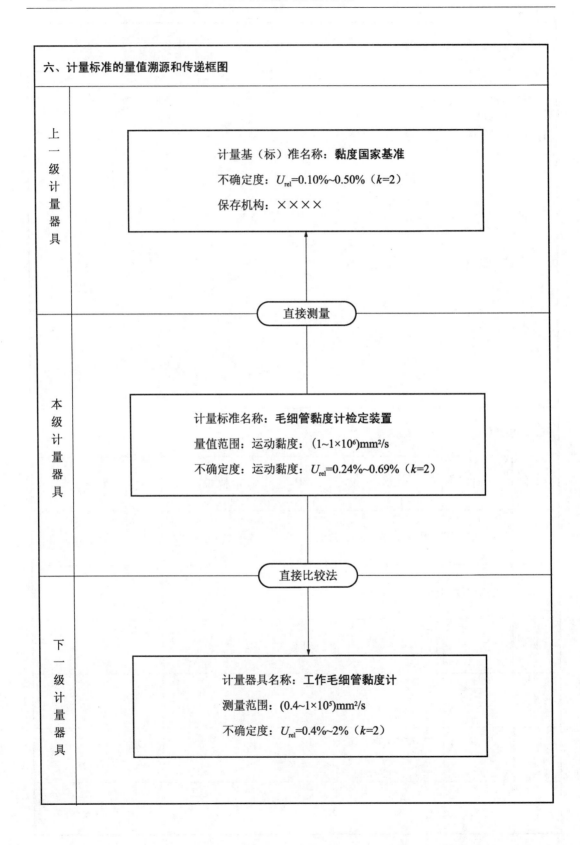

上一级计量器具	计量基（标）准名称：**黏度国家基准** 不确定度：U_{rel}=0.10%~0.50%（k=2） 保存机构：××××

直接测量

| 本级计量器具 | 计量标准名称：**毛细管黏度计检定装置**
量值范围：运动黏度：（1~1×10⁶）mm²/s
不确定度：运动黏度：U_{rel}=0.24%~0.69%（k=2）|

直接比较法

| 下一级计量器具 | 计量器具名称：**工作毛细管黏度计**
测量范围：(0.4~1×10⁵)mm²/s
不确定度：U_{rel}=0.4%~2%（k=2）|

七、计量标准的稳定性考核

　　毛细管黏度计为实物量具，无核查标准对其进行稳定性考核。二级黏度标准物质是有证标准物质，根据 JJF 1033—2016 中 4.2.3 的规定，在有效期内的有证标准物质可以不进行稳定性考核。故本装置可以不做稳定性考核。

八、检定或校准结果的重复性试验

毛细管黏度计检定装置的检定或校准结果的重复性试验记录

试验时间	2017 年 5 月 23 日		
被测对象	名称	型号	编号
	毛细管黏度计	平氏，毛细管内径：1.2mm	302
测量条件	环境温度：21℃；相对湿度：56%。 在重复性测量条件下，测量黏度值为 54.04mm^2/s 的黏度标准物质 10 次		
测量次数	测得值/s		
1	300.21		
2	300.56		
3	300.45		
4	300.35		
5	300.42		
6	300.60		
7	300.28		
8	300.35		
9	300.49		
10	300.55		
$\bar{y}$	300.426		
$s(y_i) = \sqrt{\dfrac{\sum_{i=1}^{n}(y_i - \bar{y})^2}{n-1}}$	0.13s		
结　　论	—		
试验人员	×××		

九、检定或校准结果的不确定度评定

1 测量方法

用两种黏度标准物质分别测量黏度计流出时间。在两种黏度标准物质测得的测量流出时间的重复性满足要求的条件下，按公式 $C_1 = \dfrac{\nu_1}{t_1}$、$C_2 = \dfrac{\nu_2}{t_2}$ 计算黏度计常数。在两种黏度标准物质测得的黏度计常数再现性满足要求的条件下，以两种黏度标准物质测得常数的平均值为黏度计常数检定结果。

下面以用毛细管黏度计检定装置检定或校准内径为 0.8mm 的平氏黏度计为例，进行检定或校准结果的不确定度评定。

2 测量模型

$$C_1 = \frac{\nu_1}{t_1} \qquad C_2 = \frac{\nu_2}{t_2} \tag{1}$$

$$\overline{C} = \frac{C_1 + C_2}{2}$$

式中：C——毛细管黏度计常数，mm^2/s^2；

ν——黏度标准物质的运动黏度，mm^2/s；

t——黏度标准物质流经毛细管所用的时间，s。

3 不确定度来源

影响示值测量不确定度的因素有：①计量标准器的不确定度；②测量方法的不确定度；③环境条件的影响；④人员操作的影响；⑤被检仪器的变动性。

由于采用直接比较法进行检定或校准，测量方法的不确定度可以忽略。人员操作、读数、环境影响和被检仪器的变动性影响体现在测量重复性中。因此，毛细管黏度计检定或校准结果的不确定度主要有计量标准引入的不确定度和仪器测量重复性引入的不确定度。

4 各输入量的标准不确定度分量评定

4.1 黏度标准物质的相对标准不确定度 $u_r(\nu)$

黏度标准物质参考值的标准不确定度分量包括黏度标准物质的标准不确定度和温度测量误差引入黏度值的标准不确定度；恒温槽温度波动导致黏度标准液黏度值的变化所引入的标准不确定度，体现在流出时间测量的重复性中，不单独考虑。

（1）黏度标准物质的相对标准不确定度 $u_r(\nu_1)$

检定所用黏度标准物质为 GBW(E)130481、GBW(E)130482。

GBW(E)130481：$U_r = 0.27\%$（$k=2$），则

$$u_r(\nu_{1.1}) = U_r/k = 0.135\%$$

GBW(E)130482：$U_r = 0.34\%$（$k=2$），则

$$u_r(\nu_{1.2}) = U_r/k = 0.170\%$$

（2）温度测量误差引入的相对标准不确定度 $u_r(\nu_2)$

温度计检定证书给出检定结果的不确定度为 $U = 0.01℃$（$k=2$），则其标准不确定度为

$$u(t) = 0.01/2 = 0.005℃$$

黏度参考量值的温度系数约为 2.5%/℃，则对黏度参考量值引入的相对标准不确定度分别为

$$u_r(\nu_{2.1}) = u_r(\nu_{2.2}) = 0.005 \times 2.5 = 0.013\%$$

故

$$u_r(\nu_1) = \sqrt{u_r^2(\nu_{1.1}) + u_r^2(\nu_{2.1})} = \sqrt{0.135\%^2 + 0.013\%^2} = 0.136\%$$

$$u_r(\nu_2) = \sqrt{u_r^2(\nu_{1.2}) + u_r^2(\nu_{2.2})} = \sqrt{0.170\%^2 + 0.013\%^2} = 0.171\%$$

4.2　流出时间的相对标准不确定度 $u_r(t)$

（1）测量重复性引入的相对标准不确定度 $u_r(t_1)$

用两种二级黏度标准物质对该黏度计常数校准，每一种黏度标准物质重复测量 4 次，流出时间为 4 次测得值的平均值，结果见表 1。用极差法计算测量重复性和黏度计常数重现性引入的标准不确定度，即

$$u_r = \frac{r}{C\sqrt{n}}$$

$n=4$ 时，$C=2.06$；$n=2$ 时，$C=1.13$。

用极差法计算引入的标准不确定度，即

$$u_R = \frac{R}{C\sqrt{n}}$$

计算结果见表 1。

表 1

测量次数 n	第一次测量 $\nu_1 = 12.32\,\mathrm{mm^2/s}$	第二次测量 $\nu_2 = 23.04\,\mathrm{mm^2/s}$
	测得值/s	测得值/s
1	365.32	684.20
2	365.51	684.73
3	365.45	684.73
4	365.38	684.75
平均值/s	365.415	684.602
极差 R/s	0.19	0.55
重复性/%	0.052	0.081
常数 $C/(\mathrm{mm^2/s^2})$	0.03372	0.03366
$u_r(t)$/%	0.013	0.020
常数 $\overline{C}/(\mathrm{mm^2/s^2})$	0.03368	
极差 $R/(\mathrm{mm^2/s^2})$	0.00006	
重现性/%	0.180	
$u_r(\overline{C})$/%	0.113	

（2）计时器误差引入的标准不确定度 $u_r(t_2)$

根据秒表的检定证书可知：1h 内误差为 0.00s，忽略。

（3）其他影响因素引入的标准不确定度

检定毛细管黏度计时装液不准、黏度标准物质残留以及其他影响因素（如重力加速修正、动能修正、表面张力影响等），其标准不确定度均很小，忽略。

（4）黏度计安装倾斜引入的相对标准不确定度 $u_r(t_3)$

毛细管的倾斜将引起有效高度的改变，$\Delta\theta$ 为倾斜角度。据《黏度测量》资料表明，平氏毛细管黏度计控制 $\Delta\theta$ 在 30′ 内其影响为 0.3%，30′ 是肉眼不可分辨的，倾斜角度影响的半宽为 0.15%，按均匀分布，则

$$u_r(t_{31}) = u_r(t_{32}) = u(\theta) = \frac{0.15\%}{\sqrt{3}} = 0.087\%$$

流出时间引入的相对标准不确定度为

$$u_r(t_1) = \sqrt{u_r^2(t_{11}) + u_r^2(t_{31})} = \sqrt{0.013\%^2 + 0.087\%^2} = 0.088\%$$

$$u_r(t_2) = \sqrt{u_r^2(t_{12}) + u_r^2(t_{32})} = \sqrt{0.020\%^2 + 0.087\%^2} = 0.090\%$$

5　合成标准不确定度计算

各标准不确定度分量汇总见表2。

表2

符号	不确定度来源	相对标准不确定度值
$u_r(\nu)$	计量标准器（黏度标准物质）的标准不确定度	0.136% 0.171%
$u_r(t)$	流出时间的标准不确定度	0.088% 0.090%
$u_r(\overline{C})$	常数 C_1、C_2 的差	0.113

合成标准不确定度为

$$u_{cr}(C_1) = \sqrt{u_r^2(\nu_1) + u_r^2(t_1)} = \sqrt{0.136\%^2 + 0.088\%^2} = 0.162\%$$

$$u_{cr}(C_2) = \sqrt{u_r^2(\nu_2) + u_r^2(t_2)} = \sqrt{0.171\%^2 + 0.090\%^2} = 0.194\%$$

$$u_{cr}(\overline{C}) = \sqrt{\frac{u_{cr}^2(C_1) + u_{cr}^2(C_2)}{2} + u_r^2(\overline{C})} = \sqrt{\frac{0.162\%^2 + 0.194\%^2}{2} + 0.113\%^2} = 0.212\%$$

6　扩展不确定度评定

取包含因子 $k = 2$，包含概率约为95%，则毛细管黏度计检定或校准结果的相对扩展不确定度为

$$U_r = k \cdot u_{cr}(\overline{C}) = 2 \times 0.212\% = 0.43\%$$

7　不确定度报告

黏度计常数 $C = 0.03368 \text{mm}^2/\text{s}^2$，$U_r = 0.43\%$ （$k = 2$）。

十、检定或校准结果的验证

采用比对法对检定结果进行验证。

用本计量标准装置检定一台内径为 0.6mm、编号 335 的平氏黏度计, 再由具有相同准确度等级计量标准的另外三家单位进行检定。各实验室的检定结果如下 (经本计量标准装置检定的黏度计常数相对扩展不确定度为 U_{rlab})。

各检定装置检定结果	黏度计常数	相对扩展不确定度 U_{rlab} ($k=2$)	平均值 $\bar{y}$	$\lvert y_{lab} - \bar{y} \rvert$	$\sqrt{\dfrac{n-1}{n}} U_{rlab}$
本实验室 y_{lab}	0.008875	0.32%			
1 号实验室 y_1	0.008872	—	0.0088712	0.0000038	0.000024
2 号实验室 y_2	0.008874	—			
3 号实验室 y_3	0.008871	—			

经计算, 检定结果满足 $\lvert y_{lab} - \bar{y} \rvert \leqslant \sqrt{\dfrac{n-1}{n}} U_{rlab}$, 故本装置通过验证, 符合要求。

十一、结论

　　该检定装置标准器及配套设备齐全，装置稳定可靠，检定结果的测量不确定度评定合理并通过验证，环境条件合格，检定人员具有相应的资格和能力，技术资料齐全有效，规章制度较完善，各项技术指标均符合检定规程和计量标准考虑规范的要求，可以开展工作毛细管黏度计的检定工作。

十二、附加说明

示例 3.13　可燃气体检测报警器检定装置

计量标准考核（复查）申请书

［　　］量标　　　证字第　　　号

计量标准名称　　**可燃气体检测报警器检定装置**

计量标准代码　　　　　　**46113107**

建标单位名称＿＿＿＿＿＿＿＿＿＿＿＿＿＿

组织机构代码＿＿＿＿＿＿＿＿＿＿＿＿＿＿

单 位 地 址＿＿＿＿＿＿＿＿＿＿＿＿＿＿

邮 政 编 码＿＿＿＿＿＿＿＿＿＿＿＿＿＿

计量标准负责人及电话＿＿＿＿＿＿＿＿

计量标准管理部门联系人及电话＿＿＿＿＿

年　　　月　　　日

说　明

1. 申请新建计量标准考核，建标单位应当提供以下资料：

1）《计量标准考核（复查）申请书》原件一式两份和电子版一份；

2）《计量标准技术报告》原件一份；

3）计量标准器及主要配套设备有效的检定或校准证书复印件一套；

4）开展检定或校准项目的原始记录及相应的模拟检定或校准证书复印件两套；

5）检定或校准人员能力证明复印件一套；

6）可以证明计量标准具有相应测量能力的其他技术资料（如果适用）复印件一套。

2. 申请计量标准复查考核，建标单位应当提供以下资料：

1）《计量标准考核（复查）申请书》原件一式两份和电子版一份；

2）《计量标准考核证书》原件一份；

3）《计量标准技术报告》原件一份；

4）《计量标准考核证书》有效期内计量标准器及主要配套设备连续、有效的检定或校准证书复印件一套；

5）随机抽取该计量标准近期开展检定或校准工作的原始记录及相应的检定或校准证书复印件两套；

6）《计量标准考核证书》有效期内连续的《检定或校准结果的重复性试验记录》复印件一套；

7）《计量标准考核证书》有效期内连续的《计量标准的稳定性考核记录》复印件一套；

8）检定或校准人员能力证明复印件一套；

9）计量标准更换申报表（如果适用）复印件一份；

10）计量标准封存（或撤销）申报表（如果适用）复印件一份；

11）可以证明计量标准具有相应测量能力的其他技术资料（如果适用）复印件一套。

3. 《计量标准考核（复查）申请书》采用计算机打印，并使用 A4 纸。

注：新建计量标准申请考核时不必填写"计量标准考核证书号"。

计量标准 名 称	可燃气体检测报警器检定装置			计量标准 考核证书号			
保存地点				计量标准 原值（万元）			
计量标准 类 别	☑ 社会公用 ☑ 计量授权		□ 部门最高 □ 计量授权		□ 企事业最高 □ 计量授权		
测量范围	摩尔分数：$(0 \sim 100) \times 10^{-2}$						
不确定度或 准确度等级或 最大允许误差	$U_{\rm rel} = 2\%$ （$k = 3$）（$10 \times 10^{-6} \sim 100 \times 10^{-6}$） $U_{\rm rel} = 1\%$ （$k = 3$）（$> 100 \times 10^{-6} \sim 98 \times 10^{-2}$）						

	名 称	型 号	测量范围	不确定度 或准确度等级 或最大允许误差	制造厂及 出厂编号	检定周 期或复 校间隔	末次检 定或校 准日期	检定或校 准机构及 证书号
计 量 标 准 器	空气中甲烷 气体标准 物质	GBW(E) 081669	摩尔分数： $(10 \sim 100) \times 10^{-6}$ $(> 100 \sim 30000)$ $\times 10^{-6}$	$U_{\rm rel} = 2\%$（$k = 3$） $U_{\rm rel} = 1\%$（$k = 3$）		1 年		
	氮中甲烷 气体标准 物质	GBW(E) 081670	$(10 \sim 100) \times 10^{-6}$ $(> 100 \sim 980000)$ $\times 10^{-6}$	$U_{\rm rel} = 2\%$（k = 3） $U_{\rm rel} = 1\%$（k = 3）		1 年		
	空气中异丁 烷气体标准 物质	GBW(E) 081671	$(100 \sim 15000)$ $\times 10^{-6}$	$U_{\rm rel} = 1\%$（k = 3）		1 年		
	空气中丙烷 气体标准 物质	GBW(E) 081672	$(100 \sim 15000)$ $\times 10^{-6}$	$U_{\rm rel} = 1\%$（k = 3）		1 年		
	空气中氢气 体标准物质	GBW(E) 081674	$(10 \sim 100) \times 10^{-6}$ $(> 100 \sim 30000)$ $\times 10^{-6}$	$U_{\rm rel} = 2\%$（k = 3） $U_{\rm rel} = 1\%$（k = 3）		1 年		
	氮中氢气体 标准物质	GBW(E) 081673	$(10 \sim 100) \times 10^{-6}$ $(> 100 \sim 980000)$ $\times 10^{-6}$	$U_{\rm rel} = 2\%$（k = 3） $U_{\rm rel} = 1\%$（k = 3）		1 年		
主 要 配 套 设 备	流量计		$(0.1 \sim 1.0)$ L/min	4.0 级		1 年		
	流量计		$(0.1 \sim 1.0)$ L/min	4.0 级		1 年		
	电子秒表		$(0 \sim 3600)$ s	MPE：± 0.10s/h		1 年		
	绝缘电阻表		$(0 \sim 500)$ MΩ	10 级		1 年		

	序号	项目	要　求	实 际 情 况	结论
环境条件及设施	1	环境温度	(0~40)℃	(5~35)℃	合格
	2	相对湿度	<85%	40%~80%	合格
	3				
	4				
	5				
	6				
	7				
	8				

	姓　名	性别	年龄	从事本项目年限	学　历	能力证明名称及编号	核准的检定或校准项目
检定或校准人员							

	序号	名　　称	是否具备	备注
文件集登记	1	计量标准考核证书（如果适用）	否	新建
	2	社会公用计量标准证书（如果适用）	否	新建
	3	计量标准考核（复查）申请书	是	
	4	计量标准技术报告	是	
	5	检定或校准结果的重复性试验记录	是	
	6	计量标准的稳定性考核记录	是	
	7	计量标准更换申报表（如果适用）	否	新建
	8	计量标准封存（或撤销）申报表（如果适用）	否	新建
	9	计量标准履历书	是	
	10	国家计量检定系统表（如果适用）	否	无
	11	计量检定规程或计量技术规范	是	
	12	计量标准操作程序	是	
	13	计量标准器及主要配套设备使用说明书（如果适用）	是	
	14	计量标准器及主要配套设备的检定或校准证书	是	
	15	检定或校准人员能力证明	是	
	16	实验室的相关管理制度		
	16.1	实验室岗位管理制度	是	
	16.2	计量标准使用维护管理制度	是	
	16.3	量值溯源管理制度	是	
	16.4	环境条件及设施管理制度	是	
	16.5	计量检定规程或计量技术规范管理制度	是	
	16.6	原始记录及证书管理制度	是	
	16.7	事故报告管理制度	是	
	16.8	计量标准文件集管理制度	是	
	17	开展检定或校准工作的原始记录及相应的检定或校准证书副本	是	
	18	可以证明计量标准具有相应测量能力的其他技术资料（如果适用）		
	18.1	检定或校准结果的不确定度评定报告	是	
	18.2	计量比对报告	否	新建
	18.3	研制或改造计量标准的技术鉴定或验收资料	否	非自研

	名　　称	测量范围	不确定度或准确度 等级或最大允许误差	所依据的计量检定规程 或计量技术规范的编号及名称
开展的检定或校准项目	可燃气体检测报警器	摩尔分数： $(0 \sim 100) \times 10^{-2}$	MPE：满量程的 ± 5%	JJG 693—2011 《可燃气体检测报警器》

建标单位意见	 负责人签字：　　　　　（公章） 　　　　　　　　年　　月　　日
建标单位 主管部门意见	 （公章） 　　　　　　　　年　　月　　日
主持考核的 人民政府计量 行政部门意见	 （公章） 　　　　　　　　年　　月　　日
组织考核的 人民政府计量 行政部门意见	 （公章） 　　　　　　　　年　　月　　日

计 量 标 准 技 术 报 告

计量标准名称　__可燃气体检测报警器检定装置__

计量标准负责人　_____

建标单位名称　_____

填 写 日 期　_____

目　录

一、建立计量标准的目的 ……………………………………………… （315）

二、计量标准的工作原理及其组成 …………………………………… （315）

三、计量标准器及主要配套设备 ……………………………………… （316）

四、计量标准的主要技术指标 ………………………………………… （317）

五、环境条件 …………………………………………………………… （317）

六、计量标准的量值溯源和传递框图 ………………………………… （318）

七、计量标准的稳定性考核 …………………………………………… （319）

八、检定或校准结果的重复性试验 …………………………………… （320）

九、检定或校准结果的不确定度评定 ………………………………… （321）

十、检定或校准结果的验证 …………………………………………… （324）

十一、结论 ……………………………………………………………… （325）

十二、附加说明 ………………………………………………………… （325）

一、建立计量标准的目的

　　可燃气体存在于人们生产、生活、科研的各方面，由可燃气体引发的燃烧、爆炸等灾害性事故常有发生，严重威胁着人们生命、财产的安全。可燃气体检测报警器用于监测环境中可燃气体的含量，广泛应用于油库、气体存储、加工、污水处理厂、废物处理场和发电厂等场所。为了保证检测的准确性、一致性，保障人民群众的生命安全和身体健康，开展可燃气体检测报警器的检定是必要的。建立可燃气体检测报警器计量标准是实施检定的基础。

二、计量标准的工作原理及其组成

　　可燃气体检测报警器检定装置的工作原理是利用气体标准物质、流量计、秒表等采用直接比较测量法检定仪器的计量性能。

　　检定方法是在 JJG 693—2011《可燃气体检测报警器》规定的检定环境条件下，通入不同摩尔分数的气体标准物质，将仪器显示值与气体标准物质参考值进行比较，计算出仪器的示值误差、重复性、零点漂移和量程漂移。利用电子秒表、绝缘电阻表等标准设备直接测量出仪器的响应时间、绝缘电阻等，从而完成对仪器计量性能的评价。

　　可燃气体检测报警器检定装置的计量标准器是气体标准物质，主要配套设备有流量计、电子秒表和绝缘电阻表等。

三、计量标准器及主要配套设备

	名　称	型　号	测量范围	不确定度 或准确度等级 或最大允许误差	制造厂及 出厂编号	检定周 期或复 校间隔	检定或 校准机构
计 量 标 准 器	空气中甲烷 气体标准 物质	GBW(E) 081669	摩尔分数： $(10 \sim 100) \times 10^{-6}$ $(>100 \sim 30000)$ $\times 10^{-6}$	$U_{rel} = 2\%\ (k=3)$ $U_{rel} = 1\%\ (k=3)$		1 年	
	氮中甲烷 气体标准 物质	GBW(E) 081670	$(10 \sim 100) \times 10^{-6}$ $(>100 \sim 980000)$ $\times 10^{-6}$	$U_{rel} = 2\%\ (k=3)$ $U_{rel} = 1\%\ (k=3)$		1 年	
	空气中异丁 烷气体标准 物质	GBW(E) 081671	$(100 \sim 15000)$ $\times 10^{-6}$	$U_{rel} = 1\%\ (k=3)$		1 年	
	空气中丙烷 气体标准 物质	GBW(E) 081672	$(100 \sim 15000)$ $\times 10^{-6}$	$U_{rel} = 1\%\ (k=3)$		1 年	
	空气中氢 气体标准 物质	GBW(E) 081674	$(10 \sim 100) \times 10^{-6}$ $(>100 \sim 30000)$ $\times 10^{-6}$	$U_{rel} = 2\%\ (k=3)$ $U_{rel} = 1\%\ (k=3)$		1 年	
	氮中氢气体 标准物质	GBW(E) 081673	$(10 \sim 100) \times 10^{-6}$ $(>100 \sim 980000)$ $\times 10^{-6}$	$U_{rel} = 2\%\ (k=3)$ $U_{rel} = 1\%\ (k=3)$		1 年	
主 要 配 套 设 备	流量计		$(0.1 \sim 1.0)$ L/min	4.0 级		1 年	
	流量计		$(0.1 \sim 1.0)$ L/min	4.0 级		1 年	
	电子秒表		$(0 \sim 3600)\,s$	MPE：$\pm 0.10s/h$		1 年	
	绝缘电阻表		$(0 \sim 500)\,M\Omega$	10 级		1 年	

四、计量标准的主要技术指标

　　量值范围：摩尔分数：$(0 \sim 100) \times 10^{-2}$

　　不确定度：$U_{rel} = 2\%$ $(k = 3)$ $(10 \times 10^{-6} \sim 100 \times 10^{-6})$

　　　　　　　$U_{rel} = 1\%$ $(k = 3)$ $(> 100 \times 10^{-6} \sim 98 \times 10^{-2})$

五、环境条件

序号	项目	要　求	实际情况	结论
1	环境温度	$(0 \sim 40)℃$	$(5 \sim 35)℃$	合格
2	相对湿度	$< 85\%$	$40\% \sim 80\%$	合格
3				
4				
5				
6				

六、计量标准的量值溯源和传递框图

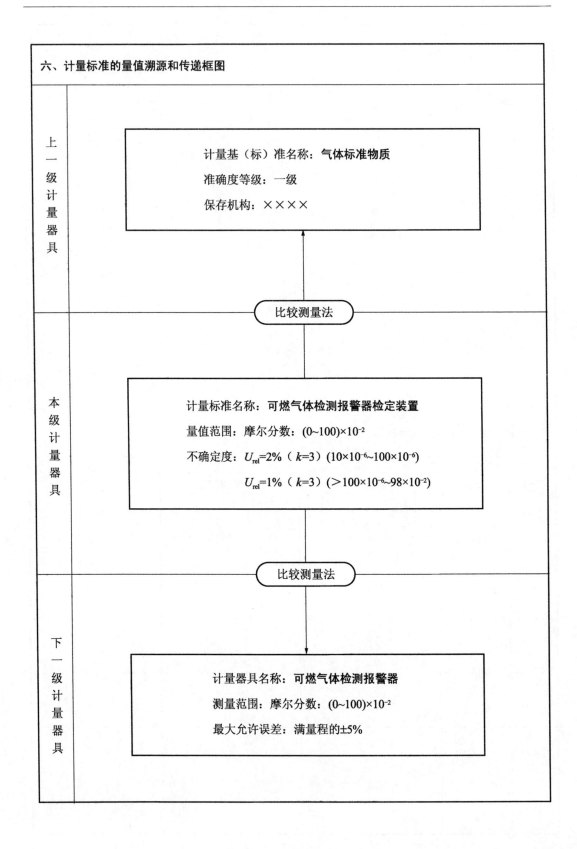

上一级计量器具

计量基（标）准名称：**气体标准物质**

准确度等级：一级

保存机构：××××

比较测量法

本级计量器具

计量标准名称：**可燃气体检测报警器检定装置**

量值范围：摩尔分数：$(0\sim100)\times10^{-2}$

不确定度：$U_{rel}=2\%$（$k=3$）$(10\times10^{-6}\sim100\times10^{-6})$

$U_{rel}=1\%$（$k=3$）$(>100\times10^{-6}\sim98\times10^{-2})$

比较测量法

下一级计量器具

计量器具名称：**可燃气体检测报警器**

测量范围：摩尔分数：$(0\sim100)\times10^{-2}$

最大允许误差：满量程的±5%

七、计量标准的稳定性考核

可燃气体检测报警器检定装置的计量标准器是有证气体标准物质，按照 JJF 1033—2016 中 4.2.3 的规定，有效期内的有证标准物质可以不进行稳定性考核。

八、检定或校准结果的重复性试验

可燃气体检测报警器检定装置的检定或校准结果的重复性试验记录

测试时间	2017 年 6 月 12 日		
被测对象	名称	型号	编号
	可燃气体检测报警器	MC2-0W00-Y-CN	KA414-1004341
测量条件	环境温度：25℃；相对湿度：62% 。 仪器的测量范围：LEL：（0 ~ 100）% 。 通入摩尔分数为 2.00×10^{-2} 的空气中甲烷气体标准物质（换算成甲烷的爆炸下限的百分数为 LEL：40.0%，爆炸下限用 LEL 表示），记录仪器示值，然后通入零点气体，待示值稳定后，再通入上述空气中甲烷气体标准物质。重复测量 10 次。		
测量次数	测得值（爆炸下限的百分数） LEL		
1	40%		
2	40%		
3	40%		
4	40%		
5	41%		
6	40%		
7	40%		
8	41%		
9	41%		
10	41%		
$\bar{y}$	40.4%		
$s(y_i)=\sqrt{\dfrac{\sum\limits_{i=1}^{n}(y_i-\bar{y})^2}{n-1}}$	0.52%		
结　论	—		
试验人员	×××		

九、检定或校准结果的不确定度评定

1 测量方法

通入已知摩尔分数的气体标准物质，待仪器示值稳定后读取被检仪器的示值，重复测量 3 次，3 次示值的算术平均值与气体标准物质参考值的差值除以仪器的满量程，即为可燃气体检测报警器的示值误差。

2 测量模型

$$\Delta x = \frac{\overline{x} - x_s}{R} \times 100\% \tag{1}$$

式中：Δx——示值误差，% ；

$\overline{x}$——示值的算术平均值，mol/mol ；

x_s——气体标准物质的参考值，mol/mol ；

R——量程，mol/mol。

3 合成方差和灵敏系数

各输入量彼此独立不相关，则合成方差为

$$u_c^2(\Delta x) = c_1^2 u^2(\overline{x}) + c_2^2 u^2(x_s) \tag{2}$$

式中：$c_1 = \dfrac{1}{R}$ ；$c_2 = -\dfrac{1}{R}$。

4 不确定度来源

在可燃气体检测报警器的检定或校准中，影响示值测量不确定度的因素有：

（1）计量标准器的不确定度；

（2）测量方法的不确定度；

（3）环境条件的影响；

（4）人员操作的影响；

（5）被检仪器的变动性。

由于采用直接比较法进行检定或校准，测量方法的不确定度可以忽略。人员操作、读数、环境影响和被检仪器的变动性影响体现在测量重复性中。因此，可燃气体检测报警器检定或校准结果的不确定度主要是计量标准器引入的不确定度和测量重复性引入的不确定度。

5 各输入量的标准不确定度分量评定

5.1 计量标准器引入的标准不确定度即气体标准物质的定值标准不确定度 $u(x_s)$

根据 JJG 693—2011 的规定，常规检定或校准应对仪器满量程的 10%、40% 及 60% 3 个检定或校准点进行检测。以一台测量范围为 0～100% 爆炸下限（爆炸下限用 LEL 表示）的可燃气体检测报警器为例，分别通入摩尔分数为 0.500×10^{-2}，2.00×10^{-2}，3.00×10^{-2} 的空气中甲烷气体标准物质（换算为甲烷的爆炸下限的百分数分别为 LEL 10.0%，40.0% 和 60.0%），采用的气体标准物质其定值相对扩展不确定度为 1%，包含因子 $k = 3$。则气体标准物质的定值不确定度引入的标准不确定度为

检定或校准点 LEL 10.0%：$u(x_s) = \dfrac{1\%}{3} \times 10.0\% = 0.0334\%$

检定或校准点 LEL 40.0%：$u(x_s) = \dfrac{1\%}{3} \times 40.0\% = 0.134\%$

检定或校准点 LEL 60.0%：$u(x_s) = \dfrac{1\%}{3} \times 60.0\% = 0.200\%$

5.2 测量重复性引入的标准不确定度 $u(\overline{x})$

在同一条件下重复测量 6 次，得到测量数据列，计算出各点的实验标准偏差，结果见表 1。

表 1

气体标准物质参考值 （换算为甲烷的爆炸下限 LEL 的百分数）	测得值 LEL	平均值 LEL	s LEL
10.0%	10%，11%，11%，11%，10%，11%	10.7%	0.52%
40.0%	40%，40%，40%，40%，41%，41%	40.3%	0.52%
60.0%	61%，61%，61%，61%，61%，62%	61.2%	0.41%

由于日常检定或校准中，取 3 次测得值的平均值作为仪器的示值，因此 $n=3$。测量列平均值的实验标准差为

$$s(\bar{x}) = \frac{s}{\sqrt{n}}$$

标准不确定度为

$$u(\bar{x}) = s(\bar{x})$$

则各点测量重复性引入的标准不确定度见表 2。

表 2

检定或校准点 （换算为甲烷的爆炸下限 LEL 的百分数） LEL	测量重复性引入的标准不确定度 $u(\bar{x})$ LEL
10.0%	0.301%
40.0%	0.301%
60.0%	0.237%

6　合成标准不确定度计算

各标准不确定度分量汇总见表 3。

表 3

符号	不确定度来源	标准不确定度值 $u(x_i)$ LEL	c_i LEL^{-1}	$\lvert c_i \rvert u(x_i)$
$u(x_s)$	气体标准物质的定值不确定度	0.0334%	$-\dfrac{1}{100\%}$	0.000334
		0.134%		0.00134
		0.200%		0.00200
$u(\bar{x})$	测量重复性	0.301%	$\dfrac{1}{100\%}$	0.00301
		0.301%		0.00301
		0.237%		0.00237

按式（2）计算，则合成相对标准不确定度为

检定或校准点　LEL　10.0%：

$$u_{crel}(\Delta x) = \sqrt{c_1^2 u^2(\bar{x}) + c_2^2 u^2(x_s)} = \sqrt{0.00301^2 + 0.000334^2} = 0.00303 = 0.303\%$$

检定或校准点 LEL 40.0%：

$$u_{crel}(\Delta x) = \sqrt{c_1^2 u^2(\bar{x}) + c_2^2 u^2(x_s)} = \sqrt{0.00301^2 + 0.00134^2} = 0.00330 = 0.330\%$$

检定或校准点 LEL 60.0%：

$$u_{crel}(\Delta x) = \sqrt{c_1^2 u^2(\bar{x}) + c_2^2 u^2(x_s)} = \sqrt{0.00237^2 + 0.00200^2} = 0.00311 = 0.311\%$$

7 扩展不确定度评定

可燃气体检测报警器示值误差（以引用误差 FS 表示）的相对扩展不确定度，直接取包含因子 $k=2$，用 U_{rel} 表示，其对应的置信概率约为95%，则

检定或校准点 LEL 10.0%：

$$U_{rel} = k \cdot u_{crel}(\Delta x) = 2 \times 0.303\% = 0.61\%$$

检定或校准点 LEL 40.0%：

$$U_{rel} = k \cdot u_{crel}(\Delta x) = 2 \times 0.330\% = 0.66\%$$

检定或校准点 LEL 60.0%：

$$U_{rel} = k \cdot u_{crel}(\Delta x) = 2 \times 0.311\% = 0.63\%$$

当被检定或校准的可燃气体检测报警器的测量范围不同时，其示值误差（以引用误差 FS 表示）的相对扩展不确定度应分别评定（评定过程同上，略），结果见表4。

表4

测量范围	检定或校准点	不确定度分量值		$u_{crel}(\Delta x)$	U_{rel}
		$u(x_s)$	$u(\bar{x})$		
$(0 \sim 10000) \times 10^{-6}$	1010×10^{-6}	3.37×10^{-6}	6.32×10^{-6}	0.0717%	0.15%
	4060×10^{-6}	13.54×10^{-6}	6.70×10^{-6}	0.152%	0.31%
	5950×10^{-6}	19.84×10^{-6}	7.99×10^{-6}	0.214%	0.43%
$(0 \sim 100) \times 10^{-2}$	10.0×10^{-2}	0.0334×10^{-2}	0.301×10^{-2}	0.303%	0.61%
	39.8×10^{-2}	0.133×10^{-2}	0.237×10^{-2}	0.272%	0.55%
	60.1×10^{-2}	0.201×10^{-2}	0.237×10^{-2}	0.311%	0.63%

十、检定或校准结果的验证

采用比对法对检定结果进行验证。

用本计量标准装置检定一台型号为 MC2-0W00-Y-CN、编号为 KA414-1004341 的可燃气体检测报警器，再由具有相同准确度等级计量标准的另外三家单位进行检定。各实验室按检定点约为爆炸下限的 40% 计算示值误差（以引用误差 FS 表示），结果如下（经本计量标准装置检定的示值误差相对扩展不确定度为 U_{rlab}）。

各检定装置 检定结果	示值误差 （以引用误差 FS 表示）	相对扩展不确定度 U_{rlab}（$k=2$）	平均值 $\bar{y}$	$\lvert y_{lab}-\bar{y} \rvert$	$\sqrt{\dfrac{n-1}{n}}U_{rlab}$
本实验室 y_{lab}	0.3%	0.66%			
1 号实验室 y_1	0.7%	—			
2 号实验室 y_2	1.0%	—	0.68%	0.38%	0.58%
3 号实验室 y_3	0.7%	—			

经计算，检定结果满足 $\lvert y_{lab}-\bar{y} \rvert \leqslant \sqrt{\dfrac{n-1}{n}}U_{rlab}$，故本装置通过验证，符合要求。

十一、结论

　　该检定装置标准器及配套设备齐全，装置稳定可靠，检定结果的测量不确定度评定合理并通过验证，环境条件合格，检定人员具有相应的资格和能力，技术资料齐全有效，规章制度较完善，各项技术指标均符合检定规程和计量标准考核规范的要求，可以开展可燃气体检测报警器的检定工作。

十二、附加说明

示例 3.14 氨气检测报警器检定装置

计量标准考核（复查）申请书

[　　] 量标　　证字第　　号

计量标准名称　　**氨气检测报警器检定装置**

计量标准代码　　**46113144**

建标单位名称　　

组织机构代码　　

单 位 地 址　　

邮 政 编 码　　

计量标准负责人及电话　　

计量标准管理部门联系人及电话　　

年　　　月　　　日

说　　明

1. 申请新建计量标准考核，建标单位应当提供以下资料：

1）《计量标准考核（复查）申请书》原件一式两份和电子版一份；

2）《计量标准技术报告》原件一份；

3）计量标准器及主要配套设备有效的检定或校准证书复印件一套；

4）开展检定或校准项目的原始记录及相应的模拟检定或校准证书复印件两套；

5）检定或校准人员能力证明复印件一套；

6）可以证明计量标准具有相应测量能力的其他技术资料（如果适用）复印件一套。

2. 申请计量标准复查考核，建标单位应当提供以下资料：

1）《计量标准考核（复查）申请书》原件一式两份和电子版一份；

2）《计量标准考核证书》原件一份；

3）《计量标准技术报告》原件一份；

4）《计量标准考核证书》有效期内计量标准器及主要配套设备连续、有效的检定或校准证书复印件一套；

5）随机抽取该计量标准近期开展检定或校准工作的原始记录及相应的检定或校准证书复印件两套；

6）《计量标准考核证书》有效期内连续的《检定或校准结果的重复性试验记录》复印件一套；

7）《计量标准考核证书》有效期内连续的《计量标准的稳定性考核记录》复印件一套；

8）检定或校准人员能力证明复印件一套；

9）计量标准更换申报表（如果适用）复印件一份；

10）计量标准封存（或撤销）申报表（如果适用）复印件一份；

11）可以证明计量标准具有相应测量能力的其他技术资料（如果适用）复印件一套。

3.《计量标准考核（复查）申请书》采用计算机打印，并使用 A4 纸。

注：新建计量标准申请考核时不必填写"计量标准考核证书号"。

计量标准名　　称	氨气检测报警器检定装置					计量标准考核证书号			
保存地点						计量标准原值（万元）			
计量标准类　　别	☑ 社会公用　☑ 计量授权			□ 部门最高　□ 计量授权			□ 企事业最高　□ 计量授权		
测量范围	摩尔分数：$(0\sim300)\times10^{-6}$								
不确定度或准确度等级或最大允许误差	$U_{rel}=2\%（k=2）$　$[(20\sim300)\times10^{-6}]$								

	名　称	型　号	测量范围	不确定度或准确度等级或最大允许误差	制造厂及出厂编号	检定周期或复校间隔	末次检定或校准日期	检定或校准机构及证书号
计量标准器	空气中氨气体标准物质	GBW(E) 061793	摩尔分数：$(20\sim300)\times10^{-6}$	$U_{rel}=2\%（k=2）$		1年		
主要配套设备	流量计		$(0.1\sim1.0)$ L/min	4.0级		1年		
	流量计		$(0.1\sim1.0)$ L/min	4.0级		1年		
	电子秒表		$(0\sim3600)$s	MPE：±0.10s/h		1年		
	绝缘电阻表		$(0\sim500)$MΩ	10级		1年		
	智能全自动耐压测试仪		$(0\sim5)$kV	5级		1年		

	序号	项目	要 求	实 际 情 况	结论
环境条件及设施	1	环境温度	(0 ~ 40)℃，温度波动不超过 ±5℃	(5 ~ 35)℃，温度波动不超过 ±5℃	合格
	2	相对湿度	≤85%	40% ~ 85%	合格
	3	通风	通风良好，检定环境中应无影响检测准确度的干扰气体	通风良好，无影响检测准确度的干扰气体	合格
	4				
	5				
	6				
	7				
	8				

	姓 名	性别	年龄	从事本项目年限	学 历	能力证明名称及编号	核准的检定或校准项目
检定或校准人员							

	序号	名　称	是否具备	备注
文件集登记	1	计量标准考核证书（如果适用）	否	新建
	2	社会公用计量标准证书（如果适用）	否	新建
	3	计量标准考核（复查）申请书	是	
	4	计量标准技术报告	是	
	5	检定或校准结果的重复性试验记录	是	
	6	计量标准的稳定性考核记录	是	
	7	计量标准更换申报表（如果适用）	否	新建
	8	计量标准封存（或撤销）申报表（如果适用）	否	新建
	9	计量标准履历书	是	
	10	国家计量检定系统表（如果适用）	否	无
	11	计量检定规程或计量技术规范	是	
	12	计量标准操作程序	是	
	13	计量标准器及主要配套设备使用说明书（如果适用）	是	
	14	计量标准器及主要配套设备的检定或校准证书	是	
	15	检定或校准人员能力证明	是	
	16	实验室的相关管理制度		
	16.1	实验室岗位管理制度	是	
	16.2	计量标准使用维护管理制度	是	
	16.3	量值溯源管理制度	是	
	16.4	环境条件及设施管理制度	是	
	16.5	计量检定规程或计量技术规范管理制度	是	
	16.6	原始记录及证书管理制度	是	
	16.7	事故报告管理制度	是	
	16.8	计量标准文件集管理制度	是	
	17	开展检定或校准工作的原始记录及相应的检定或校准证书副本	是	
	18	可以证明计量标准具有相应测量能力的其他技术资料（如果适用）		
	18.1	检定或校准结果的不确定度评定报告	是	
	18.2	计量比对报告	否	新建
	18.3	研制或改造计量标准的技术鉴定或验收资料	否	非自研

	名　　称	测量范围	不确定度或准确度 等级或最大允许误差	所依据的计量检定规程 或计量技术规范的编号及名称
开展的检定或校准项目	氨气检测 （报警）仪	摩尔分数： （0～300）×10^{-6}	MPE：±10%	JJG 1105—2015《氨气检测仪》

建标单位意见	
	负责人签字：　　　　　（公章） 　　　　　　　　年　　月　　日
建标单位 主管部门意见	
	（公章） 年　　月　　日
主持考核的 人民政府计量 行政部门意见	
	（公章） 年　　月　　日
组织考核的 人民政府计量 行政部门意见	
	（公章） 年　　月　　日

计量标准技术报告

计量标准名称　　**氨气检测报警器检定装置**

计量标准负责人＿＿＿＿＿＿＿＿＿＿＿＿＿＿＿

建标单位名称＿＿＿＿＿＿＿＿＿＿＿＿＿＿＿＿

填　写　日　期＿＿＿＿＿＿＿＿＿＿＿＿＿＿＿＿

目　录

一、建立计量标准的目的　……………………………………………（335）

二、计量标准的工作原理及其组成　…………………………………（335）

三、计量标准器及主要配套设备　……………………………………（336）

四、计量标准的主要技术指标　………………………………………（337）

五、环境条件　…………………………………………………………（337）

六、计量标准的量值溯源和传递框图　………………………………（338）

七、计量标准的稳定性考核　…………………………………………（339）

八、检定或校准结果的重复性试验　…………………………………（340）

九、检定或校准结果的不确定度评定　………………………………（341）

十、检定或校准结果的验证　…………………………………………（344）

十一、结论　……………………………………………………………（345）

十二、附加说明　………………………………………………………（345）

一、建立计量标准的目的

氨气是室内和大气环境主要污染物之一，可通过皮肤及呼吸道引起中毒。为了消除安全隐患，保护人民群众生命、财产的安全和身体健康，用于检测氨气浓度的氨气检测（报警）仪越来越广泛地应用于石化、化工、轻工、医药、市政和科研等领域，它为安全防护、环境监测提供了可靠的检测数据。为了保证检测的准确性、一致性，开展氨气检测仪的检定是必要的。建立氨气检测仪计量标准是实施计量检定的基础。

二、计量标准的工作原理及其组成

氨气检测报警器检定装置的工作原理是利用气体标准物质、流量计和秒表等采用直接比较测量法检定仪器的计量性能。

检定方法是在 JJG 1105—2015《氨气检测仪》规定的检定环境条件下，通入不同摩尔分数的空气（氮）中氨气体标准物质，将仪器显示值与气体标准物质参考值进行比较，计算出仪器的示值误差、重复性、零点漂移和量程漂移。利用电子秒表、绝缘电阻表等标准设备直接测量出仪器的响应时间、绝缘电阻等，从而完成对仪器性能的评价。

氨气检测报警器检定装置的计量标准器是空气（氮）中氨气体标准物质，主要配套设备有流量计、秒表、绝缘电阻表和耐压测试仪等。

三、计量标准器及主要配套设备

	名 称	型 号	测量范围	不确定度 或准确度等级 或最大允许误差	制造厂及 出厂编号	检定周 期或复 校间隔	检定或 校准机构
计量标准器	空气中氨气体标准物质	GBW(E) 061793	摩尔分数： $(20 \sim 300) \times 10^{-6}$	$U_{rel} = 2\%$ ($k = 2$)	1 年		
主要配套设备	流量计		$(0.1 \sim 1.0)$ L/min	4.0 级		1 年	
	流量计		$(0.1 \sim 1.0)$ L/min	4.0 级		1 年	
	电子秒表		$(0 \sim 3600)$ s	MPE: ± 0.10 s/h		1 年	
	绝缘电阻表		$(0 \sim 500)$ MΩ	10 级		1 年	
	智能全自动耐压测试仪		$(0 \sim 5)$ kV	5 级		1 年	

四、计量标准的主要技术指标

量值范围：摩尔分数：$(0 \sim 300) \times 10^{-6}$

不确定度：$U_{rel} = 2\%（k = 2）$　$[(20 \sim 300) \times 10^{-6}]$

五、环境条件

序号	项目	要　　求	实际情况	结论
1	环境温度	$(0 \sim 40)$℃，温度波动不超过 ± 5℃	$(5 \sim 35)$℃，温度波动不超过 ± 5℃	合格
2	相对湿度	≤85%	40%～85%	合格
3	通风	通风良好，检定环境中应无影响检测准确度的干扰气体	通风良好，无影响检测准确度的干扰气体	合格
4				
5				
6				

六、计量标准的量值溯源和传递框图

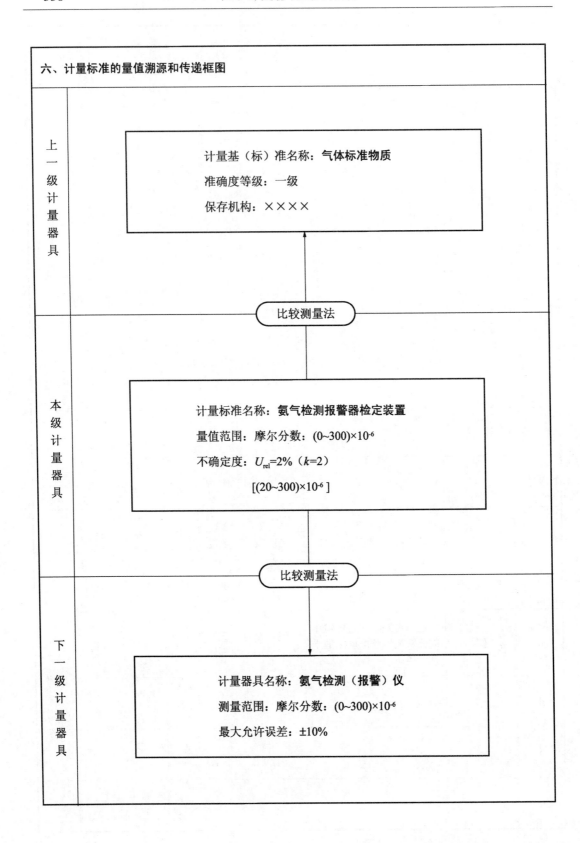

上一级计量器具

计量基（标）准名称：**气体标准物质**

准确度等级：一级

保存机构：××××

比较测量法

本级计量器具

计量标准名称：**氨气检测报警器检定装置**

量值范围：摩尔分数：$(0\sim300)\times10^{-6}$

不确定度：$U_{rel}=2\%$（$k=2$）

$[(20\sim300)\times10^{-6}]$

比较测量法

下一级计量器具

计量器具名称：**氨气检测（报警）仪**

测量范围：摩尔分数：$(0\sim300)\times10^{-6}$

最大允许误差：$\pm10\%$

七、计量标准的稳定性考核

氨气检测报警器检定装置的计量标准器是有证气体标准物质,按照 JJF 1033—2016 中 4.2.3 的规定,有效期内的有证标准物质可以不进行稳定性考核。

八、检定或校准结果的重复性试验

氨气检测报警器检定装置的检定或校准结果的重复性试验记录

测试时间	2017 年 5 月 15 日		
被测对象	名称	型号	编号
	氨气检测仪	GAXT-A2-DL	J619-A042030
测量条件	环境温度：23℃；相对湿度：54%。 通入摩尔分数为 50.2×10^{-6} 的空气中氨气体标准物质，记录仪器示值，然后通入零点气体，待示值稳定后，再通入上述空气中氨气体标准物质。重复测量 10 次		
测量次数	测得值 摩尔分数		
1	51×10^{-6}		
2	51×10^{-6}		
3	52×10^{-6}		
4	52×10^{-6}		
5	51×10^{-6}		
6	52×10^{-6}		
7	51×10^{-6}		
8	53×10^{-6}		
9	53×10^{-6}		
10	52×10^{-6}		
$\bar{y}$	51.8×10^{-6}		
$s(y_i) = \sqrt{\dfrac{\sum\limits_{i=1}^{n}(y_i - \bar{y})^2}{n-1}}$	0.789×10^{-6}		
s_r	1.5%		
结　论	—		
试验人员	×××		

九、检定或校准结果的不确定度评定

1　测量方法

　　通入已知摩尔分数的气体标准物质，待示值稳定后读取被检仪器的示值，重复测量 3 次，3 次示值的算术平均值与气体标准物质参考值的差值除以气体标准物质参考值，即为氨气检测报警器的示值误差。

2　测量模型

$$\Delta x = \frac{\bar{x} - x_s}{x_s} \times 100\% = \left(\frac{\bar{x}}{x_s} - 1 \right) \times 100\% \tag{1}$$

式中：Δx——示值误差，%；

　　　　$\bar{x}$——示值的算术平均值，mol/mol；

　　　　x_s——气体标准物质的参考值，mol/mol。

3　合成方差

　　各输入量彼此独立不相关，则合成方差为

$$\left[\frac{u(\Delta x)}{\Delta x} \right]^2 = \left[\frac{u(\bar{x})}{\bar{x}} \right]^2 + \left[\frac{u(x_s)}{x_s} \right]^2$$

　　即

$$u_{Cr}^2(\Delta x) = u_r^2(\bar{x}) + u_r^2(x_s) \tag{2}$$

4　不确定度来源

　　在氨气检测报警器的检定或校准中，影响示值测量不确定度的因素有：

　　（1）计量标准器的不确定度；

　　（2）测量方法的不确定度；

　　（3）环境条件的影响；

　　（4）人员操作的影响；

　　（5）被检仪器的变动性。

　　由于采用直接比较法进行检定或校准，测量方法的不确定度可以忽略。人员操作、读数、环境影响和被检仪器的变动性影响体现在测量重复性中。因此，氨气检测报警器检定或校准结果的不确定度主要包括计量标准和测量重复性引入的不确定度。

5　各输入量的标准不确定度分量评定

5.1　计量标准器引入的相对标准不确定度即气体标准物质的定值相对标准不确定度 $u_{rel}(x_s)$

　　根据 JJG 1105—2015 的规定，常规检定或校准应对仪器满量程 20%、50% 及 80% 3 个检定或校准点进行检测。以 1 台测量范围为摩尔分数 $(0 \sim 100) \times 10^{-6}$ 的氨气检测报警器为例，分别通入摩尔分数为 20.1×10^{-6}、50.2×10^{-6}、80.3×10^{-6} 的空气中氨气体标准物质，采用的气体标准物质其定值相对扩展不确定度为 2%，包含因子 $k = 2$。气体标准物质的定值不确定度引入的相对标准不确定度为

$$u_r(x_s) = \frac{2\%}{2} = 1.0\%$$

5.2　测量重复性引入的相对标准不确定度 $u_r(\bar{x})$

　　在同一条件下重复测量 6 次，得到测量数据列，计算出各点的相对实验标准偏差，结果见表 1。

　　由于日常检定或校准中，取 3 次测得值的平均值作为仪器的示值，因此 $n = 3$。测量列平均值的相对实验标准偏差为

$$s_r(\bar{x}) = \frac{s_r}{\sqrt{n}}$$

　　相对标准不确定度为

$$u_{\mathrm{rel}}(\overline{x}) = s_{\mathrm{r}}(\overline{x})$$

则各点测量重复性引入的相对标准不确定度见表2。

表1

气体标准物质参考值 摩尔分数	测得值 摩尔分数	平均值 摩尔分数	s_{r}
20.1×10^{-6}	20×10^{-6}，21×10^{-6}，20×10^{-6}，21×10^{-6}， 22×10^{-6}，22×10^{-6}	21.0×10^{-6}	4.3%
50.2×10^{-6}	51×10^{-6}，52×10^{-6}，52×10^{-6}，53×10^{-6}， 53×10^{-6}，52×10^{-6}	52.2×10^{-6}	1.5%
80.3×10^{-6}	81×10^{-6}，82×10^{-6}，82×10^{-6}，82×10^{-6}， 81×10^{-6}，82×10^{-6}	81.7×10^{-6}	0.7%

表2

检定或校准点	测量重复性引入的相对标准不确定度 $u_{\mathrm{r}}(\overline{x})$
20.1×10^{-6}	2.49%
50.2×10^{-6}	0.87%
80.3×10^{-6}	0.41%

6 合成标准不确定度计算

各相对标准不确定度分量汇总见表3。

表3

符号	不确定度来源	相对标准不确定度值
$u_{\mathrm{r}}(x_{\mathrm{s}})$	气体标准物质的定值不确定度	1.0%
		1.0%
		1.0%
$u_{\mathrm{r}}(\overline{x})$	测量重复性	2.49%
		0.87%
		0.41%

按式（2）计算，则合成相对标准不确定度为

检定或校准点 20.1×10^{-6}：

$$u_{\mathrm{cr}}(\Delta x) = \sqrt{u_{\mathrm{r}}^2(\overline{x}) + u_{\mathrm{r}}^2(x_{\mathrm{s}})} = \sqrt{(2.49\%)^2 + (1.0\%)^2} = 2.69\%$$

检定或校准点 50.2×10^{-6}：

$$u_{\mathrm{cr}}(\Delta x) = \sqrt{u_{\mathrm{r}}^2(\overline{x}) + u_{\mathrm{r}}^2(x_{\mathrm{s}})} = \sqrt{(0.87\%)^2 + (1.0\%)^2} = 1.33\%$$

检定或校准点　80.3×10^{-6}：

$$u_{cr}(\Delta x) = \sqrt{u_r^2(\bar{x}) + u_r^2(x_s)} = \sqrt{(0.41\%)^2 + (1.0\%)^2} = 1.09\%$$

7　扩展不确定度评定

氨气检测报警器示值误差的相对扩展不确定度，直接取包含因子 $k = 2$，用 U_r 表示，其对应的包含概率约为95%，则

检定或校准点　20.1×10^{-6}：

$$U_r = k \cdot u_{cr}(\Delta x) = 2 \times 2.69\% = 5.4\%$$

检定或校准点　50.2×10^{-6}：

$$U_r = k \cdot u_{cr}(\Delta x) = 2 \times 1.33\% = 2.7\%$$

检定或校准点　80.3×10^{-6}：

$$U_r = k \cdot u_{cr}(\Delta x) = 2 \times 1.09\% = 2.2\%$$

十、检定或校准结果的验证

采用比对法对检定结果进行验证。

用本计量标准装置检定一台型号为 GAXT-A2-DL、编号为 J619-A042030 的氨气检测报警器，再由具有相同准确度等级计量标准的另外三家单位进行检定。各实验室按摩尔分数约为 50×10^{-6} 检定点计算的示值误差如下（经本计量标准装置检定的示值误差相对扩展不确定度为 U_{rlab}）。

各检定装置 检定结果	示值误差	相对扩展不确定度 U_{rlab}（$k=2$）	平均值 $\bar{y}$	$\lvert y_{\text{lab}} - \bar{y} \rvert$	$\sqrt{\dfrac{n-1}{n}} U_{\text{rlab}}$
本实验室 y_{lab}	3.0%	2.7%			
1 号实验室 y_1	2.2%	—	3.25%	0.25%	2.4%
2 号实验室 y_2	3.4%	—			
3 号实验室 y_3	4.4%	—			

经计算，检定结果满足 $\lvert y_{\text{lab}} - \bar{y} \rvert \leqslant \sqrt{\dfrac{n-1}{n}} U_{\text{rlab}}$，故本装置通过验证，符合要求。

十一、结论

　　该检定装置标准器及配套设备齐全，装置稳定可靠，检定结果的测量不确定度评定合理并通过验证，环境条件合格，检定人员具有相应的资格和能力，技术资料齐全有效，规章制度较完善，各项技术指标均符合检定规程和计量标准考核规范的要求，可以开展氢气检测（报警）仪的检定工作。

十二、附加说明

示例3.15　氯乙烯气体检测报警仪检定装置

计量标准考核（复查）申请书

[　　]　量标　　证字第　　号

计量标准名称　__氯乙烯气体检测报警仪检定装置__

计量标准代码_____

建标单位名称_____

组织机构代码_____

单 位 地 址_____

邮 政 编 码_____

计量标准负责人及电话_____

计量标准管理部门联系人及电话_____

年　　　月　　　日

注：氯乙烯气体检测报警仪检定装置计量标准代码不能在JJF 1022—2014中查到，故建标单位需向主持考核的人民政府计量行政部门申请。

说　　明

1. 申请新建计量标准考核，建标单位应当提供以下资料：

1）《计量标准考核（复查）申请书》原件一式两份和电子版一份；

2）《计量标准技术报告》原件一份；

3）计量标准器及主要配套设备有效的检定或校准证书复印件一套；

4）开展检定或校准项目的原始记录及相应的模拟检定或校准证书复印件两套；

5）检定或校准人员能力证明复印件一套；

6）可以证明计量标准具有相应测量能力的其他技术资料（如果适用）复印件一套。

2. 申请计量标准复查考核，建标单位应当提供以下资料：

1）《计量标准考核（复查）申请书》原件一式两份和电子版一份；

2）《计量标准考核证书》原件一份；

3）《计量标准技术报告》原件一份；

4）《计量标准考核证书》有效期内计量标准器及主要配套设备连续、有效的检定或校准证书复印件一套；

5）随机抽取该计量标准近期开展检定或校准工作的原始记录及相应的检定或校准证书复印件两套；

6）《计量标准考核证书》有效期内连续的《检定或校准结果的重复性试验记录》复印件一套；

7）《计量标准考核证书》有效期内连续的《计量标准的稳定性考核记录》复印件一套；

8）检定或校准人员能力证明复印件一套；

9）计量标准更换申报表（如果适用）复印件一份；

10）计量标准封存（或撤销）申报表（如果适用）复印件一份；

11）可以证明计量标准具有相应测量能力的其他技术资料（如果适用）复印件一套。

3.《计量标准考核（复查）申请书》采用计算机打印，并使用 A4 纸。

注：新建计量标准申请考核时不必填写"计量标准考核证书号"。

计量标准 名　称	氯乙烯气体检测报警仪检定装置			计量标准 考核证书号			
保存地点				计量标准 原值（万元）			
计量标准 类　别	☑ 社会公用 ☑ 计量授权		□ 部门最高 □ 计量授权		□ 企事业最高 □ 计量授权		
测量范围	摩尔分数：$(0\sim100)\times10^{-6}$						
不确定度或 准确度等级或 最大允许误差	$U_{rel}=2\%$（$k=2$）　$[(20\sim100)\times10^{-6}]$						

	名　称	型　号	测量范围	不确定度 或准确度等级 或最大允许误差	制造厂及 出厂编号	检定周 期或复 校间隔	末次检 定或校 准日期	检定或校 准机构及 证书号
计 量 标 准 器	氮气中氯乙 烯气体标准 物质	GBW（E） 082654	摩尔分数： $(20\sim100)\times10^{-6}$	$U_{rel}=2\%$（$k=2$）		1年		
主 要 配 套 设 备	玻璃转子 流量计		$(0.1\sim1.5)$ L/min	4.0级		1年		
	电子秒表		$(0\sim3600)$s	MPE：±0.10s/h		1年		
	兆欧表		$(0\sim500)$MΩ	10级		1年		
	智能全自动 耐压测试仪		$(0\sim5)$kV	5级		1年		

<table>
<tr><th colspan="2">序号</th><th>项目</th><th>要　求</th><th>实际情况</th><th>结论</th></tr>
<tr><td rowspan="8">环境条件及设施</td><td>1</td><td>环境温度</td><td>(0~40)℃</td><td>(5~35)℃</td><td>合格</td></tr>
<tr><td>2</td><td>相对湿度</td><td>≤80%</td><td>20%~80%</td><td>合格</td></tr>
<tr><td>3</td><td>大气压</td><td>(86~106) kPa</td><td>(98~103) kPa</td><td>合格</td></tr>
<tr><td>4</td><td>通风</td><td>通风良好，检定环境中应无影响检测准确度的干扰气体</td><td>通风良好，无影响检测准确度的干扰气体</td><td>合格</td></tr>
<tr><td>5</td><td></td><td></td><td></td><td></td></tr>
<tr><td>6</td><td></td><td></td><td></td><td></td></tr>
<tr><td>7</td><td></td><td></td><td></td><td></td></tr>
<tr><td>8</td><td></td><td></td><td></td><td></td></tr>
<tr><td rowspan="8">检定或校准人员</td><td colspan="2">姓　名</td><td>性别</td><td>年龄</td><td>从事本项目年限</td><td>学　历</td><td>能力证明名称及编号</td><td>核准的检定或校准项目</td></tr>
</table>

（注：此表下半部分为多列空白表格，含"姓名、性别、年龄、从事本项目年限、学历、能力证明名称及编号、核准的检定或校准项目"等栏目，其余为空行。）

	序号	名　称	是否具备	备注
文件集登记	1	计量标准考核证书（如果适用）	否	新建
	2	社会公用计量标准证书（如果适用）	否	新建
	3	计量标准考核（复查）申请书	是	
	4	计量标准技术报告	是	
	5	检定或校准结果的重复性试验记录	是	
	6	计量标准的稳定性考核记录	是	
	7	计量标准更换申报表（如果适用）	否	新建
	8	计量标准封存（或撤销）申报表（如果适用）	否	新建
	9	计量标准履历书	是	
	10	国家计量检定系统表（如果适用）	否	无
	11	计量检定规程或计量技术规范	是	
	12	计量标准操作程序	是	
	13	计量标准器及主要配套设备使用说明书（如果适用）	是	
	14	计量标准器及主要配套设备的检定或校准证书	是	
	15	检定或校准人员能力证明	是	
	16	实验室的相关管理制度		
	16.1	实验室岗位管理制度	是	
	16.2	计量标准使用维护管理制度	是	
	16.3	量值溯源管理制度	是	
	16.4	环境条件及设施管理制度	是	
	16.5	计量检定规程或计量技术规范管理制度	是	
	16.6	原始记录及证书管理制度	是	
	16.7	事故报告管理制度	是	
	16.8	计量标准文件集管理制度	是	
	17	开展检定或校准工作的原始记录及相应的检定或校准证书副本	是	
	18	可以证明计量标准具有相应测量能力的其他技术资料（如果适用）		
	18.1	检定或校准结果的不确定度评定报告	是	
	18.2	计量比对报告	否	新建
	18.3	研制或改造计量标准的技术鉴定或验收资料	否	非自研

开展的检定或校准项目	名　称	测量范围	不确定度或准确度 等级或最大允许误差	所依据的计量检定规程 或计量技术规范的编号及名称
	氯乙烯气体 检测报警仪	摩尔分数： $(0 \sim 100) \times 10^{-6}$	MPE：$\pm 5 \times 10^{-6}$ $(0 \times 10^{-6} < x \leqslant 50 \times 10^{-6})$ MPE：$\pm 10\%$ $(50 \times 10^{-6} < x \leqslant 100 \times 10^{-6})$	JJG 1125—2016 《氯乙烯气体检测报警仪》

建标单位意见	负责人签字：　　　　　　　（公章） 　　　　　　　　　　　　年　月　日
建标单位 主管部门意见	（公章） 年　月　日
主持考核的 人民政府计量 行政部门意见	（公章） 年　月　日
组织考核的 人民政府计量 行政部门意见	（公章） 年　月　日

计 量 标 准 技 术 报 告

计量标准名称　**氯乙烯气体检测报警仪检定装置**

计量标准负责人＿＿＿＿＿＿＿＿＿＿＿＿＿＿＿＿＿＿

建标单位名称＿＿＿＿＿＿＿＿＿＿＿＿＿＿＿＿＿＿＿

填 写 日 期＿＿＿＿＿＿＿＿＿＿＿＿＿＿＿＿＿＿＿

目　　录

一、建立计量标准的目的 ……………………………………………………（355）

二、计量标准的工作原理及其组成 ………………………………………（355）

三、计量标准器及主要配套设备 …………………………………………（356）

四、计量标准的主要技术指标 ……………………………………………（357）

五、环境条件 ………………………………………………………………（357）

六、计量标准的量值溯源和传递框图 ……………………………………（358）

七、计量标准的稳定性考核 ………………………………………………（359）

八、检定或校准结果的重复性试验 ………………………………………（360）

九、检定或校准结果的不确定度评定 ……………………………………（361）

十、检定或校准结果的验证 ………………………………………………（364）

十一、结论 …………………………………………………………………（365）

十二、附加说明 ……………………………………………………………（365）

一、建立计量标准的目的

氯乙烯作为一种重要的化工原料用途广泛，国家职业卫生标准 GBZ 2.1—2007《工业场所有害因素职业接触限值　第 1 部分：化学有害因素》中明确说明了氯乙烯被国际癌症研究中心（IARC）分类为：G1—确认人类致癌物，对各种作业场所人员有很大的危害。氯乙烯气体检测报警仪主要用于测量作业场所环境空气中的氯乙烯含量，是一种重要的安全防护用计量器具。为了保证检测数据的准确、可靠，保障作业场所生产人员的人身健康与安全，建立氯乙烯气体检测报警仪计量标准开展氯乙烯气体检测报警仪的检定工作。

二、计量标准的工作原理及其组成

氯乙烯气体检测报警仪检定装置的工作原理是利用气体标准物质、流量计和秒表等采用直接比较测量法检定仪器的计量性能。

检定方法是在 JJG 1125—2016《氯乙烯气体检测报警仪》规定的检定环境条件下，通入不同摩尔分数的空气（氮）中氯乙烯气体标准物质，将仪器显示值与气体标准物质参考值进行比较，计算出仪器的示值误差、重复性、零点漂移和量程漂移。利用电子秒表、绝缘电阻表等标准设备直接测量出仪器的响应时间、绝缘电阻等，从而完成对仪器性能的评价。

氯乙烯气体检测报警仪检定装置的计量标准器是空气（氮）中氯乙烯气体标准物质，主要配套设备有流量计、秒表、绝缘电阻表和耐压测试仪等。

三、计量标准器及主要配套设备

	名　称	型　号	测量范围	不确定度 或准确度等级 或最大允许误差	制造厂及 出厂编号	检定周 期或复 校间隔	检定或 校准机构
计量标准器	氮气中氯 乙烯气体 标准物质	GBW(E) 082654	摩尔分数： $(20 \sim 100) \times 10^{-6}$	$U_{rel} = 2\%$ $(k = 2)$		1 年	
主要配套设备	玻璃转子 流量计		$(0.1 \sim 1.5)$ L/min	4.0 级		1 年	
	电子秒表		$(0 \sim 3600)$ s	MPE：± 0.10 s/h		1 年	
	兆欧表		$(0 \sim 500)$ MΩ	10 级		1 年	
	智能全自动 耐压测试仪		$(0 \sim 5)$ kV	5 级		1 年	

四、计量标准的主要技术指标

　　量值范围：摩尔分数：$(0 \sim 100) \times 10^{-6}$

　　不确定度：$U_{rel} = 2\% \ (k = 2)$　$[(20 \sim 100) \times 10^{-6}]$

五、环境条件

序号	项目	要　　求	实际情况	结论
1	环境温度	$(0 \sim 40)℃$	$(5 \sim 35)℃$	合格
2	相对湿度	≤80%	20%～80%	合格
3	大气压	$(86 \sim 106) kPa$	$(98 \sim 103) kPa$	合格
4	通风	通风良好，检定环境中应无影响检测准确度的干扰气体	通风良好，无影响检测准确度的干扰气体	合格
5				
6				

六、计量标准的量值溯源和传递框图

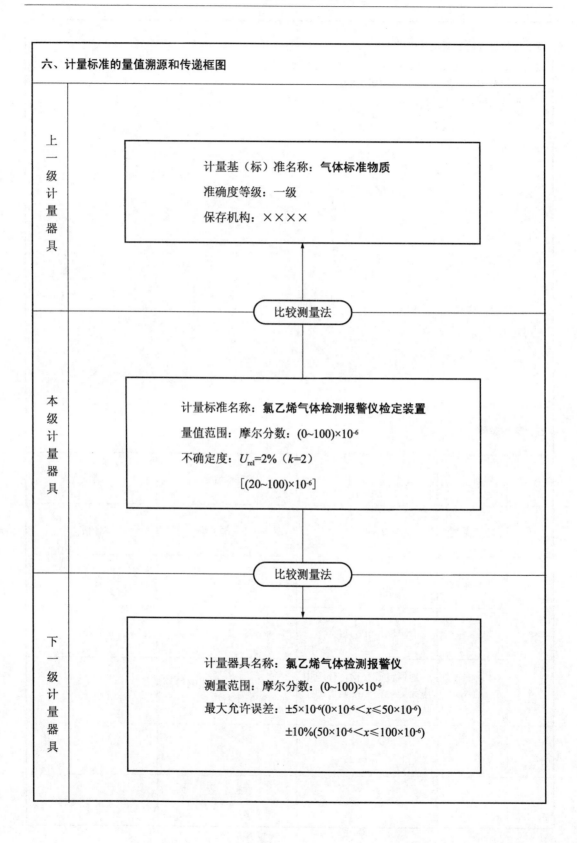

上一级计量器具

计量基（标）准名称：**气体标准物质**

准确度等级：一级

保存机构：××××

比较测量法

本级计量器具

计量标准名称：**氯乙烯气体检测报警仪检定装置**

量值范围：摩尔分数：$(0{\sim}100)\times10^{-6}$

不确定度：$U_{\mathrm{rel}}{=}2\%$（$k{=}2$）

$[(20{\sim}100)\times10^{-6}]$

比较测量法

下一级计量器具

计量器具名称：**氯乙烯气体检测报警仪**

测量范围：摩尔分数：$(0{\sim}100)\times10^{-6}$

最大允许误差：$\pm5\times10^{-6}(0\times10^{-6}{<}x{\leqslant}50\times10^{-6})$

$\pm10\%(50\times10^{-6}{<}x{\leqslant}100\times10^{-6})$

七、计量标准的稳定性考核

　　氯乙烯气体检测报警仪检定装置的计量标准器是有证气体标准物质，按照 JJF 1033—2016 中 4.2.3 的规定，有效期内的有证标准物质可以不进行稳定性考核。

八、检定或校准结果的重复性试验

氯乙烯气体检测报警仪检定装置的检定或校准结果的重复性试验记录

测试时间	2017 年 6 月 20 日		
被测对象	名称	型号	编号
	氯乙烯气体检测仪	DMD1000L	P1508070013
测量条件	环境温度：26℃；相对湿度：58% 。 通入摩尔分数为 50.6×10^{-6} 的氮气中氯乙烯气体标准物质，记录仪器示值，然后通入零点气体，待示值稳定后，再通入上述氮气中氯乙烯气体标准物质。重复测量 10 次		
测量次数	测得值 摩尔分数		
1	52×10^{-6}		
2	53×10^{-6}		
3	53×10^{-6}		
4	52×10^{-6}		
5	51×10^{-6}		
6	52×10^{-6}		
7	53×10^{-6}		
8	52×10^{-6}		
9	51×10^{-6}		
10	53×10^{-6}		
$\bar{y}$	52.2×10^{-6}		
$s(y_i) = \sqrt{\dfrac{\sum\limits_{i=1}^{n} (y_i - \bar{y})^2}{n-1}}$	0.789×10^{-6}		
s_r	1.5%		
结　　论	—		
试验人员	×××		

九、检定或校准结果的不确定度评定

1　测量方法

通入已知摩尔分数的气体标准物质，待示值稳定后读取被检仪器的示值，重复测量 3 次，3 次示值的算术平均值与气体标准物质参考值的差值除以气体标准物质参考值，即为氯乙烯气体检测仪的示值误差。

2　测量模型

$$\Delta x = \frac{\bar{x} - x_s}{x_s} \times 100\% = \left(\frac{\bar{x}}{x_s} - 1 \right) \times 100\% \tag{1}$$

式中：Δx——示值误差，%；

　　　$\bar{x}$——示值的算术平均值，mol/mol；

　　　x_s——气体标准物质的参考值，mol/mol。

3　合成方差

各输入量彼此独立不相关，则合成方差为

$$\left[\frac{u(\Delta x)}{\Delta x} \right]^2 = \left[\frac{u(\bar{x})}{\bar{x}} \right]^2 + \left[\frac{u(x_s)}{x_s} \right]^2$$

即

$$u_{cr}^2(\Delta x) = u_r^2(\bar{x}) + u_r^2(x_s) \tag{2}$$

4　不确定度来源

在氯乙烯气体检测仪的检定或校准中，影响示值测量不确定度的因素有：

（1）计量标准器的不确定度；

（2）测量方法的不确定度；

（3）环境条件的影响；

（4）人员操作的影响；

（5）被检仪器的变动性。

由于采用直接比较法进行检定或校准，测量方法的不确定度可以忽略。人员操作、读数、环境影响和被检仪器的变动性影响体现在测量重复性中。因此，氯乙烯气体检测仪检定或校准结果的不确定度主要是计量标准器引入的不确定度和测量重复性引入的不确定度。

5　各输入量的标准不确定度分量评定

5.1　计量标准器引入的相对标准不确定度即气体标准物质的定值相对标准不确定度 $u_r(x_s)$

根据 JJG 1125—2016 的规定，常规检定或校准应对仪器满量程 20%、50% 及 80% 3 个检定或校准点进行检测。以 1 台测量范围为摩尔分数 $(0 \sim 100) \times 10^{-6}$ 的氯乙烯气体检测仪为例，分别通入摩尔分数为 20.2×10^{-6}、50.6×10^{-6}、77.9×10^{-6} 的氮气中氯乙烯气体标准物质，采用的气体标准物质其定值相对扩展不确定度为 2%，包含因子 $k = 2$。气体标准物质的定值不确定度引入的相对标准不确定度为

$$u_r(x_s) = \frac{2\%}{2} = 1.0\%$$

5.2　测量重复性引入的相对标准不确定度 $u_r(\bar{x})$

在同一条件下重复测量 6 次，得到测量数据列，计算出各点的相对实验标准偏差，结果见表 1。

由于日常检定或校准中，取 3 次测得值的平均值作为仪器的示值，因此 $n = 3$。测量列平均值的相对实验标准差为

$$s_r(\bar{x}) = \frac{s_r}{\sqrt{n}}$$

相对标准不确定度为

$$u_r(\bar{x}) = s_r(\bar{x})$$

则各点测量重复性引入的相对标准不确定度见表2。

表1

气体标准物质参考值 摩尔分数	测得值 摩尔分数	平均值 摩尔分数	s_r
20.2×10^{-6}	22×10^{-6}，22×10^{-6}，23×10^{-6}，23×10^{-6}，21×10^{-6}，22×10^{-6}	22.2×10^{-6}	3.4%
50.6×10^{-6}	51×10^{-6}，52×10^{-6}，53×10^{-6}，53×10^{-6}，52×10^{-6}，52×10^{-6}	52.2×10^{-6}	1.5%
77.9×10^{-6}	75×10^{-6}，76×10^{-6}，75×10^{-6}，74×10^{-6}，76×10^{-6}，74×10^{-6}	75.0×10^{-6}	1.2%

表2

检定或校准点	测量重复性引入的相对标准不确定度 $u_r(\bar{x})$
20.2×10^{-6}	1.97%
50.6×10^{-6}	0.87%
77.9×10^{-6}	0.70%

6 合成标准不确定度计算

各相对标准不确定度分量汇总见表3。

表3

符号	不确定度来源	相对标准不确定度值
$u_r(x_s)$	气体标准物质的定值不确定度	1.0%
		1.0%
		1.0%
$u_r(\bar{x})$	测量重复性	1.97%
		0.87%
		0.70%

按式（2）计算，则合成相对标准不确定度为

检定或校准点 20.2×10^{-6}：

$$u_{cr}(\Delta x) = \sqrt{u_r^2(\bar{x}) + u_r^2(x_s)} = \sqrt{(1.97\%)^2 + (1.0\%)^2} = 2.21\%$$

检定或校准点 50.6×10^{-6}：

$$u_{cr}(\Delta x) = \sqrt{u_r^2(\bar{x}) + u_r^2(x_s)} = \sqrt{(0.87\%)^2 + (1.0\%)^2} = 1.33\%$$

检定或校准点　77.9×10^{-6}：

$$u_{cr}(\Delta x) = \sqrt{u_r^2(\bar{x}) + u_r^2(x_s)} = \sqrt{(0.70\%)^2 + (1.0\%)^2} = 1.23\%$$

7　扩展不确定度评定

氯乙烯气体检测仪示值误差的相对扩展不确定度，直接取包含因子 $k = 2$，用 U_r 表示，其对应的包含概率约为95%，则

检定或校准点　20.2×10^{-6}：

$$U_{rel} = k \cdot u_{cr}(\Delta x) = 2 \times 2.21\% = 4.5\%$$

检定或校准点　50.6×10^{-6}：

$$U_{rel} = k \cdot u_{cr}(\Delta x) = 2 \times 1.33\% = 2.7\%$$

检定或校准点　77.9×10^{-6}：

$$U_{rel} = k \cdot u_{cr}(\Delta x) = 2 \times 1.23\% = 2.5\%$$

十、检定或校准结果的验证

采用比对法对检定结果进行验证。

用本计量标准装置检定一台型号为 DMD1000L、编号为 P1508070013 的氯乙烯气体检测仪，再由具有相同准确度等级计量标准的另外三家单位进行检定。各实验室按摩尔分数约为 50×10^{-6} 检定点计算的示值误差如下（经本计量标准装置检定的示值误差的相对扩展不确定度为 U_{rlab}）。

各检定装置检定结果	示值误差	相对扩展不确定度 U_{rlab} （$k=2$）	平均值 $\bar{y}$	$\lvert y_{\text{lab}} - \bar{y} \rvert$	$\sqrt{\dfrac{n-1}{n}} U_{\text{rlab}}$
本实验室 y_{lab}	2.8%	2.7%			
1 号实验室 y_1	4.1%	—	3.63%	0.83%	2.4%
2 号实验室 y_2	3.5%	—			
3 号实验室 y_3	4.1%	—			

经计算，检定结果满足 $\lvert y_{\text{lab}} - \bar{y} \rvert \leqslant \sqrt{\dfrac{n-1}{n}} U_{\text{rlab}}$，故本装置通过验证，符合要求。

十一、结论

该检定装置标准器及配套设备齐全，装置稳定可靠，检定结果的测量不确定度评定合理并通过验证，环境条件合格，检定人员具有相应的资格和能力，技术资料齐全有效，规章制度较完善，各项技术指标均符合检定规程和计量标准考核规范的要求，可以开展氯乙烯气体检测报警仪的检定工作。

十二、附加说明

参　考　文　献

［1］艾明泽，肖哲．化学计量［M］．北京：中国计量出版社，2008.

［2］中国质检出版社．中华人民共和国国家计量检定系统表框图汇编：2018 年修订版［M］．北京：中国质检出版社，2018.

［3］全国法制计量管理计量技术委员会．JJF 1033—2016《计量标准考核规范》实施指南［M］．北京：中国质检出版社，2017.

中国测试技术研究院化学所
成都思创睿智科技有限公司

AGV 系列呼出气体酒精含量检测仪检定装置

（适用于国家计量检定规程 JJG 657《呼出气体酒精含量探测器检定规程》、国家标准 GB/T 21254《呼出气体酒精含量检测仪》）

主要技术参数：
- ▶ (1) 乙醇气体发生源产生的乙醇气体浓度范围：(0.1~2.0)mg/L
  乙醇气体发生源产生的乙醇气体不确定度：0.1mg/L，U_{rel} ≤ 3.0% (k=2)　其余检定点，U_{rel} ≤ 2.0% (k=2)
- (2) 空气中乙醇气体标准物质：U_{rel}=1.0% (k=2)
- ▶ 乙醇标准气体连续发生时间：不小于 24h
- ▶ 稳定性（一年使用周期内）：0.1mg/L，不大于 2.0%　其余检定点，不大于 1.0%
- ▶ 最大流量：不小于 36.0L/min，连续可调，波动不大于 1.0%
- ▶ 出口气体温度：(34 ± 0.2)℃　　▶ 出口气体湿度 (RH)：95%± 5%（无凝露）
- ▶ 工作电压：AC (220 ± 22)V　　▶ 工作环境：温度 (15~30)℃，相对湿度 (RH) ≤ 85%

功能特点：
- ▶ 可任意设置标准乙醇气体浓度，并内置检定规程中要求的浓度点，浓度切换后稳定时间小于 15s，操作简单，检定时效极高。
- ▶ 实时采集出口气体温度、湿度和压力，可自动进行呼气中酒精质量浓度、血液中酒精质量浓度和呼气中酒精浓度（摩尔分数）等单位间换算。
- ▶ 可配备干式和湿式乙醇标准气体，同时适用于干法和湿法的检定校准。　　▶ 气体出口处具备温、湿度传感器，精密测量、控制出口气体温度、湿度。
- ▶ 具有呼气阻力试验功能，显示实时压力和呼气阻力；可存储和查询记录，呼气流量可调。　　▶ 具有出口气体加热、出口气体加湿功能。
- ▶ 具有呼气最小流量和最短持续时间试验功能，可设定初始流量、最小流量和吹气时间。　　▶ 具有呼气气体体积效应试验功能；具有呼气气体持续时间效应功能。
- ▶ 具有一氧化碳、丙酮、正己烷、二氧化碳、甲醇、异丙醇等干扰气体试验的功能。　　▶ 具有红外自动启停和手动启停试验功能。
- ▶ 具有乙醇储备罐，补充一次即可长期使用，便捷、高效、成本低。　　▶ 采用 Android 系统操作，方便快捷，并支持平板电脑、手机 APP 操控。

pHV 系列酸度 / 离子计检定仪

满足：
JJG 919-2008《pH 计检定仪检定规程》
主要适用于：
JJG 119-2018《实验室 pH（酸度）计检定规程》
JJF 1547-2015《在线 pH 计校准规范》
JJG 757-2018《实验室离子计检定规程》

主要技术参数：
- ▶ 检定仪准确级别：0.0006 级　　▶ 可检 pH 计级别：0.001 级及以下
- ▶ 直流电位基准源：量程：(−2000.000~2000.000)mV
  分辨力：0.001mV
- ▶ pH、pX 基准源：量程：(0.0000~14.0000)pH、(0.0000~16.0000)pX
  分辨力：0.0001pH、0.0001pX
- ▶ 温度补偿设定范围：(−50.00~100.00)℃　　▶ 内置高阻：1GΩ/3GΩ
- ▶ 平板电脑操作界面，内置锂电池，48h

DCG-Ⅰ报警器检定用稀释装置

（适用于JJF 1433《氢气检测报警仪校准规范》、JJG 695《硫化氢气体检测仪检定规程》、JJG 1105《氨气检测仪检定规程》等）

主要技术参数
- ▶ 流量测量误差：不超过±1.0%
- ▶ 流量稳定性：不大于0.1%
- ▶ 输出浓度：按检定规程定点输出
  不同浓度检定点（例如:JJG 695，
  输出20%，50%，80%及报警点）
- ▶ 内置锂电池：DC 24V，连续工作
  时间不小于48h

MDV-S甲醛标准气体动态配气装置

(MDV-S 甲醛标准气体动态配气装置采用毛细柱扩散原理和动态稀释法产生甲醛标准气体；满足JJG 1022《甲醛气体检测仪检定规程》的要求）

主要技术参数
- ▶ 配制甲醛标准气体浓度范围：（0.1~1.5）μmol/mol
- ▶ 配气不确定度：（0.3/0.7/1.2）μmol/mol
  U_{rel}≤3%（k=2）
- ▶ 输出流量范围：≤1500mL/min
- ▶ 流量重复性：≤0.2%
- ▶ 温度重复性：≤0.1%（分辨力：0.01℃）
- ▶ 压力重复性：≤0.05%

液体标准物质

取得88种国家液体标准物质，覆盖：气相色谱、液相色谱，气质/液质联用仪、酸度计、电导率计、紫外分光光度计、浊度计、原子吸收分光光度计、离子色谱仪、红外测油仪、荧光分光光度计、总有机碳分析仪等理化仪器的检定校准领域、环境监测领域。

气体标准物质

121种国家有证气体标物（含6种国家一级标物），覆盖：报警器检定校准、石油化工、环境监测等领域。

：四川省成都市龙潭工工业园区成致路48号　　电话：028-84403826装置，028-84403610标液，028-84204892标气

数据由成都思创睿智科技有限公司提供）

济南市大秦机电设备有限公司

DAQIN

公司简介

济南市大秦机电设备有限公司集研、产、销、服于一体的高新技术企业。公司拥有一支高素质的研发设计、生产、销售队伍，技术力量雄厚，通过了ISO9000、ISO14000、OHSMS18000体系认证。

本公司致力于气体校准装置、自动化检测设备和各种气体分析仪等设备的研究与开发，可为用户提供全面的技术咨询、实验室建设等优质的服务。产品广泛应用于理化试验室的建标和各种气体的检测行业。

我们愿与广大有识之士，共同发展，共创事业新高峰！

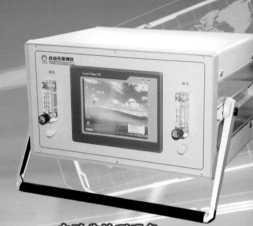

自动化检测设备

各种气体分析仪器

各种气体探测仪器

臭氧、甲醛等标准器具

实验室建设项目

计量芯

药物溶出度仪机械性能验证装置

　　随着对仿制药一致性评价工作的重视，中国国家食药总局发布了《药物溶出度仪机械验证指导原则》，要求对参与一致性评价的溶出度仪进行机械参数验证。

　　药物溶出度仪机械性能验证装置可以对指导原则要求的水平度、篮(桨)轴垂直度、溶出杯垂直度、溶出杯与篮(桨)轴同轴度、篮(桨)轴摆动度、篮摆动度、篮(桨)深度、篮(桨)轴转速、溶出杯内温度9个项目进行检测，检测方法更加自动化，减少了人为引入的误差，能够更加可靠地综合评估药物溶出度仪的性能。

欧美完美级温测解决方案 —— 授权运营方

北京林电伟业电子技术有限公司

聚合酶链反应分析仪校准装置

聚合酶链反应分析仪简称PCR仪，随着科学研究水平的不断发展，其在各行业中的使用范围越来越广泛，地位越来越重要。

在医疗行业，PCR仪被主要应用于病原体测定、肿瘤研究、器官移植、遗传病筛查等多个领域，且在各个领域的试验中都扮演着重要的角色。因此，为了能够确保这些试验的有效性及准确性，通过专用校准装置依据 JJF 1527-2015《聚合酶链反应分析仪校准规范》对PCR仪的温场及荧光参数进行定期的检测及校准就显得尤为重要。

欧美完美级温测解决方案 —— 授权运营方
北京林电伟业电子技术有限公司

用芯做计量

医用热力灭菌器检校系统

目前，灭菌设备已经普遍应用于医疗、制药、食品、疾控以及出入境等相关企业和部门，在控制疫情、减少交叉感染、食品药品安全等方面起到重要的作用。

为了确保这些灭菌设备的正常使用，须定期对其物理参数（温度、压力及时间）进行检测及校准。

通过与各个相关行业中专家的交流与实践，系统完全符合GB 8599-2008、GB/T 30690-2014、WS 310-2016、JJF 1308-2011等标准、规范要求，同时也成为了计量机构开展这一检测工作的利器。

北京市海淀区蓝靛厂南路25号8层8-3房间
010-88840981，88840991
www.lindianweiye.com
info@lindianweiye.com

"JJF 1033—2016《计量标准考核规范》实施与应用"
系列图书书目

○ 《长度计量器具建标指南》

○ 《温度计量器具建标指南》

○ 《湿度计量器具建标指南》

○ 《压力计量器具建标指南》

○ 《流量标准装置建标指南》

○ 《力学计量器具建标指南》

○ 《电磁计量器具建标指南》

○ 《无线电、时间频率计量器具建标指南》

● 《化学计量器具建标指南》

○ 《医学计量器具建标指南》

计量芯
inside

本系列图书由北京林电伟业电子技术有限公司组织编写

策划编辑：高 红
责任编辑：叶伊兵
　　　　　王 丹
封面设计：周雨霏

中国质量标准出版传媒有限公司

中国标准在线服务网

上架建议：计量技术

ISBN 978-7-5026-4725-4

9 787502 647254 >

定价：80.00元